机械类“3+4”贯通培养系列教材

# 金属材料及热处理

主　编　王　进　王廷和
副主编　杨建民　郑少梅

科学出版社
北　京

## 内容简介

本书以金属材料及热处理的基础知识为重点，兼顾相关基本原理和实际应用，系统讲解金属学基础、金属的塑性变形与再结晶、钢的热处理、常用金属材料、常用非金属材料、机械零件失效与选材等内容。

本书适合机械类各专业“3+4”贯通培养本科阶段的学生使用，也可以作为普通高等学校机械类和近机械类本科专业通用教材，还可以作为职业学校相关专业教材或企业人员的培训教材，以及相关技术人员的参考用书。

**图书在版编目(CIP)数据**

金属材料及热处理/王进，王廷和主编. —北京：科学出版社，2020.2

机械类“3+4”贯通培养系列教材

ISBN 978-7-03-064369-8

Ⅰ. ①金… Ⅱ. ①王… ②王… Ⅲ. ①金属材料－高等学校－教材 ②热处理－高等学校－教材 Ⅳ. ①TG14②TG15

中国版本图书馆 CIP 数据核字(2020)第 014252 号

责任编辑：邓 静 张丽花 / 责任校对：郭瑞芝

责任印制：张 伟 / 封面设计：迷底书装

科学出版社 出版

北京东黄城根北街 16 号

邮政编码：100717

http://www.sciencep.com

北京凌奇印刷有限责任公司 印刷

科学出版社发行 各地新华书店经销

*

2020 年 2 月第 一 版 开本：787×1092 1/16

2022 年12月第三次印刷 印张：9 1/2

字数：300 000

**定价：49.00元**

(如有印装质量问题，我社负责调换)

# 前　　言

科学技术的不断进步和我国机械工业的飞速发展，对高等学校机械类各专业人才的培养提出了更高的要求。本书致力于帮助机械类各专业学生，特别是“3+4”贯通培养本科阶段学生，更好地理解和使用金属材料，以满足行业未来技术的发展需求。

本书从金属材料的应用角度出发，介绍机械工程中常用金属材料的成分、组织、结构及其与性能间的相关规律，改变常用金属材料成分、组织、结构的工艺方法，以及常见工件选材用材等基本知识。通过对本书的学习，学生可掌握金属材料及热处理的一般知识，尤其是掌握常用金属材料的成分、组织、结构、性能、用途及加工工艺之间的关系和规律。从而在机械设计和用材过程中能够正确选择，避免“小材大用”；能够合理用材，避免“大材小用”；能够正确选择工件加工方法，合理制定加工工艺路线。此外，本书还对机械行业常用非金属材料进行了介绍。

本书共 6 章，分别为金属学基础、金属的塑性变形与再结晶、钢的热处理、常用金属材料、常用非金属材料、机械零件失效与选材。本书以金属材料及热处理的基础知识为重点，由浅入深、循序渐进地安排知识内容，注重培养学生分析问题和解决问题的能力。

本书的编者都是多年从事“金属材料及热处理”和“机械工程材料”课程一线教学工作的教师，分别是：青岛理工大学的王进、王廷和、郑少梅、李一楠、吕滨江、徐洋、崔宁、孙明雪，青岛大学的杨建民，青岛港湾职业技术学院的王斌。全书由王进和王廷和担任主编并负责统稿，由中南大学周海涛负责主审。

在本书编写过程中参考了很多同行的文献，编者在此表示衷心感谢。

由于编者水平所限，书中可能存在一些不足之处，恳请广大读者批评指正。

编　者

2019 年 7 月

# 目　录

# 绪　论

材料是人类赖以生存和发展的物质基础，与国民经济建设、国防建设和人民生活密切相关。随着经济的飞速发展和科学技术的进步，各行业对材料的要求越来越高，材料向着高强度、高韧性、高塑性、高刚性、耐腐蚀、耐高温和多功能方向发展，同时新材料也在不断地涌现。机械工业是材料应用的重要领域。机床、仪器仪表、农业、轮船、飞机、汽车、石油化工设备等机械产品的可靠性和先进性，除设计因素外，很大程度上取决于所选用材料的质量和性能。

**1．工程材料的定义与分类**

工程材料是指用于机械、电气、建筑、化工、航空航天等工程领域的材料。按化学成分和结合键的不同，机械行业常用材料一般分为金属材料、非金属材料两大类。

**1)金属材料**

金属材料是指具有金属性质的材料。除了组成原子(分子、离子)在三维空间有规则排列、熔点固定和各向同性外，还有光泽，良好的导电性、导热性、塑性，以及正的电阻温度系数。

按化学成分，金属材料一般分为黑色金属材料和有色金属材料两大类。

(1)黑色金属材料。

黑色金属材料又称为钢铁材料，即铁和碳的合金。

黑色金属一般分为钢和铸铁两大类，其区别是含碳量和内部组织结构的不同。按照化学成分，钢可以分为碳钢、合金钢；按照用途，钢又可分为结构钢、工具钢和特殊性能钢等。铸铁分为灰铸铁、可锻铸铁和球墨铸铁等。

由于黑色金属材料具有优良的力学性能和低廉的价格，所以在机械工程材料中应用较广泛。

(2)有色金属材料。

有色金属材料是指除铁和以铁为基体的合金以外的所有金属及其合金。

有色金属按其性质、用途、产量及其在地壳中的储量状况一般分为有色轻金属(如铝、镁等)、有色重金属(如铅、锡等)、贵金属(如金、银等)、稀有金属(如钛、钒、钼等)和半金属(如硅、硼等)五大类。

在有色金属材料中，铝、铜及其合金用途最广。

由于金属材料具有良好的综合性能，所以在机械工程材料中用途较广，用量也较大(用量占机械工程材料用量的80%以上)。

**2)非金属材料**

非金属材料是指由非金属元素或化合物构成的材料。

非金属材料主要包括高分子材料、陶瓷材料和复合材料三大类。

(1)高分子材料。

高分子材料又称聚合物材料，它的主要成分为碳和氢。

按用途和使用状态，高分子材料一般分为橡胶、塑料、合成纤维和胶黏剂四大类。

高分子材料的相对密度较小，耐腐蚀，常用于化工、机械、航空航天等领域。

(2)陶瓷材料。

陶瓷材料是指硅酸盐、金属与非金属元素的氧化物、氮化物、碳化物等。

陶瓷材料一般分为普通陶瓷、特种陶瓷和金属陶瓷三大类。

陶瓷材料硬度高，耐腐蚀，绝缘性好，常用于电气、化工、航空航天等领域。

(3)复合材料。

复合材料是指把两种或两种以上的性质不同或组织结构不同的材料，以宏观或微观的形式组合在一起而构成的材料。

复合材料一般分为树脂基复合材料、金属基复合材料和陶瓷基复合材料三大类。

复合材料一般相对密度较小、比强度和比刚度高，发挥了组成材料的性能优点，主要用于航空航天等领域。

**2．金属材料成分、组织、结构、性能间的规律**

**1)材料的成分**

材料的成分是指材料中含有各种元素的质量分数。

每种材料有若干个牌号，每个牌号都有固定的成分。例如，45 钢含有 0.45%的 C，其余为 Fe；40Cr 钢含有 0.40%的 C，1%的 Cr，其余为 Fe。

**2)材料的组织**

材料的组织是指把材料制备成试样，在显微镜下观察到的图像，又称显微组织，包括晶粒的大小、形状、种类以及各种晶粒之间的相对数量和相对分布。例如，钢的组织包括铁素体组织、珠光体组织、贝氏体组织、马氏体组织等，它们的硬度、塑性、韧性、耐蚀性等性能都不相同。

**3)材料的结构**

材料的结构是指材料原子(分子、离子)排列的“格式”。具有最小周期性的组成单元称为晶胞。不同金属的晶格类型和晶格常数均不相同，其性能也不相同。实际的金属同时存在多晶体组织以及晶体的缺陷。可以采用适当的工艺，改变组织结构，从而改善零件的使用性能。例如，可以通过冷塑性变形的方法，使组织纤维化，产生加工硬化，提高金属材料的强度和硬度。

**4)材料的性能**

材料的性能包括使用性能和工艺性能。

(1)材料的使用性能。

材料的使用性能是指材料在使用时表现出的性能。它包括力学性能、物理性能和化学性能。

① 材料的力学性能。

材料的力学性能是指材料在外力作用时表现出的性能。它包括强度、硬度、塑性、韧性等。

强度是指材料在外力作用下发生微量塑性变形或断裂前的最大应力，如屈服强度$\sigma_s$、抗拉强度$\sigma_b$等。

硬度是指材料抵抗更硬物体压入表面的能力，如布氏硬度 HB、洛氏硬度 HR 等。

塑性是指材料经变形后不开裂的能力，如伸长率$\delta$、断面收缩率$\psi$等。

韧性是指材料经一定能量冲击不破坏的能力，如冲击韧性$\alpha_k$。

② 材料的物理性能。

材料的物理性能是指材料经物理现象表现出的性能。它包括熔点、导热性、导电性、密

度、热胀性和磁性等。其中，

熔点是指材料的熔化温度，如 $T_{Fe} = 1538℃$。

导热性是指材料的导热能力，如铜的导热性较好。

导电性是指材料的导电能力，如铜的导电性较好。

密度是指材料单位体积的质量，如 $\rho_{Fe} = 7.85g/cm^3$。

热胀性是指材料受热膨胀的能力。

磁性是指材料在磁场中被磁化的能力。

③ 材料的化学性能。

材料的化学性能是指材料在介质作用时表现出来的性能。它包括耐蚀性、耐热性和耐磨性等。

耐蚀性是指材料抗介质腐蚀的能力。

耐热性是指材料抗介质高温氧化的能力。

耐磨性是指材料抵抗磨损的能力。

(2)材料的工艺性能。

材料的工艺性能是指材料在加工时表现出的性能。它包括铸造性、可锻性、切削加工性、焊接性和热处理工艺性等。

① 铸造性是指材料在铸造时所表现出来的性能，包括流动性、收缩性、偏析性等。铸铁的铸造性优于钢。

② 可锻性是指材料的变形不开裂能力。钢的可锻性优于铸铁。

③ 切削加工性是指材料的易切削能力。

④ 焊接性是指材料在焊接时可获得高质量焊缝的能力。

⑤ 热处理工艺性是指材料在热处理时获得高的热处理工艺质量的能力。

实践和研究表明，金属材料的成分、组织、结构和性能间有着内在规律，或者说金属材料的成分、组织、结构决定了材料的性能，材料的性能又决定了材料的用途。因此，生产中人们总是通过改变材料成分、组织、结构的工艺方法来改变材料的性能。其他机械工程材料也有内在的规律。

**3．课程的性质、内容与任务**

“金属材料及热处理”课程比较系统地介绍金属材料的成分、组织、热处理状态和性能之间的关系；常用的金属材料，特别是钢铁材料的分类、编号、性能以及各种金相组织与性能的分析；改变常用材料成分、组织、结构的工艺方法；常见工件选材用材的基本知识。通过本课程的学习，使学生可掌握机械行业常用金属材料的一般知识，尤其是掌握常用金属材料的成分、组织、结构、性能、用途及加工工艺之间的关系和规律。从而在机械设计和用材过程中能做到正确选择，避免“小材大用”；做到合理用材，避免“大材小用”；做到正确选择工件加工方法，合理制定加工工艺路线。同时，也为后续有关课程的学习奠定基础。

本课程是一门实践应用性很强的课程，因此要在理论联系实际上下功夫，多举例、多比较，注意培养学生分析问题和解决问题的能力，引导学生理解消化，进一步提高教学效果。学生在学习前应完成“金属工艺学”课程及其实习，在学习中应注意结合生产生活中的应用实例。

# 第 1 章　金属学基础

金属材料的化学成分、组织类型及结构决定了材料的性能，而且金属材料的成分、组织、结构和性能间有着内在规律。改变化学成分、内部结构及组织状态能改善金属材料的性能，这就促使人们致力于金属及合金内部组织结构的研究，以寻求改善和发展金属材料的途径。本章以金属材料为例，介绍成分、组织、结构和性能间的关系及有关的基础知识。

## 1.1　金属的晶体结构

### 1.1.1　晶体与非晶体

固体按其原子(或分子、离子)聚集状态分为晶体和非晶体两类。

**1) 晶体**

晶体是质点(原子、分子或离子)在三维空间按一定几何规律做周期性重复排列所形成的物体，如结晶盐、天然金刚石、水晶和所有金属等。

**2) 非晶体**

非晶体是质点在三维空间无规律堆积在一起所形成的物体，如普通玻璃、石蜡等。

**3) 晶体与非晶体的特征与区别**

(1) 质点排列的区别：晶体质点规则排列，有规则外形(金属等除外)；非晶体质点无规则排列，无规则外形。

(2) 熔点的区别：晶体有固定熔点；非晶体无固定熔点。

(3) 各向性能的区别：晶体各向异性；非晶体各向同性。

### 1.1.2　理想金属的晶体结构

在晶体中，原子排列的规律不同，则其性能也不同，因此必须研究金属的晶体结构。特别强调，“理想金属”只是为了研究问题方便而进行的一种假设，即假设存在一种没有缺陷的单晶体的纯金属，我们称它为理想金属。

**1．金属原子的构造与键合方式**

**1) 金属原子的构造特点**

金属原子的结构特点是，最外层的电子数很少，一般为 1 或 2 个，最多 3 个。这些外层电子与原子核的结合力弱，很容易脱离原子核的束缚而成为自由电子。自由电子在阳离子间穿来穿去，为整个金属共有，形成“电子气”。金属原子因为失去电子而成为在原位置上高频振动的阳离子。金属原子的构造如图 1-1 所示。

**2) 金属键**

金属晶体是靠阳离子和自由电子的吸引力，以及离子与离子、电子与电子的排斥力的平衡而结合的，这种结合形式称为金属键。

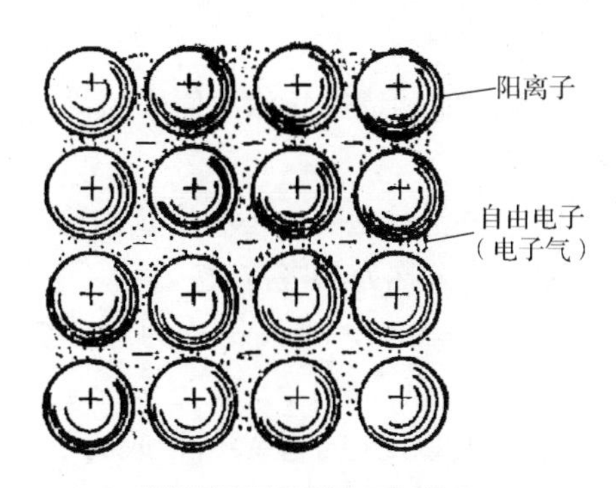


图1-1　金属键模型示意图

**3)金属晶体具有的特性及其原因**

金属晶体是金属键结合，因此金属晶体除了具有一般晶体的特点，还具有一些特性，如有光泽，有良好的导电性、导热性、塑性，有正的电阻温度系数(与非金属晶体的根本区别)。

(1)导电性：自由电子在电场作用下做定向移动形成电流，即导电。

(2)正的电阻温度系数：温度越高，阳离子在固定位置上的振动幅度和频率越大，阻碍电子通过的作用越大，即电阻越大。

(3)导热性：自由电子的自由运动和阳离子的振动都能传递热量，即导热。

(4)塑性：当金属晶体发生塑性变形，即一部分相对另一部分滑移后，阳离子与自由电子间仍然保持金属键结合。

(5)不透明性：自由电子吸收可见光能量。

(6)金属的光泽：光线照到金属上，原子内层电子吸收能量跃到外层。当外层电子又回到内层时，将以电磁波的形式放出能量，表现出金属的光泽。

**2．金属晶体结构的基本概念**

(1)晶体结构：晶体中原子(离子或分子)在三维空间有规律的周期性排列形式，如图1-2所示。

(2)晶格：把晶体中原子(离子或分子)抽象为几何点，并用假想的直线连接起来所形成的空间格子，如图1-3所示。

(3)结点：晶格中表示原子(离子或分子)所在位置的几何点。

(4)晶胞：能够反映晶格中原子排列特征的最小几何单元，如图1-4所示。

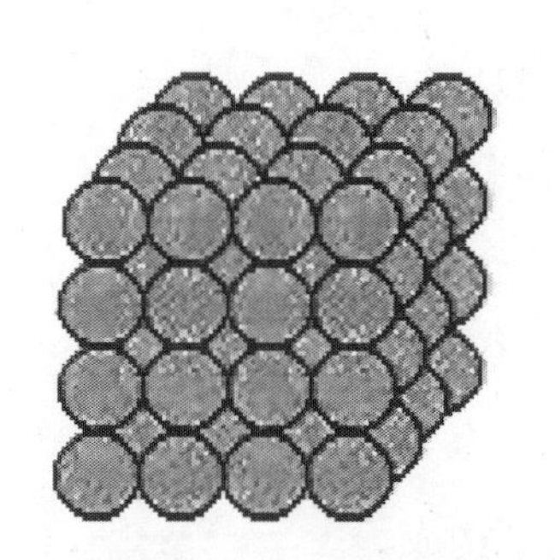

图1-2　简单立方晶体结构示意图

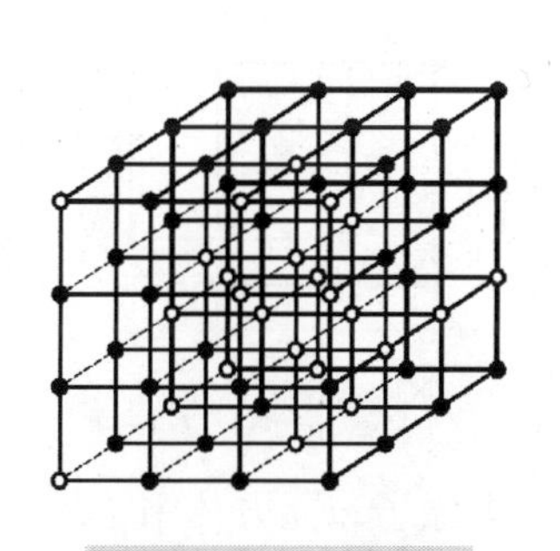

图1-3　简单立方晶格

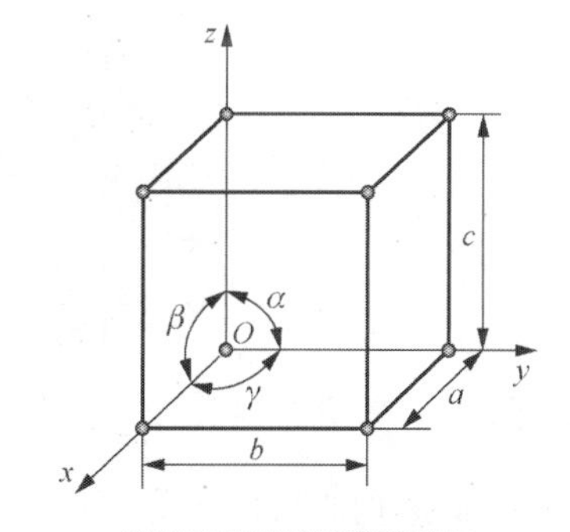


图1-4　简单立方晶胞

从图1-3和图1-4可以看出晶胞和晶格的关系，即晶胞是构成晶格的最基本单元；晶格是晶胞在三维空间的重复排列。

研究晶胞的意义如下：由于晶胞能够描绘晶体中原子的排列规律，所以研究晶体结构只要研究其中一个晶胞即可。

(5)晶格常数：如图 1-4 所示，表示晶胞的大小和形状需要晶胞各边尺寸 $a$、$b$、$c$ 和各边夹角 $\alpha$ 、$\beta$、$\gamma$ 六个参数。其中 $a$、$b$、$c$ 称为晶格常数。

如果晶胞的 $a=b=c$ ，$\alpha=\beta=\gamma=90°$ ，则晶格称为简单立方晶格，如图 1-3 和图 1-4 所示。

(6)晶面：通过晶格中任意三个及以上原子中心所构成的平面称为晶面。

(7)晶向：通过晶格中任意两个及以上原子中心之间连线所指的方向称为晶向。

(8)晶胞原子数：一个晶胞内所包含的原子数目。

(9)原子半径：晶胞中接触排列的两个原子之间平衡距离的 1/2。它与晶格常数成正比。

(10)致密度：晶胞中原子所占体积与晶胞体积之比的百分数称为晶格的致密度，即

$$K=\frac{nv}{V}$$

式中，$K$ 为晶格的致密度；$v$ 为每个原子的体积，其值为 $\frac{4}{3}\pi r^3$（$r$ 为原子半径）；$n$ 为晶胞实际包含的原子数；$V$ 为晶胞的体积。$K$ 值越大，说明晶格中原子排列得越紧密。

(11)配位数：晶格中任一原子周围最邻近且等距离的原子个数。配位数越大，说明晶格中原子排列得越紧密。

**3．金属中常见的三种晶体结构**

自然界中的晶体有成千上万种，它们的晶体结构各不相同，若根据晶胞的三个晶格常数和三个轴间夹角的相互关系对所有的晶体进行分析，则发现它们的空间点阵只有 14 种类型，称为布拉维点阵。进一步根据空间点阵的基本特点进行归纳整理，可以将 14 种布拉维点阵分为 7 个晶系。金属中常见的主要有体心立方、面心立方、密排六方三种晶体结构，占晶体结构的比例为 90%以上。前两种属于立方晶系，后一种属于六方晶系。因为晶体的晶格类型或常数不同，晶体的力学、物理和化学性能也不同。因此，人们研究晶体结构的目的就是要找出晶体的结构与性能之间的关系，以便合理利用晶体材料。

**1)体心立方晶格**

体心立方晶胞模型如图 1-5 所示。

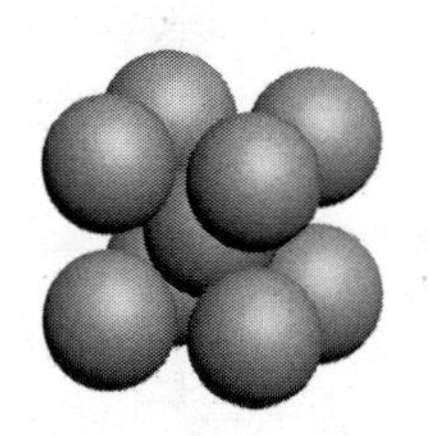
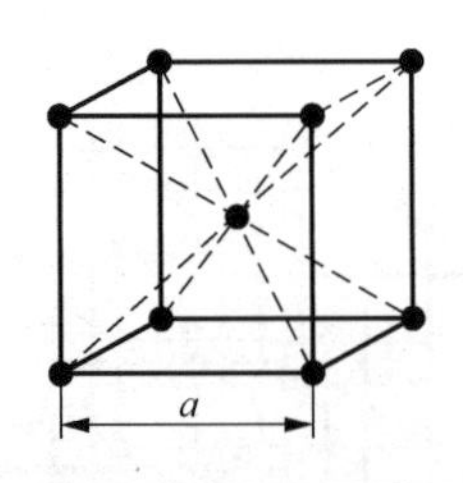

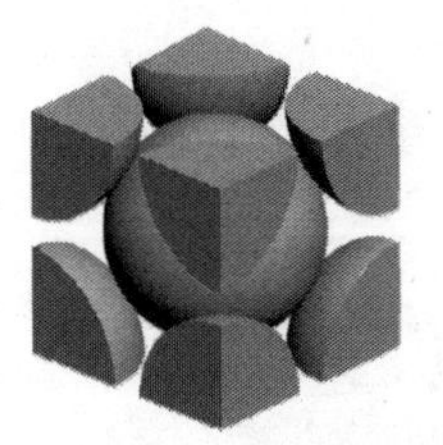

图 1-5 体心立方晶胞

晶胞构成：由立方体角上的 8 个原子和立方体中心的 1 个原子构成。

晶格常数：体心立方晶格的棱边长度 $a=b=c$ ，用 $a$ 表示。

原子半径：如图 1-5 所示，晶胞对角线上的原子是接触排列的，故有

$$a^2+a^2+a^2=(4r)^2$$

因此，体心立方晶格中的原子半径$r=\frac{\sqrt{3}}{4}a$。

晶胞原子数：如图1-5所示，晶胞每个角上有1/8个原子，体心有1个原子。故每个晶胞中的原子数为8×1/8+1=2(个)。

晶格的致密度：体心立方晶格的原子数为2个，晶胞的棱边长度为$a$，原子半径$r=\frac{\sqrt{3}}{4}a$，则其致密度为$K=2\times\frac{4}{3}\pi\left(\frac{\sqrt{3}}{4}a\right)^3\Big/a^3=68\%$。这说明晶格中有68%的体积被原子占有，其余32%为空隙。

配位数：晶格中任一原子周围最近邻且等距离的原子数为8个。

具有体心立方晶格的金属有Fe(＜912℃，α-Fe)、Cr、Mo、W、V等。

**2) 面心立方晶格**

面心立方晶胞模型如图1-6所示。

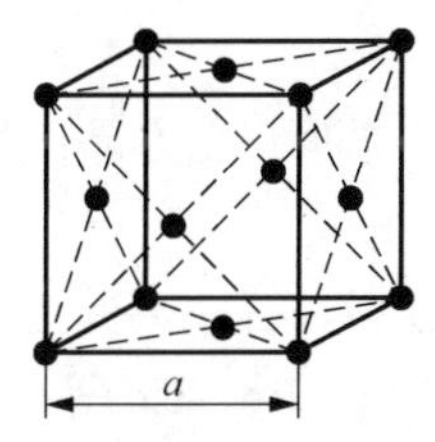


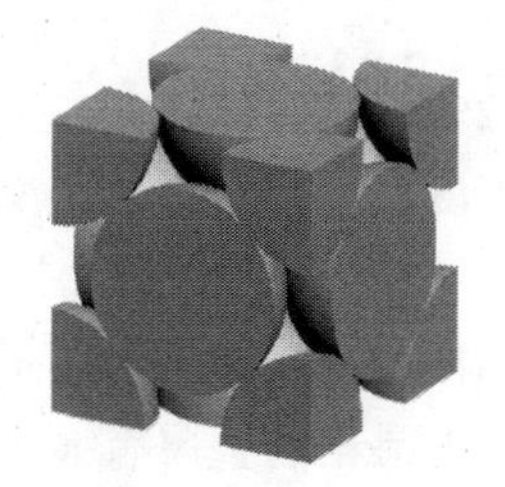

图1-6　面心立方晶胞

晶胞构成：由立方体角上的8个原子和每个面中心的1个原子构成。

晶格常数：面心立方晶格的棱边长度$a=b=c$，用$a$表示。

原子半径：如图1-6所示，晶胞每个面对角线上的原子是接触排列的，故有$a^2+a^2=(4r)^2$，因此面心立方晶胞中的原子半径$r=\frac{\sqrt{2}}{4}a$。

晶胞原子数：如图1-6所示，晶胞每个角上有1/8个原子，每个面的中心有1/2个原子。故每个晶胞中的原子数为$8\times\frac{1}{8}+6\times\frac{1}{2}=4$(个)。

晶格的致密度：面心立方晶格的原子数为4个，晶胞的棱边长度为$a$，原子半径$r=\frac{\sqrt{2}}{4}a$，则其致密度为$K=4\times\frac{4}{3}\pi\left(\frac{\sqrt{2}}{4}a\right)^3\Big/a^3=74\%$。这说明晶格中有74%的体积被原子占有，其余26%为空隙。

配位数：晶格中任一原子周围最近邻且等距离的原子数为12个。

具有面心立方晶格的金属有Fe(＞912℃，γ-Fe)、Al、Cu、Ni、Pb等。

**3) 密排六方晶格**

密排六方晶胞模型如图1-7所示。

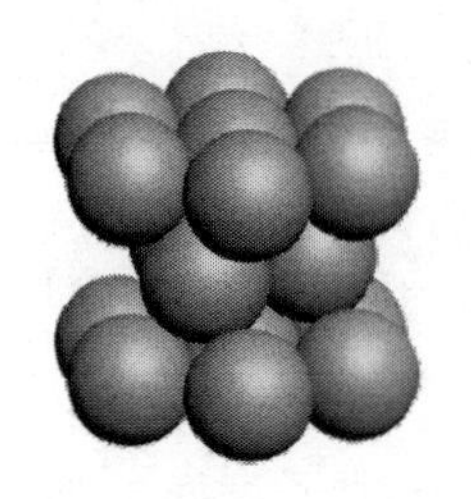
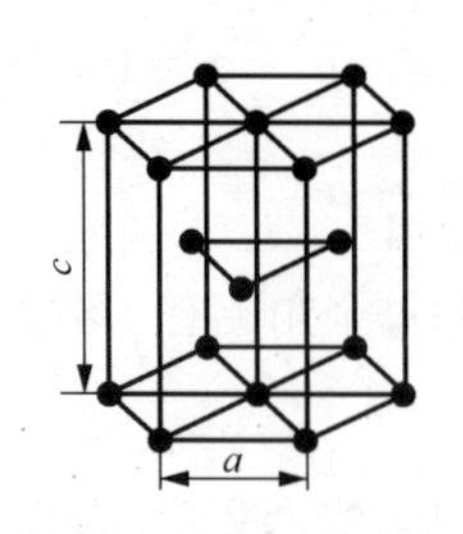

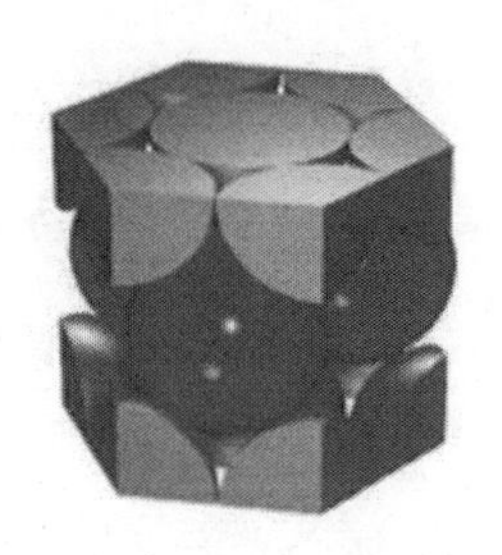

图 1-7　密排六方晶胞

晶胞构成：在晶胞的 12 个角上各有 1 个原子，上、下两个六边形的中心各有 1 个原子，正六棱柱体中还有 3 个原子。

晶格常数：六边形的边长 $a=b$，上、下两底面之间的距离为 $c$，$c/a$ 为轴比，对于密排六方晶格来说为 1.633。

原子半径：由图 1-7 可以看出，六边形上的原子相邻排列，因此原子半径 $r=a/2$。

晶胞原子数：如图 1-7 所示，正六棱柱体每个角上的原子均为 6 个晶胞所共有，上、下底面中心的原子同时为 2 个晶胞所共有，再加上晶胞内的 3 个原子，因此密排六方晶胞的原子数为 $\frac{1}{6}\times12+\frac{1}{2}\times2+3=6$（个）。

晶格的致密度：$K=0.74$。这说明与面心立方晶格相同，晶胞体积的 74%被原子占有，其余为空隙。

配位数：晶格中任一原子周围最近邻且等距离的原子数为 12 个。

具有密排六方晶格的金属有 Mg、Zn、Be、Cd 等。

表 1-1 为金属中常见的三种晶体结构的数据。

**表 1-1　金属中常见的三种晶体结构的数据**

| 晶格类型 | 晶胞中的原子数 | 原子半径 | 配位数 | 致密度 |
|---|---|---|---|---|
| 体心立方 | 2 | $\frac{\sqrt{3}}{4}a$ | 8 | 0.68 |
| 面心立方 | 4 | $\frac{\sqrt{2}}{4}a$ | 12 | 0.74 |
| 密排六方 | 6 | $\frac{1}{2}a$ | 12 | 0.74 |

从致密度和配位数可见，面心立方晶格和密排六方晶格的原子紧密程度一样，比体心立方晶格紧密。

**4．金属晶体中晶面指数、晶向指数**

在金属晶体中，由于原子在不同晶面或晶向上分布及密度不同，所以金属晶体在不同晶面和晶向上的性能也不同。为了研究和表述不同晶面和晶向的原子排列情况及其在空间的位向，用一组数字给每个晶面和晶向命名，这组数字分别称为晶面指数和晶向指数。晶面指数和晶向指数可以表示晶面或晶向在晶体中的方位。

晶面指数就是表示某个平行晶面的一组数，其表达形式为$(h\ k\ l)$。

晶向指数就是表示同一晶向的一组数，其表达形式为$[u\ v\ w]$。

(1) 晶面指数的确定步骤如下（以确定图 1-8 所示阴影面的晶面指数为例）。

① 建立坐标：以晶格某原子为原点作坐标轴，分别以晶格常数 $a$、$b$、$c$ 作 $x$、$y$、$z$ 轴的度量单位。

② 求截距：求出晶面在三个坐标轴上的截距，1 2 ∞。

③ 求倒数：将所得的三个截距求倒数，1 1/2 0。

④ 化最小整数：将三个倒数化为最小整数，2 1 0。

⑤ 加圆括号：(2 1 0)。

(2 1 0)即所求晶面以及与其平行的所有晶面的晶面指数。

立方晶格三个主要晶面及指数如图 1-9 所示。

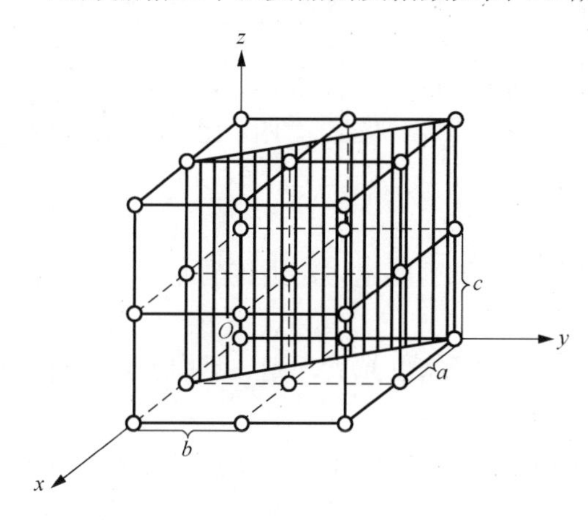


图 1-8　立方晶格中晶面指数的确定

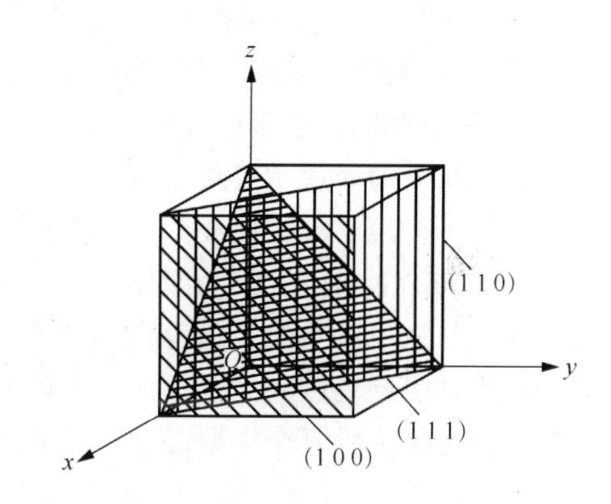


图 1-9　立方晶格中的三个主要晶面及指数

晶面的截距可以为负数，表达方式是在负的晶面指数的上方加“-”号，如($\bar{h}$ $\bar{k}$ $\bar{l}$)。某一晶面指数并不只代表某一具体晶面，而是代表一组相互平行的晶面，即所有相互平行的晶面都具有相同的晶面指数。如果两个晶面指数的数字和顺序完全相同而符号相反，则说明两个晶面平行。例如，(0 0 1)∥(0 0 $\bar{1}$)，(1 1 1)∥($\bar{1}\bar{1}\bar{1}$)。

在晶体学上，把原子排列相同而彼此不平行的晶面称为晶面族，用大括号表示，即{*h k l*}。晶面（族）指数的意义如下：(*h k l*)表示某一晶面及与其平行的所有晶面；{*h k l*}表示原子排列相同，但位向不同的所有晶面，即晶面族。例如，{1 1 1}晶面族包括(1 1 1)、(1 $\bar{1}$ 1)、($\bar{1}$ 1 1)、(1 1 $\bar{1}$)等晶面。

(2) 晶向指数的确定步骤如下(以确定与图 1-10 中 *OB* 平行的晶向为例)。

① 建立坐标：以晶胞的三个棱边为坐标轴 $x$、$y$、$z$ 轴，以晶格常数作为坐标轴的长度单位。通过坐标原点引一直线 *OB* 平行于待求晶向。

② 求坐标值：求出该直线上任意点坐标值，1 1 0。

③ 化最小整数：将三个坐标值按比例化为最小整数，1 1 0。

④ 加方括号：[1 1 0]。

[1 1 0]即所求晶向 *OB* 以及与其方向相同的所有的晶向指数。

立方晶格三个主要晶向及指数如图 1-10 所示。

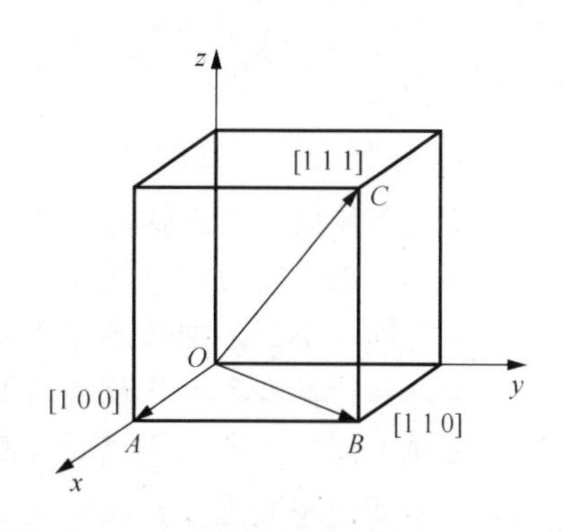


图 1-10　立方晶格中的三个主要晶向及指数

从晶向指数的确定步骤可以看出，晶向指数所表示的是一族平行线的位向。所有相互平行的晶向都具有相同的晶向指数。同一直线有相反的两个方向，其晶向指数的数字和顺序相同，符号相反。例如，[1 1 0]和$[\bar{1}\,\bar{1}\,0]$、[1 1 1]和$[\bar{1}\,\bar{1}\,\bar{1}]$方向相反。

在晶体学上，把原子排列相同而彼此方向不同的晶向称为晶向族，用尖括号表示，即〈*u v w*〉。

晶向（族）指数的意义如下：[*u v w*]表示某一个晶向及与其方向相同的所有晶向；〈*u v w*〉表示原子排列相同，但方向不同的所有晶向，即晶向族。例如，立方晶格的面对角线〈1 1 0〉晶向族包括[1 1 0]、[1 0 1]、[1 1 1]、$[\bar{1}\,1\,0]$、$[\bar{1}\,0\,1]$、$[0\,\bar{1}\,1]$、$[1\,\bar{1}\,0]$、$[1\,0\,\bar{1}]$、$[0\,1\,\bar{1}]$、$[\bar{1}\,\bar{1}\,0]$、$[\bar{1}\,0\,\bar{1}]$、$[0\,\bar{1}\,\bar{1}]$等晶向。

在立方晶系中，若晶面指数与晶向指数相同，则晶面与晶向相互垂直，如(1 1 1)⊥[1 1 1]。

(3)六方晶系的晶面指数和晶向指数都是四位数，确定时需要建立有四个坐标轴的坐标系。

**5．金属晶体的原子密度与各向异性**

**1)晶面及晶向的原子密度**

晶面原子密度：单位面积晶面上的原子数。晶面原子密度越大，则该晶面上原子排列得越紧密。不同晶面(族)上的晶面原子密度不同。

晶向原子密度：单位长度晶向上的原子数。晶向原子密度越大，则该晶向上原子排列得越紧密。不同晶向(族)上的晶面原子密度不同。

体心立方晶格中几个主要晶面和晶向的原子密度如表 1-2 所示。

**表 1-2　体心立方晶格中几个主要晶面和晶向的原子密度**

| 晶面指数 | 晶面示意图 | 晶面密度(原子数/面积) | 晶向指数 | 晶向密度(原子数/长度) |
| --- | --- | --- | --- | --- |
| {1 0 0} | $a$ $a$ | $\frac{\frac{1}{4}\times 4}{a^2}=\frac{1}{a^2}$ | 〈1 0 0〉 | $\frac{\frac{1}{2}\times 2}{a}=\frac{1}{a}$ |
| {1 1 0} | $a$ $\sqrt{2}a$ | $\frac{\frac{1}{4}\times 4+1}{\sqrt{2}a^2}=\frac{1.4}{a^2}$ | 〈1 1 0〉 | $\frac{\frac{1}{2}\times 2}{\sqrt{2}a}=\frac{0.7}{a}$ |
| {1 1 1} | $\sqrt{2}a$ | $\frac{\frac{1}{6}\times 3}{\frac{\sqrt{3}}{2}a^2}=\frac{0.58}{a^2}$ | 〈1 1 1〉 | $\frac{\frac{1}{2}\times 2+1}{\sqrt{3}a}=\frac{1.16}{a}$ |

可见，在体心立方晶格中，原子密度最大的晶面是{1 1 0}，原子密度最大的晶向是〈1 1 1〉。

**2)金属晶体的各向异性**

金属晶体沿不同方向表现出的性能不相同。这种现象称为晶体的各向异性。这是晶体的一个重要特性，也是区别晶体与非晶体的一个重要标志。

**3)金属晶体具有各向异性的原因**

晶体在不同的晶面上或晶向上原子排列的密度不同，导致不同晶面或晶向上原子的结合力不同，从而使不同晶面或晶向上的物理、化学和力学性能不同。例如，具有体心立方晶格的铁单晶体，在密排方向〈1 1 1〉方向上的弹性模量 $E$ 为 290MPa，而在〈1 0 0〉方向上的 $E$ 则是135MPa。晶体的各向异性在其化学性能、物理性能和力学性能等方面都会表现出来。

在变压器用硅钢片生产时，采用一定的轧制方法，使易磁化的〈1 0 0〉晶向平行于轧制方向，这样可以提高磁导率。

### 1.1.3　实际金属的晶体结构

特别强调，前面讨论的“理想金属”只是为了研究问题方便而假设存在的一种没有缺陷的单晶体的纯金属。由于受到多种因素的影响，实际金属晶体内部的原子排列往往不都是很规则的。金属晶体结构中存在的各种不规则的区域称为晶体缺陷。因此，实际金属是存在很多缺陷的多晶体。

按几何特点，通常把实际金属存在的晶体缺陷分为点缺陷、线缺陷和面缺陷三类。

**1．点缺陷**

点缺陷是指在三维空间的三个方向尺寸都很小的缺陷。金属晶体中的点缺陷主要有空位、间隙原子和置换原子三类，如图1-11所示。

(1)空位：晶格中没有原子的结点称为空位。正常情况下，晶格中的原子在结点上做高频率振动，当某种原因使某原子的振动能量大于某定值时，该原子就脱离了原来的结点位置而使原结点位置形成空位。在晶体中，空位总是时而产生时而消失，而且空位浓度随着温度的升高而增大。

(2)间隙原子：处于晶格间隙中的原子称为间隙原子。在形成空位的同时也会形成一个间隙原子。原子半径比较小的硼、碳、氢、氮、氧等在金属中多以间隙原子的形式存在。

(3)置换原子：处于结点位置的异类原子称为置换原子。原子半径比较大的异类原子在金属中一般都以置换原子的形式存在。

由图1-11可见，三种点缺陷能引起缺陷周围发生晶格畸变，对金属的性能产生影响，如可以使金属强度、硬度提高。尤其是间隙原子和置换原子，生产中经常利用其使晶格发生畸变，从而提高金属的强度、硬度，这种强化金属的方法称为固溶强化。间隙原子固溶强化效果比置换原子固溶强化效果好。

**2．线缺陷**

线缺陷是指在三维空间的一个方向尺寸很大、其他两个方向尺寸很小的缺陷。金属晶体中的线缺陷实际上就是指各种类型的位错，它是在晶体中某一位置有一列或者几列原子发生的有规律的错动，如图1-12所示。位错主要有刃型位错和螺型位错两种。位错是一种极为重要的晶体缺陷，它对金属的强度、韧性及塑性变形等起着决定性的作用。

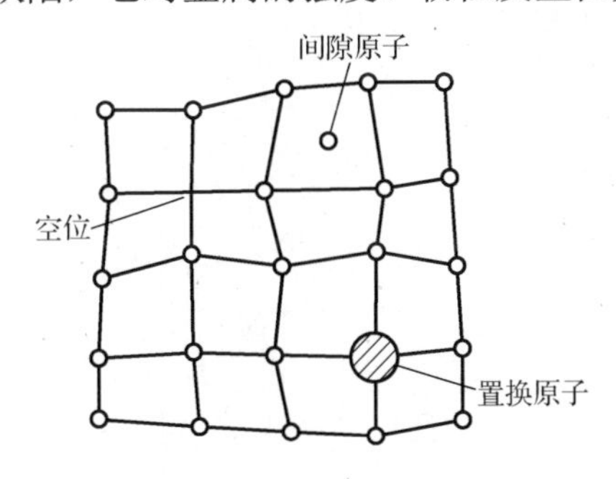


图1-11　点缺陷示意图

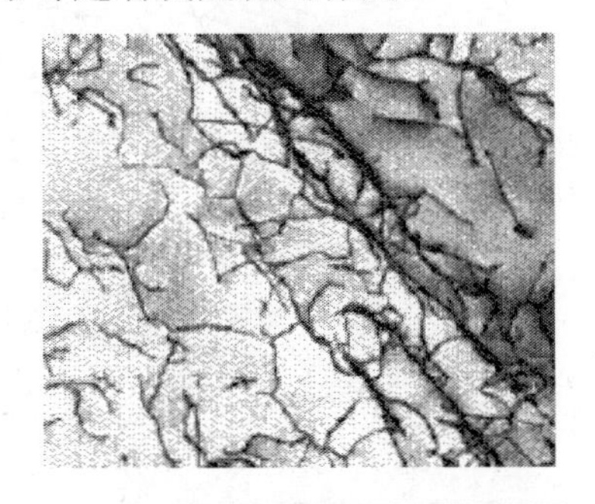

图1-12　透射电镜观察到的位错网

**1) 刃型位错**

如图 1-13 所示，沿着某一晶面，晶格的上半部分相对于下半部分发生了相对滑移，使上半部分多出了一个半原子面，这个半原子面像一把刀插入晶体，这种位错称为刃型位错，“刀刃”处的原子列称为刃型位错线。

刃型位错有正、负之分，如果多余半原子面位于晶体的上半部，此处的位错线称为正刃型位错，以符号“⊥”表示；反之，如果多余半原子面位于晶体的下半部，称为负刃型位错，以符号“┬”表示，如图 1-14 所示。

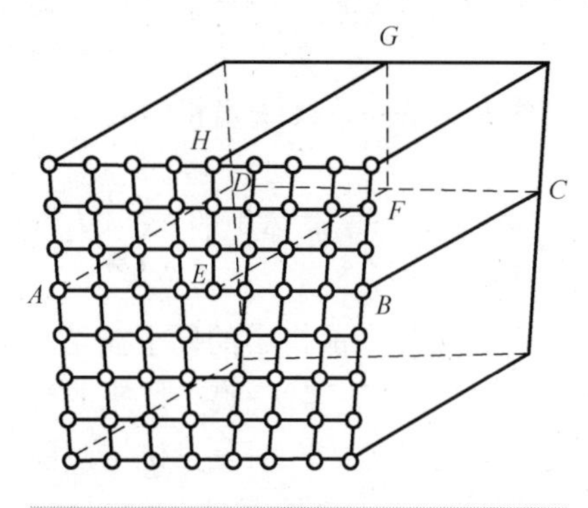


图 1-13　刃型位错线的晶体结构示意图

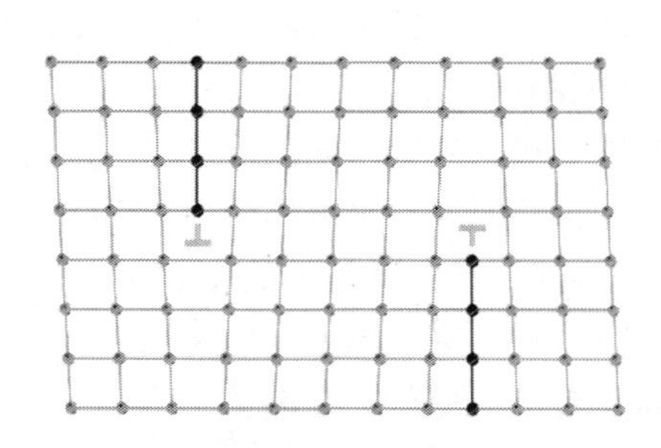

图 1-14　正刃型位错和负刃型位错

刃型位错有以下特征。

(1) 刃型位错有一个多余半原子面。

(2) 位错线不一定是直线，形状可以是直线、折线、曲线、位错环。

(3) 刃型位错有正、负之分。

(4) 刃型位错线运动的方向垂直于位错线。

**2) 螺型位错**

如图 1-15 所示，假设在晶体的一端施加一切应力将晶体沿某晶面局部地“切开”，使上、下两部分晶体相对滑移一个或几个原子间距，而在 *AB* 之间形成了一个上、下原子不在结点位置的过渡区域，这个区域里的原子连线像一个螺旋(图 1-15(b))，这种位错称为螺型位错，*AB* 线称为螺型位错线。

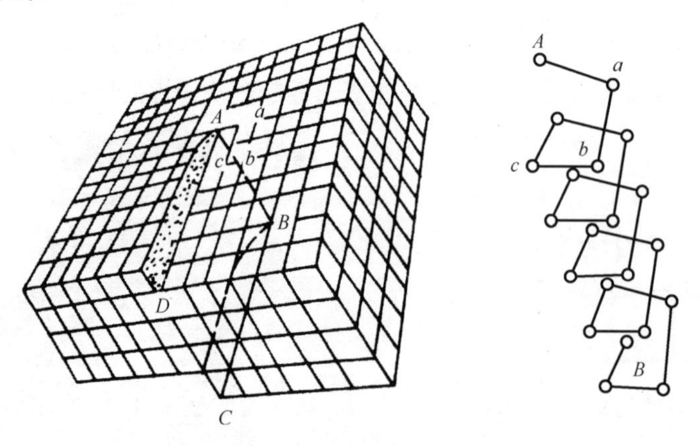


(a)螺型位错　　(b)位错线上原子的螺旋形排列

图 1-15　螺型位错线的晶体结构示意图

螺型位错具有以下特征。

(1)螺型位错没有多余半原子面。

(2)螺型位错周围的点阵也发生弹性畸变，但只有平行于位错线的切应变，无正应变。

(3)螺型位错线的移动方向与晶块滑移方向、应力矢量互相垂直。

由图1-13和图1-15可见，位错线周围区域原子离开了原来的平衡位置，引起缺陷周围发生晶格畸变，可以使金属强度、硬度提高。位错能够在金属的结晶、相变和塑性变形等过程中形成。晶体中的位错密度与位错的运动对金属的性能、塑性变形及其组织转变等都有着极其重要的影响。金属强度$\sigma$和位错密度$\rho$(单位体积中位错线的总长度，单位为$cm/cm^3$或$cm^{-2}$)的关系如图1-16所示。

(1)当金属为退火态时，位错密度为$10^5\sim10^8cm^{-2}$，强度最低。

(2)当位错密度在$10^5\sim10^8cm^{-2}$基础上增加时，金属的强度、硬度提高。生产中经常通过对金属进行冷塑性变形的方法来提高位错密度，从而使金属强度、硬度提高。这种强化金属的方法称为加工硬化。

(3)当位错密度在$10^5\sim10^8cm^{-2}$基础上减少时，金属的强度、硬度也提高。目前在实验室中已经制作出位错密度极低、直径极细的金属晶须。

**3．面缺陷**

面缺陷是指在三维空间的两个方向尺寸很大、其他一个方向尺寸很小的缺陷。金属晶体中的面缺陷主要有晶界和亚晶界两种。

**1)晶界**

实际金属一般都是多晶体，多晶体中的每个小单晶体称为晶粒。晶体结构相同但位向不同的晶粒之间的界面称为晶界。实际金属的显微组织是由大量外形不规则的小晶粒组成的，其中晶粒与晶粒间的边界称为晶界，如图1-17所示。

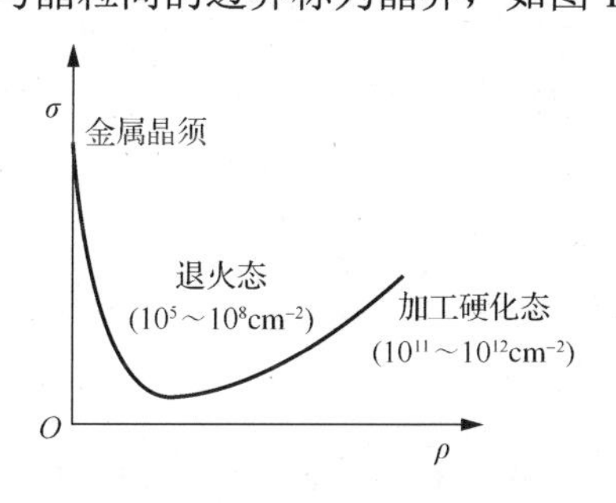


图1-16　金属强度与位错密度的关系

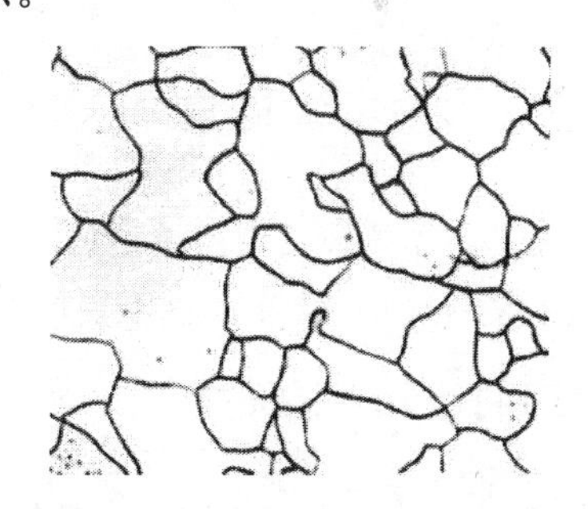

图1-17　金属显微组织中的晶粒、晶界

如图1-18所示，晶界相邻的晶粒间的位向差较大，一般大于10°。晶界形状不规则，原子排列紊乱，杂质聚集，晶格畸变大，是成分、结构、能量不稳定的区域。因此，晶界常温强度、硬度高，熔点低，高温强度、硬度低，耐蚀性差。

**2)亚晶界**

实际金属晶体中，每个晶粒内的原子排列不是整齐的，在高倍显微镜下能够观察到晶粒是由许多尺寸更小、晶格位向差更小的“嵌镶块”组成的。其中的每个“嵌镶块”称为亚晶粒，亚晶粒的边界称为亚晶界。如图1-19所示，亚晶界实际上是由一系列刃型位错所形成的小角度(小于2°)晶界，是晶粒内部的一种面缺陷。

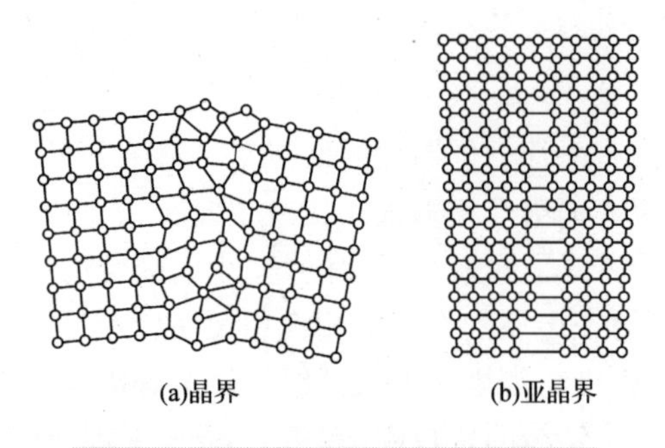


图 1-18　晶界、亚晶界原子排列示意图

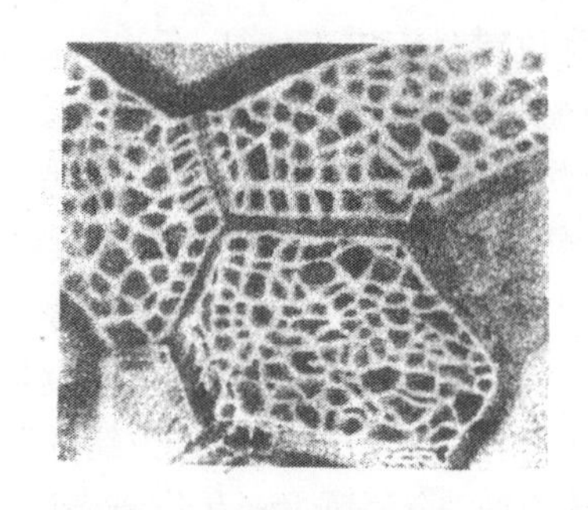

图 1-19　金属显微组织中的亚晶粒、亚晶界

由图 1-18 和图 1-19 可见，晶界和亚晶界附近的原子排列不规则，脱离了原来的平衡位置，引起缺陷周围发生晶格畸变，可以使金属强度、硬度提高。晶粒、亚晶粒越细小，晶界、亚晶界越多，晶格畸变越严重，金属的常温强度、硬度越高。生产中经常采用细化晶粒的办法提高金属的常温强度、硬度，这种强化金属的方法称为细晶粒强化。

综上所述，实际金属是一种存在多种缺陷的多晶体。

(1) 实际金属中存在的无论是点缺陷、线缺陷还是面缺陷，都使缺陷周围发生晶格畸变，进而使金属的使用性能发生显著变化，尤其使金属的强度、硬度提高。

(2) 实际金属中的每个晶粒虽然具有各向异性，但由于每个晶粒的位向不同，所以实际金属在某个方向上的性能是每个晶粒在这个方向上性能的平均值，表现不出各向异性。这就是实际金属“各向伪同性”的原因。

## 1.2　纯金属的结晶

纯金属或合金自液态冷却转变为固态的过程称为凝固，一般凝固后的金属基本是晶体，所以这个过程也称为纯金属或合金的结晶。除了粉末冶金材料，所有金属材料都需要经过熔炼和浇注的过程，其中浇注过程就是纯金属或合金的结晶过程。研究纯金属或合金的结晶过程及其共同遵循的基本规律，对改善金属材料的组织和性能都具有重要的意义。纯金属和合金的结晶既有联系又有区别。合金的结晶要比纯金属的结晶复杂，因此这里首先介绍纯金属的结晶。

### 1.2.1　冷却曲线和过冷现象

每种纯金属都有一个固定的结晶温度，即熔点。因此纯金属的结晶过程总是在自身的结晶温度下恒温进行。金属的结晶温度可以用热分析法来测定，如图 1-20 所示。

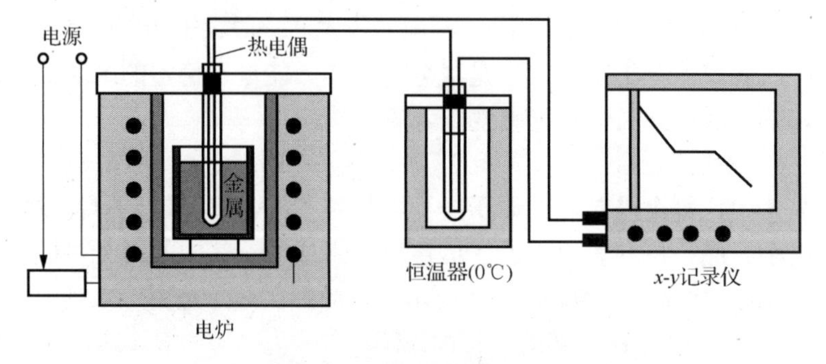


图 1-20　热分析装置示意图

利用图 1-20 所示的热分析装置，将纯金属加热到熔点以上某一温度，熔化成液体，然后让液态金属以缓慢冷却速度冷却。在冷却过程中每隔一段时间测量一次温度，并用测得的数据在温度-时间坐标系中绘制出图 1-21 所示的纯金属冷却曲线。这种试验方法称为热分析法，所测的冷却曲线称为热分析曲线。

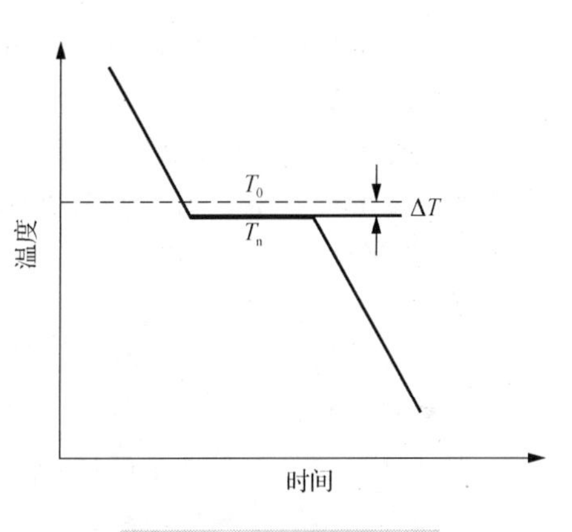

图 1-21　纯金属冷却曲线

由此曲线可见，液态金属从高温开始冷却时，随着冷却时间的延长，由于向周围环境散出热量，故温度不断下降，状态保持不变。当温度下降到某一温度(用 $T_n$ 表示)时，金属结晶过程开始，并放出结晶潜热，因为放出的结晶潜热恰好补偿了金属向周围环境散出的热量，所以冷却曲线上出现了平台，直到液态金属全部结晶成固态，结晶过程结束。这时，由于没有结晶潜热放出，固态金属的温度又重新下降，直至冷却到室温。曲线上平台所对应的温度 $T_n$ 为实际结晶温度。

如果将纯金属液体在无限缓慢的冷却条件(即平衡冷却条件)下的结晶温度称为理论结晶温度(用 $T_0$ 表示)，那么由于实际生产中金属结晶过程的冷却速度都较快，所以液态金属的实际结晶温度 $T_n$ 一定低于理论结晶温度 $T_0$。

金属的实际结晶温度 $T_n$ 低于理论结晶温度 $T_0$ 的现象称为过冷。理论结晶温度与实际结晶温度的差 $\Delta T$ 称为过冷度，过冷度 $\Delta T=T_0-T_n$。

理论和实践都证明，过冷是液态金属结晶的必要条件。过冷度随金属的本性和纯度的不同，以及冷却速度的不同，在很大的范围内变化。同一种金属结晶时的冷却速度越大，过冷度越大，金属的实际结晶温度也越低。一般来说，过冷度有一个最小值，如果过冷度小于这个值，则结晶过程不能进行。

## 1.2.2　结晶过程及其基本规律

由图 1-21 可知，纯金属的结晶过程是在冷却曲线平台左端开始和右端结束的。整个结晶过程是晶核不断形成和晶核不断长大的过程，直至液体全部结晶成固态，如图 1-22 所示。

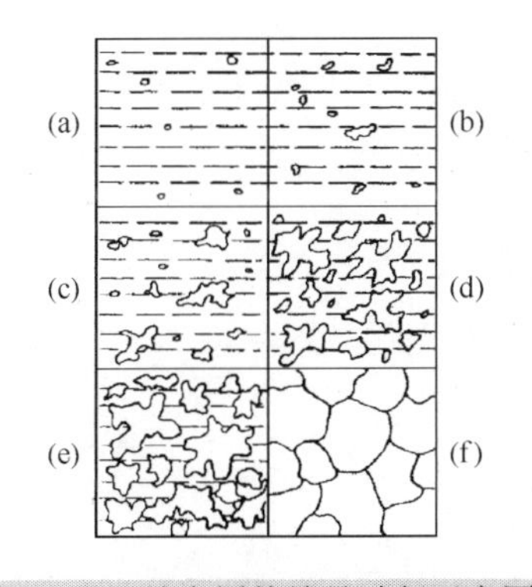

图 1-22　纯金属的结晶过程示意图

**1. 晶核形成**

液态金属结晶时晶核的形成方式有自发形核和非自发形核两种。

**1) 自发形核**

实验证明，液态金属中总是存在大量的原子规则排列的小集团，时而聚集形成，时而溶解消失。当液态金属温度低于其理论结晶温度时，小集团就变成了稳定的结晶核心，即晶核。这种由金属液体自身原子聚集形成晶核的方式称为自发形核，又称为均匀形核，所形成的晶核称为均质晶核。

**2) 非自发形核**

由液态金属原子依附于其中的“杂质”微粒形成晶核的方式称为非自发形核，又称为非均匀形核，所形成的晶核称为异质晶核。这些“杂质”微粒可能是液态金属中本来存在的，也可能是人为加入的。

虽然在液态金属结晶过程中自发形核和非自发形核是同时存在的，但比较而言，非自发形核比自发形核容易。在工业生产中，液态金属的结晶总是以非自发形核方式进行的。

**2．晶核长大**

晶核长大宏观上来看是晶体的界面向液相转移的过程，从微观上来看是原子由液体向固体的表面转移的过程。由于结晶条件的不同，晶核长大主要有以下两种方式。

**1）树枝状长大**

当过冷度较大，尤其是晶核是异质晶核时，金属晶体往往按树枝状长大。在晶核长大过程中，由于晶体的棱角处散热条件好，棱角正对方向的液体温度更低，过冷度更大，故棱角部分向液体中心优先长大而形成一次晶轴。随着结晶过程的进行，一次晶轴伸长、变粗，同时，在一次晶轴的棱边长出二次晶轴、三次晶轴……最终长成一个树枝状的晶体，称为树枝状晶，简称枝晶，如图 1-23 所示。

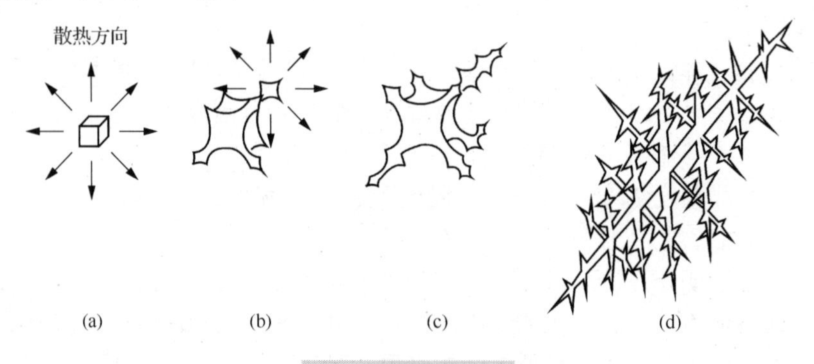


图 1-23　枝晶示意图

实际金属的结晶多为枝晶结构。如果金属纯度很高，金属液体流动性很好，液体供应充分，能补充结晶时收缩所需要的液体，则结晶后的组织中只能看到多边形晶粒。如果金属结晶时收缩得不到充分的液体补充，最后凝固的枝晶间就会留下空隙，这时组织中就能看到明显的枝晶，如图 1-24 所示。

图 1-24　锑锭表面的枝晶

**2）平面长大**

在平衡条件下或在过冷度很小的情况下，纯金属晶体主要以其结晶表面向前平移的方式长大，这种长大方式称为平面长大。平面长大过程中，晶体一直保持规则的形状，只是在各个晶体长到彼此接触之后，规则的外形才遭到破坏。平面长大方式在实际金属结晶中比较少见。

### 1.2.3　影响金属结晶后晶粒大小的因素与控制措施

金属结晶成固体后，就成为由许多晶粒组成的多晶体。

实践表明，晶粒的大小对金属的力学、物理和化学性能都有很大影响。例如，常温下，晶粒越细，金属的强度、塑性和韧性就越好。

金属结晶时，每个晶粒都是由一个晶核长大而成的。影响金属结晶后晶粒大小的主要因素是形核率 $N$ 和晶核长大速率 $G$。形核率是指金属液体在单位时间内、在单位体积中形成的晶核数(个/(s·mm$^3$))，晶核长大速率是指在晶核向周围长大的平均线速度(mm/s)。理论上形核率越大，单位体积内的晶核数目就越多；晶核长大速率越小，单位时间内晶核长大的尺寸越小，金属结晶后的晶粒越细小。

工业生产中，细化铸件晶粒常用的控制措施是增加过冷度、变质处理和振动搅拌。

**1．增加过冷度**

过冷度 $\Delta T$ 对金属结晶的形核率 $N$ 和晶核长大速率 $G$ 的影响如图 1-25 所示。由图可见，在目前生产中能达到的过冷范围内(图中实线部分)，随着 $\Delta T$ 的增大，$N$ 和 $G$ 都增大，但 $N$ 的增大快于 $G$ 的增大(即 $N$ 和 $G$ 的比值增大)。因此，随着 $\Delta T$ 的增大，金属结晶后的晶粒细化。增加过冷度的方法主要是提高液态金属的冷却速度。例如，在铸造生产中，有时用热导率大的金属铸型代替砂型，就是为了提高铸件结晶过程的冷却速度，从而细化铸件的晶粒。

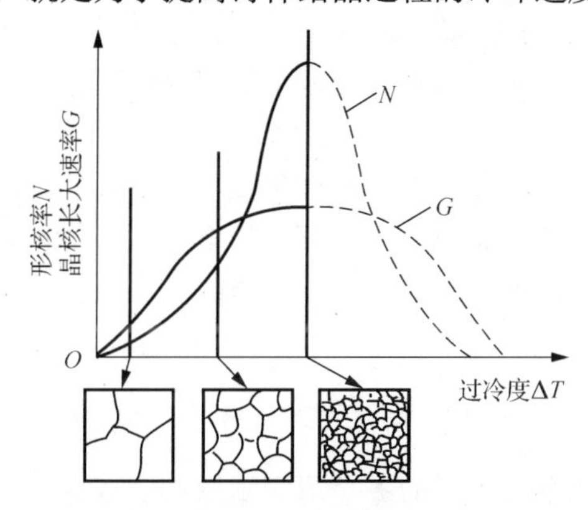


图 1-25　形核率 $N$ 和晶核长大速率 $G$ 与过冷度 $\Delta T$ 的关系

**2．变质处理**

对于大型金属铸件和形状复杂的铸件，前者很难获得大的过冷度，后者过冷度太大容易导致变形或开裂，所以一般不能采用增加过冷度的办法细化晶粒，而是在液态金属结晶前，向其中加入能形成大量异质晶核(增大形核率 $N$)或者阻碍晶核长大(减小晶核长大速率 $G$)的物质(称为变质剂)，促进大量的非自发形核，从而使铸件晶粒得到细化，这种细化晶粒的方法称为变质处理。向铸铁溶液中加入硅铁、硅钙合金，向铸造铝硅合金溶液中加入钠盐等，都是生产中变质处理的例子。

**3．振动搅拌**

在金属结晶过程中，对液态金属采取机械振动、超声波振动、电磁振动或机械搅拌等措施，使枝晶破碎而细化晶粒，同时增加形核率 $N$，使晶粒得到细化。例如，在钢的连铸过程中进行电磁搅拌，目的之一就是细化晶粒。

# 1.3 合金与合金的相结构

纯金属虽然具有良好的导电性、导热性和塑性等优点，但其某些力学、物理、化学性能(如耐热性、耐蚀性等)不高，难以满足人们的各种需要。人们在实践中通过配制合金和控制合金成分等办法，使金属材料的力学、物理、化学性能得到了提高。目前应用较广泛的金属材料绝大多数是合金。

## 1.3.1 合金的基本概念

通过熔炼或烧结等方法，将两种或两种以上金属元素或金属元素和非金属元素按比例结合形成的具有金属特性的物质称为合金。例如，碳钢、合金钢、铸铁、黄铜、硬铝和轴承合金等都是常用的合金。

组成合金的最基本的、独立的物质称为组元。组元多为纯元素，也可以是稳定的化合物，如 $Fe_3C$。

由两个组元组成的合金称为二元合金，由三个组元组成的合金称为三元合金，由三个以上组元组成的合金称为多元合金。例如，铁碳合金是二元合金。

由给定组元以不同比例配制的不同成分的合金系列称为合金系。两个组元组成的为二元系，三个组元组成的为三元系，三个组元以上组成的为多元系。例如，凡是由铁和碳组成的合金，无论比例是多少，都属于铁碳二元系合金，常用的铁碳合金有 45 钢、65 钢和 T12 等。

合金中化学成分、结构、性能相同，并与其他部分由明显界面分开的均匀部分称为相。合金为液态时称为液相。

固态金属与合金经过试样制备，在金相显微镜下观察到的具有一定形态特征的微观形貌图像称为显微组织，简称组织。显微组织为单相的合金称为单相合金，显微组织为多相的合金称为多相合金。构成合金组织的各个相称为合金的组织组成相。合金的组织组成相的晶体结构称为合金的相结构。

## 1.3.2 合金的相结构

合金的性能取决于构成合金组织的各个组织组成相的成分、结构、性能、形态以及组合情况等。因此，在研究合金性能之前必须先研究合金的相结构。

虽然相的种类有很多，但按照组元间的相互作用不同，固态合金的相结构分为固溶体和金属间化合物两大类。

### 1. 固溶体

在固态合金中，溶质原子溶入溶剂晶格形成的保持溶剂晶格的均匀相称为固溶体。固溶体中，保持原来晶格类型的组元称为溶剂，晶格消失的组元称为溶质。一般溶剂的量多于溶质。在固溶体中，溶质在溶剂中的溶解度是在一定范围内变化的。

#### 1) 固溶体的分类

按照溶质原子在溶剂晶格中所处的位置不同，固溶体分为置换固溶体和间隙固溶体两类。

(1) 置换固溶体。

溶质原子置换了部分溶剂原子而处于溶剂晶格的某些结点位置的固溶体称为置换固溶体，如图 1-26 所示。

Mn、Cr、Si、Ni 等原子在合金中一般都与 Fe 形成置换固溶体。例如，不锈钢中的 Cr、Ni 原子置换部分γ-Fe 原子形成置换固溶体。

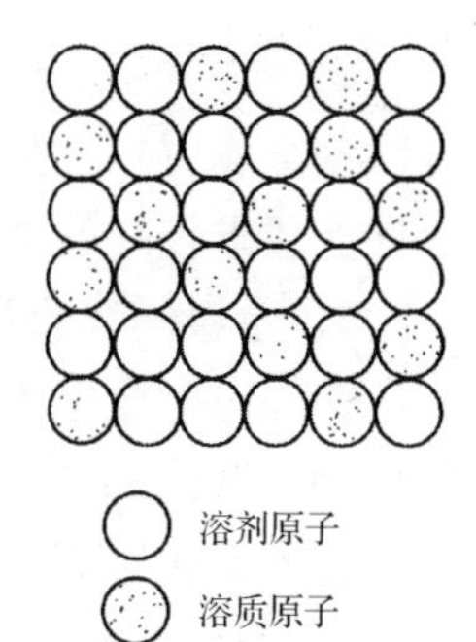


图 1-26　置换固溶体

在置换固溶体中，溶质原子在溶剂中的溶解度主要取决于两者原子直径差、在元素周期表中的相互位置和晶格类型。一般说来，原子直径差越小，在元素周期表中的位置越近，溶解度越大。若溶质原子与溶剂原子的晶格类型相同，两个组元能以任何比例无限互溶，这种置换固溶体称为无限置换固溶体，如图 1-27 所示；若溶质原子与溶剂原子的晶格类型不同，两个组元则只能在一定比例范围有限互溶，这种置换固溶体称为有限置换固溶体。

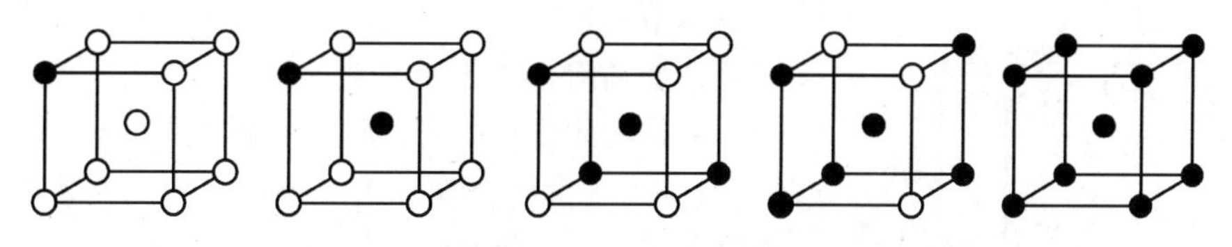

图 1-27　无限置换固溶体中两组元原子相互置换示意图

(2) 间隙固溶体。

溶质原子不是占据晶格的结点位置而是处于溶剂晶格的空隙中的固溶体称为间隙固溶体，如图 1-28 所示。

当溶质原子与溶剂原子的直径比 $D_{质}/D_{剂}<0.59$ 时才能形成间隙固溶体。因此，形成间隙固溶体的溶质元素都是原子半径小于 0.1nm 的非金属元素，如 H、C、O、N 等。在碳钢中 C 原子溶入α-Fe 和γ-Fe 晶格的间隙中都形成间隙固溶体(分别称为铁素体和奥氏体)。

间隙固溶体中溶质原子的溶解度与溶质原子的大小及溶剂原子的晶格类型有关。因为溶剂原子晶格间隙是有限的，溶质原子的溶解度也是有限的，所以间隙固溶体只能是有限固溶体。在间隙固溶体中，当溶质原子的溶解度达到饱和状态时，就称为饱和固溶体。

**2) 固溶体的性能**

在置换固溶体中，溶质原子与溶剂原子的直径不可能完全相同；在间隙固溶体中，溶剂原子的晶格间隙是有限的。因此，无论是置换固溶体还是间隙固溶体，溶质原子的溶入都会使固溶体发生晶格畸变，如图 1-29 所示。在固溶体中，溶质原子的溶入使固溶体发生晶格畸变，造成位错移动的阻力增大，从而使金属材料的强度、硬度升高，塑性变形抗力增大。

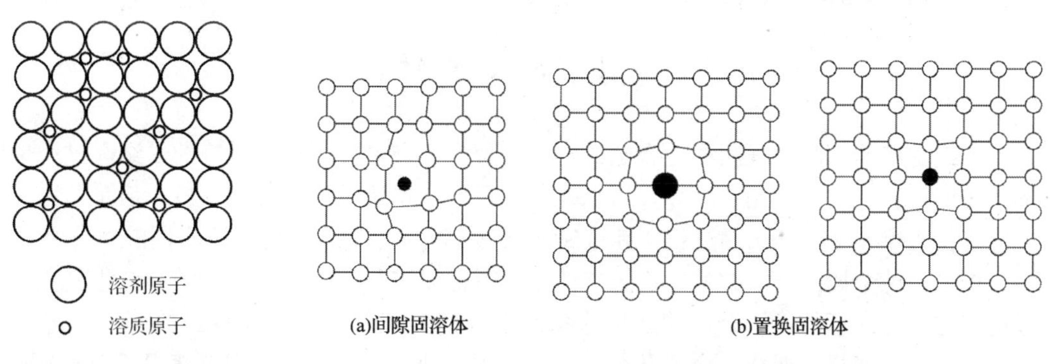


图 1-28　间隙固溶体

图 1-29　形成固溶体时的晶格畸变

固溶强化是强化金属材料的重要方法之一。实践证明，适当控制固溶体中的溶质含量，可以使金属材料在显著提高强度、硬度的同时，仍然保持良好的塑性和韧性。因此，综合力学性能要求较高的结构材料的基体相都是固溶体。

**2．金属间化合物**

在固态合金中除可形成固溶体外，当溶质原子溶入溶剂晶格超过固溶体溶解度时，将出现新相，若新相的晶体结构与任一组元都不同，且具有一定的金属特性，则称为金属间化合物，金属间化合物可用化学式表示，如碳钢中的渗碳体又可表示为 $Fe_3C$；如果新相没有金属特性，则称为非金属化合物，如碳钢中的 FeS 和 MnS。

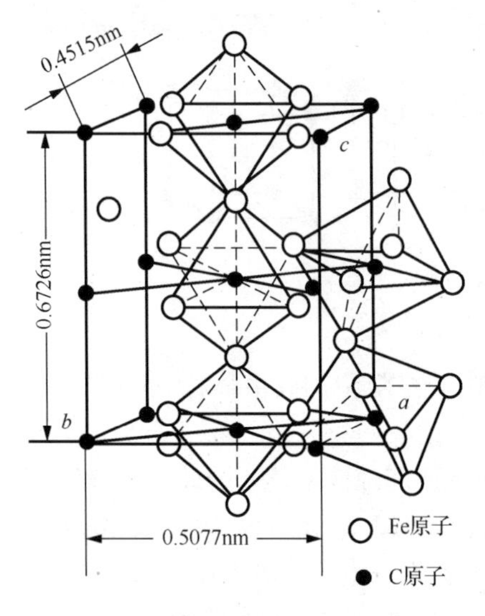


图 1-30　$Fe_3C$ 的晶体结构

金属间化合物的晶体结构一般比较复杂。例如，$Fe_3C$ 的晶体结构如图 1-30 所示。

**1）金属间化合物的分类**

金属间化合物的种类很多，常见的有以下三种类型。

(1) 正常价化合物：组成该化合物的元素严格按照化合价规律结合，化合物的成分固定，可用化学式表示，如 MnS、$Mg_2Sn$ 等。

(2) 电子化合物：该化合物不遵循化合价规律，而是按照一定的电子浓度比（即化合物中价电子数与原子数之比）组成一定晶格结构的化合物，电子浓度不同，所形成的化合物的晶体结构也不相同，如 CuZn、NiAl 等。

(3) 间隙化合物：该化合物一般由原子直径较大的过渡金属元素（Fe、Cr、Mo、W、V 等）和原子直径较小的非金属元素（H、C、N、B 等）构成，前者原子占据新相的晶格结点位置，后者原子则有规律地嵌入晶格间隙中。例如，合金钢中 $Fe_3C$、VC 等各种类型的碳化物，都是间隙化合物。

**2）金属间化合物的性能**

金属间化合物的特点是熔点高，硬而脆。在合金中，当金属间化合物呈细小颗粒均匀分布在固溶体中时，将使合金的强度、硬度和耐磨性明显提高，这种现象称为弥散强化。

弥散强化是各类合金钢、硬质合金及许多有色金属合金的重要强化方法之一。金属间化合物在强化合金的同时也会降低塑性和韧性。

## 1.4　合金的结晶

和纯金属的结晶过程相同，合金的结晶过程也是在过冷条件下进行的，结晶过程也遵循形核与晶核长大的结晶基本规律，可以是均匀形核，也可以是非均匀形核。但是，由于合金成分包括的组元多，其结晶过程比纯金属的结晶过程复杂得多，有很多不同的地方。

例如，纯金属的结晶过程是在一定的温度下恒温进行的，而合金的结晶过程是在一定的温度范围降温进行的；纯金属的结晶过程是由一个液相转变成一个固相的过程，合金的结晶过程是由一个液相转变成一个或几个固相的过程；纯金属在结晶过程中液相和固相没有成分变化，而合金在结晶过程中液相和固相（固溶体）成分是在一定范围内变化的。

要研究合金结晶过程的特点及结晶过程中合金的状态、组织、相、成分、温度和性能之间的关系等问题，必须首先认识和学会使用合金相图这个重要工具。下面讨论二元合金系的相图，即二元合金相图。

## 1.4.1　二元合金相图的基本知识

合金相图即表示在平衡状态下，不同温度合金系中不同成分合金的状态、组织、相和成分变化的图，又称为合金平衡相图或合金状态图，如图 1-31 所示。合金相图是生产中制定合金冶炼、锻造、锻压、焊接和热处理等工艺的重要依据。

**1．二元合金相图的表示方法**

如图 1-31 所示，以 Pb-Sn 合金相图为例，说明合金相图的表示方法和相图上各个点、线、区的含义。

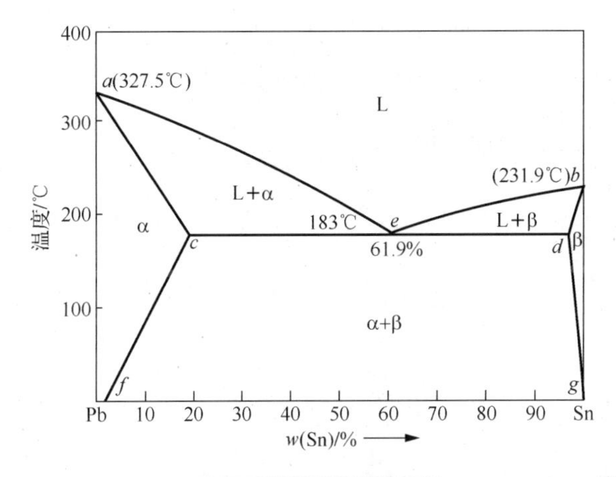


图 1-31　Pb-Sn 合金相图

**1) 点的含义**

*a*：Pb 的熔点(结晶点)。*b*：Sn 的熔点(结晶点)。*c*：Sn 在α相中的最大溶解度。*d*：Pb 在β相中的最大溶解度。*e*：共晶点(后面详述)。*f*：室温时 Sn 在α相中的溶解度。*g*：室温时 Pb 在β相中的溶解度。

**2) 线的含义**

*aeb*：液相线，温度高于此线，合金是液相。其中，*ae* 是α相的结晶开始线、熔化终了线、液相成分变化线；*eb* 是β相的结晶开始线、熔化终了线、液相成分变化线。

*acedb*：固相线，温度低于此线，合金是固相。其中，*ac* 是α相结晶终了线、熔化开始线、α相成分变化线；*db* 是β相结晶终了线、熔化开始线、β相成分变化线；*ced* 是共晶线(后面详述)。

*cf*：Sn 在α相中的溶解度变化线。*dg*：Pb 在β相中的溶解度变化线。

**3) 区的含义**

单相区：共 3 个，分别是 L、α、β相。两相区：共 3 个，分别是 L+α、L+β、α+β相。三相区：1 个，是 L+α+β相(在二元合金相图中，三相区是一条直线，即 *ced*。下同)。

如图 1-31 所示，用 Pb-Sn 合金相图可以判断 60%Pb、40%Sn 合金在 300℃、200℃和 100℃时的相或组织分别是 L、L+α、α+β相。

**2．二元合金相图的测绘方法**

建立相图的方法有实验测定和理论计算两种，目前所用的相图大部分是根据实验方法建立起来的。绘制二元合金相图首先要确定各相变临界点。测定相变临界点的方法很多，如热分析法、金相法、膨胀法等。下面用热分析法说明 Pb-Sn 合金相图的测绘步骤，如图 1-32 所示。

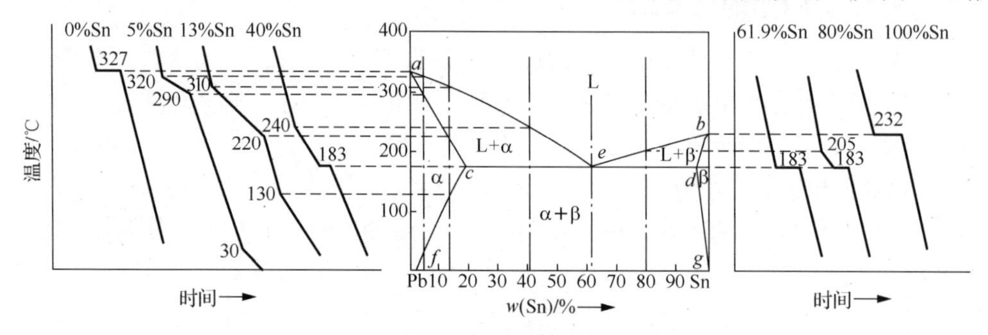


图 1-32　Pb-Sn 合金相图的测绘示意图

(1) 配制不同成分的合金试样。例如：

① 100%Pb+0%Sn；

② 95%Pb+5%Sn；

③ 87%Pb+13%Sn；

④ 60%Pb+40%Sn；

⑤ 38.1%Pb+61.9%Sn；

⑥ 20%Pb+80%Sn；

⑦ 0%Pb+100%Sn。

(2) 测定各个试样合金的冷却曲线及其相变临界点。

(3) 将各相变临界点绘在温度-合金成分坐标图上。

(4) 将相同含义的相变临界点连接起来，即得到 Pb-Sn 合金相图。

二元合金相图很多，而且大多比较复杂。然而，复杂的相图可以看作由若干个基本的简单相图组合而成。下面着重介绍几种基本类型的二元合金相图。

## 1.4.2　二元合金相图类型

**1．二元匀晶相图**

在二元合金系中，两个组元在液态和固态都能无限互溶的二元合金相图称为二元匀晶相图。例如，Cu-Ni 合金相图就属于二元匀晶相图，如图 1-33 所示。

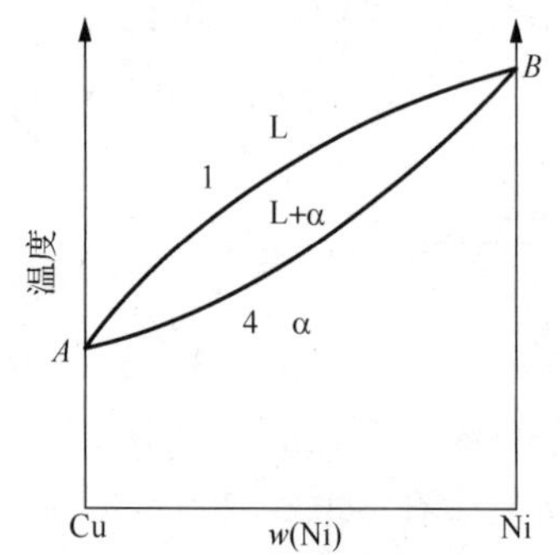


图 1-33　Cu-Ni 合金相图

**1) 相图分析**

(1) 点。$A$：Cu 的熔点(结晶点)。$B$：Ni 的熔点(结晶点)。

(2) 线。$A1B$：液相线。$A4B$：固相线。

(3) 区。单相区：L、α 相。两相区：L+α 相。

**2) 合金结晶过程分析**

以 40%Ni 的 Cu-Ni 合金为例，说明匀晶合金的结晶过程，如图 1-34 所示。

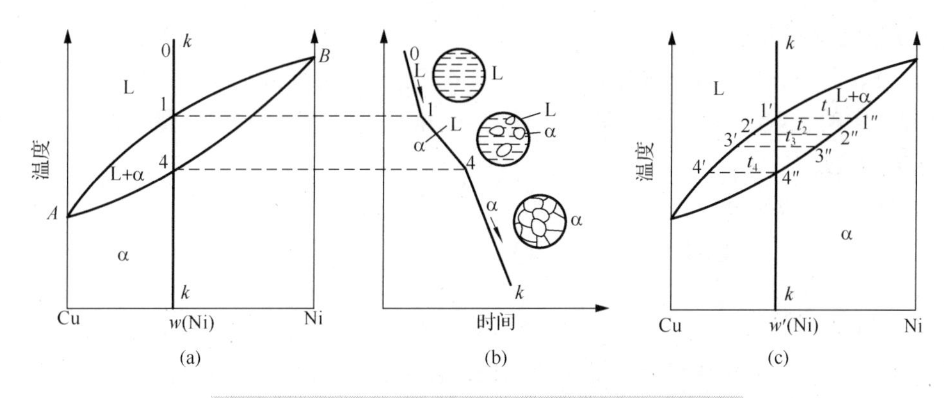


图 1-34　Cu-Ni 合金相图、冷却曲线及结晶过程分析

首先强调的是合金从高温到室温的冷却速度是非常缓慢的(凡是在相图上研究合金结晶过程时，冷却速度都是非常缓慢的，可以看作接近于平衡冷却。下同)。在合金液态从 0 点冷却到 1 点的过程中，合金的状态和成分保持不变；当合金冷却到 1 点时，液相开始结晶出α相(固溶体)，其成分为 1″点；在随后相继冷却到 1—4 点的过程中，剩余液相的量越来越少，其成分沿着 2′—3′—4′点方向变化，结晶出的α相的量越来越多，其成分沿着 2″—3″—4″点方向变化；当冷却到 4 点时，液相消失，全部结晶成α相，其成分与原合金液体的成分相同；合金在 4 点到室温的冷却过程中，α相的状态和成分保持不变。因此，合金的室温组织为单相α相，如图 1-35 所示。

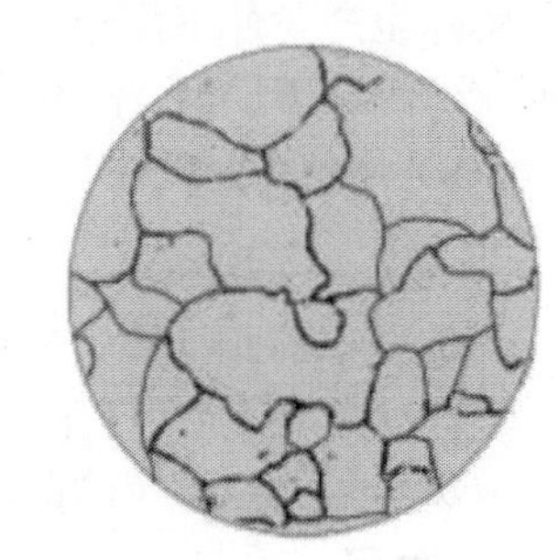

图 1-35　Cu-Ni 合金室温显微组织(α相)

在整个结晶过程中，由于冷却速度非常缓慢，所以液相和α相的成分有足够的时间通过原子扩散而不断改变。如果结晶过程冷却速度很快，结晶出的α相会产生化学成分偏析现象(后面详述)。

**3) 杠杆定律在二元合金相图中的应用**

杠杆定律可以用来计算二元合金相图两相区中某一温度时两个相的成分和相的相对量。如图 1-36 所示，计算 K 合金在温度 $x$ 时液相和α相的成分或相对量(质量分数)，方法如下。

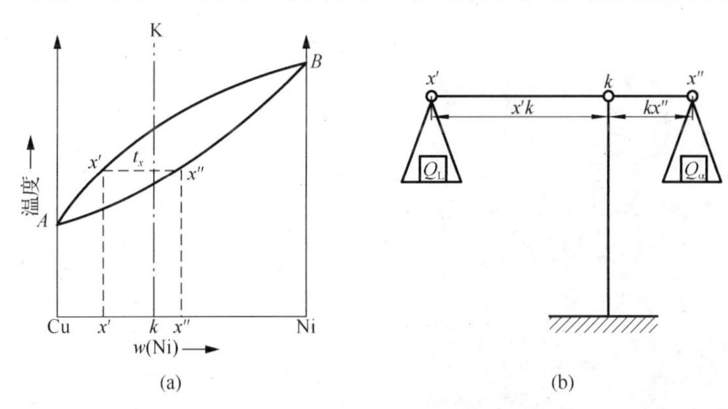


图 1-36　二元合金相图中应用杠杆定律的示意图

(1) 过给定合金成分 K 作垂线 $k$。

(2) 过给定温度 $x$ 作水平线分别与液、固相线交于 $x'$、$x''$，二者在横轴上的投影分别为两个相在给定温度下的成分。

(3) 设合金总量为 1，液相的相对量为 $Q_L$，α 相的相对量为 $Q_\alpha$。

(4) 合金中的含 Ni 量应该等于液相中的含 Ni 量加上固相中的含 Ni 量，即

$1\cdot k=Q_L\cdot x'+Q_\alpha\cdot x''$

其中 $1=Q_L+Q_\alpha$，也可写成

$$Q_L\cdot(x''-x')=1\cdot(x''-k) \quad 或 \quad Q_\alpha\cdot(x''-x')=1\cdot(k-x')$$

故求得两个相的相对量为

$$Q_L=(x''-k)/(x''-x');\quad Q_\alpha=1-Q_L \quad 或 \quad Q_\alpha=(k-x')/(x''-x');\quad Q_L=1-Q_\alpha$$

以上形式类似于力学中的杠杆原理得出式，因此也把上式称为杠杆定律。杠杆定律不仅适用于二元匀晶合金相图的液、固两相区，也适用于其他类型的二元合金相图的任何两相区。

**4) 枝晶偏析**

由前面对 Cu-Ni 合金结晶过程的分析可知，合金结晶过程所处的温度不同，液相和α 相的成分也不同。但是由于冷却速度非常缓慢，原子有足够的时间进行扩散，所以结晶终了得到的α 相成分与原合金液体的成分相同，而且成分均匀。

在实际生产条件下，合金结晶过程的冷却速度都很快，原子来不及充分扩散，每个晶粒内部的化学成分不均匀。α 相中先结晶的枝干含 Ni 量多、含 Cu 量少，后结晶的枝梢或晶间含 Ni 量少、含 Cu 量多，因为固溶体的结晶一般按树枝状长大，所以这种现象称为枝晶偏析，如图 1-37 所示。

一般来说，结晶过程冷却速度越大，实际结晶温度越低，枝晶偏析越严重。枝晶偏析造成α 相晶粒内部性能不均，降低合金的力学性能和耐蚀性。生产中一般采用高温扩散退火的热处理方法改善合金的枝晶偏析。

**2．二元共晶相图**

在二元合金系中，两个组元在液态无限互溶，在固态下有限互溶，并发生共晶转变，形成共晶组织的二元合金相图称为二元共晶相图。Pb-Sn 合金相图就属于二元共晶相图，如图 1-38 所示。

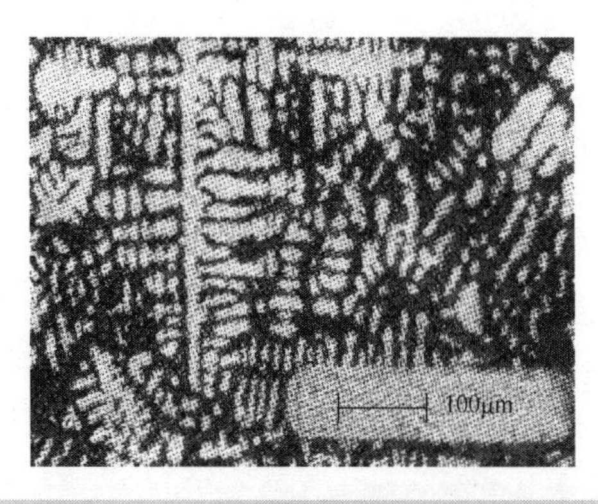


图 1-37　铸态 Cu-Ni 合金枝晶偏析的显微组织(α 相)

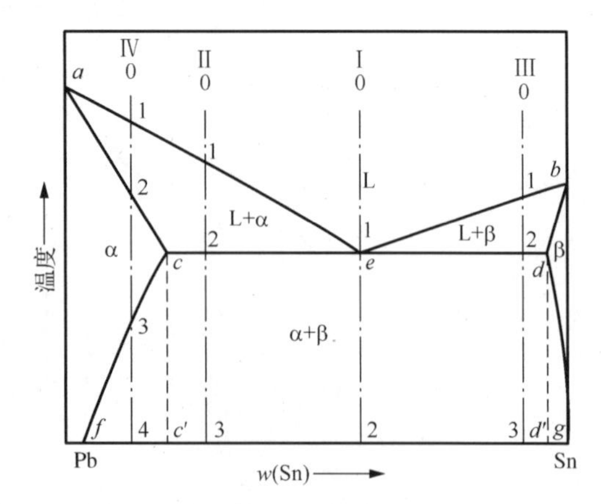


图 1-38　Pb-Sn 合金相图

**1) 相图分析**

(1) 点。*a*：Pb 的熔点(结晶点)。*b*：Sn 的熔点(结晶点)。*e*：共晶点，该点的温度称为共

晶温度，该点的成分称为共晶成分。成分为 $e$ 的合金液相冷却到 $e$ 温度，将在恒温下同时结晶出成分为 $c$ 的α相和成分为 $d$ 的β相，这个过程称为共晶转变。表达式为

$$L_e \longrightarrow \alpha_c+\beta_d$$

反应产物($\alpha_c+\beta_d$)是α和β两个相的机械混合物，称为共晶体或共晶组织。α相是溶质 Sn 溶入溶剂 Pb 形成的有限固溶体，β相是溶质 Pb 溶入溶剂 Sn 形成的有限固溶体，$\alpha_c$ 称为共晶α，$\beta_d$ 称为共晶β。

$c$：Sn 在α相中的最大溶解度。$d$：Pb 在β相中的最大溶解度。$f$：室温 Sn 在α相中的溶解度；$g$：室温 Pb 在β相中的溶解度。

(2)线。*aeb*：液相线、结晶开始线、熔化终了线、液相成分变化线。*acedb*：固相线、结晶终了线、熔化开始线、固相成分变化线。*cf*：Sn 在α相中的溶解度变化线。*dg*：Pb 在β相中的溶解度变化线。*ced*：共晶线。凡是成分在 *cd* 之间的合金，当冷却到共晶温度时，剩余液相的成分都为 $e$，故都将在恒温下发生共晶转变，即 $L_e \longrightarrow \alpha_c+\beta_d$。

(3)区。单相区：L、α、β相。两相区：L+α、L+β、α+β相。三相区：L+α+β相。

**2)合金结晶过程分析**

成分在 *ced* 之间的合金一般分为三类。其中成分为 $e$ 的合金称为共晶合金(如图 1-38 中的Ⅰ)；成分为 *ce* 之间的合金称为亚共晶合金(如图 1-38 中的Ⅱ)；成分为 *ed* 之间的合金称为过共晶合金(如图 1-38 中的Ⅲ)。图 1-38 中合金Ⅳ的含 Sn 量小于 $c$ 点，结晶过程中不发生共晶转变，结晶过程与 *ced* 之间的合金有所不同。

(1)共晶合金(Ⅰ)。

如图 1-38 和图 1-39 所示，在液态合金Ⅰ从 0 点冷却到 1 点的过程中，合金的状态和成分保持不变；当合金冷却到 1 点(共晶温度)时，液相在恒温下发生共晶转变：$L_e \longrightarrow \alpha_c+\beta_d$，直到 1′点，共晶转变结束，合金全部结晶为(α+β)共晶体，温度开始继续下降。在 1—2 点(共晶温度至室温)的冷却过程中，共晶α周围将析出少量β相，共晶β周围将析出少量α相，为了区别从液相结晶出的α相和β相，把从固相中析出的α相和β相分别称为二次α和二次β，分别用$\alpha_{\text{II}}$、$\beta_{\text{II}}$表示。

由于共晶体(α+β)组织非常细密，析出的$\alpha_{\text{II}}$、$\beta_{\text{II}}$量较少，从显微镜中难以区分，故从共晶体中析出的$\alpha_{\text{II}}$、$\beta_{\text{II}}$一般不予考虑。因此，共晶合金的室温组织为(α+β)共晶体，其形态是α和β片层相间组成的机械混合物，如图 1-40 所示。

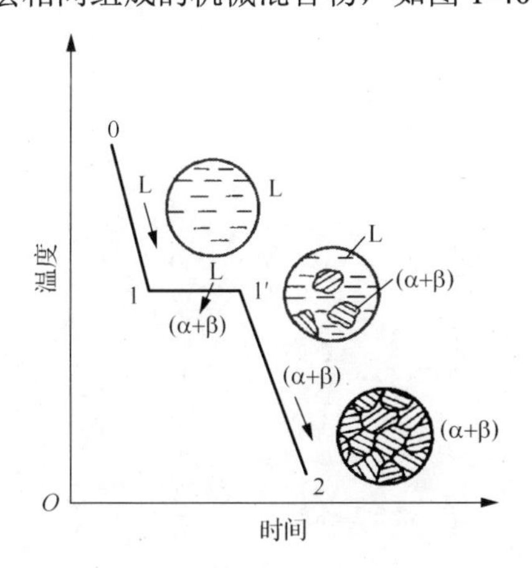


图 1-39　合金Ⅰ的冷却曲线及结晶过程示意图

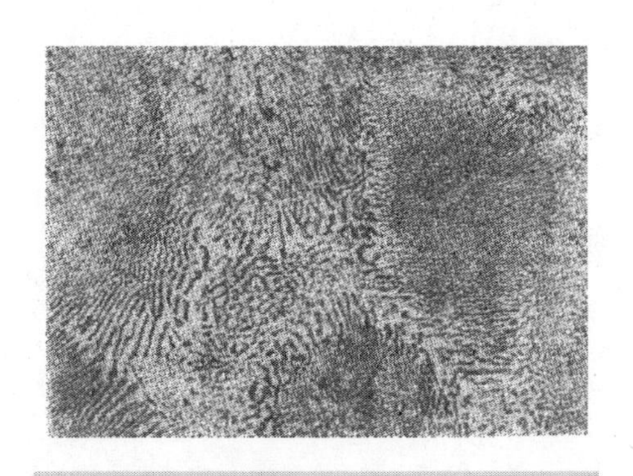

图 1-40　含 61.9%Sn 的 Pb-Sn 共晶合金组织

(2) 亚共晶合金(Ⅱ)。

如图 1-38 和图 1-41 所示，在液态合金Ⅱ从 0 点冷却到 1 点的过程中，合金的状态和成分保持不变；当合金冷却到 1 点时，液相开始结晶出α相(固溶体)，随着温度的降低，剩余液相的量越来越少，其成分沿着液相线向 $e$ 点变化，结晶出的α相的量越来越多，其成分沿着固相线向 $c$ 点变化；当冷却到 2 点(共晶温度)时，α相的成分为 $c$，而剩余液相的成分到达 $e$ 点(共晶成分)，并将在恒温下发生共晶转变：$L_e \longrightarrow \alpha_c+\beta_d$，直到 2′点，共晶转变结束，剩余液相全部结晶为$(\alpha_c+\beta_d)$共晶体，温度开始继续下降。在 2′—3 点(共晶温度至室温)的冷却过程中，α相周围将析出少量$\beta_{\text{II}}$，β相周围将析出少量$\alpha_{\text{II}}$，如前所讲，共晶体中析出的$\alpha_{\text{II}}$、$\beta_{\text{II}}$量少且难区分，故忽略不计，但从液相结晶出的α相中析出的$\beta_{\text{II}}$不能忽略不计。因此，亚共晶合金的室温组织为$\alpha+\beta_{\text{II}}+(\alpha+\beta)$相，如图 1-42 所示。

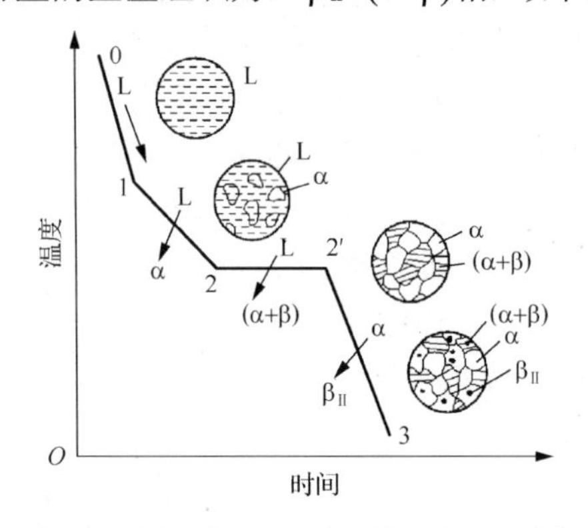


图 1-41　合金Ⅱ的冷却曲线及结晶过程示意图

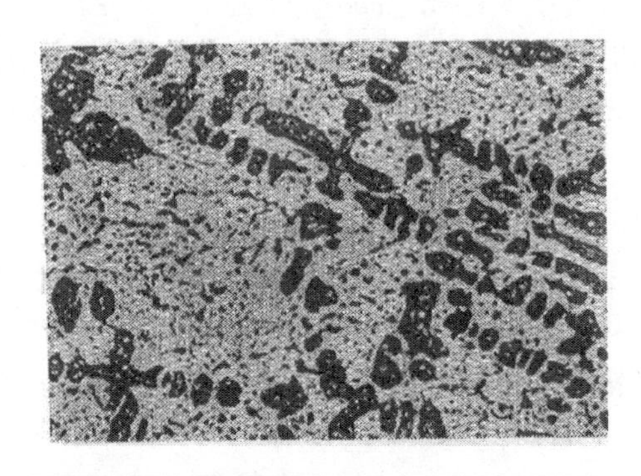

图 1-42　含 50%Sn 的 Pb-Sn 亚共晶合金组织

在亚共晶合金共晶转变之前，从液相中结晶出的α相称为先共晶α或初晶α，其晶粒一般比较粗大，呈树枝状或等轴状。

(3) 过共晶合金(Ⅲ)。

如图 1-38 和图 1-43 所示，与亚共晶合金的分析方法类似，可以分析得出过共晶合金的室温组织为$\beta+\alpha_{\text{II}}+(\alpha+\beta)$相，其中在共晶转变之前，从液相中结晶的β相称为先共晶β或初晶β，如图 1-44 所示。

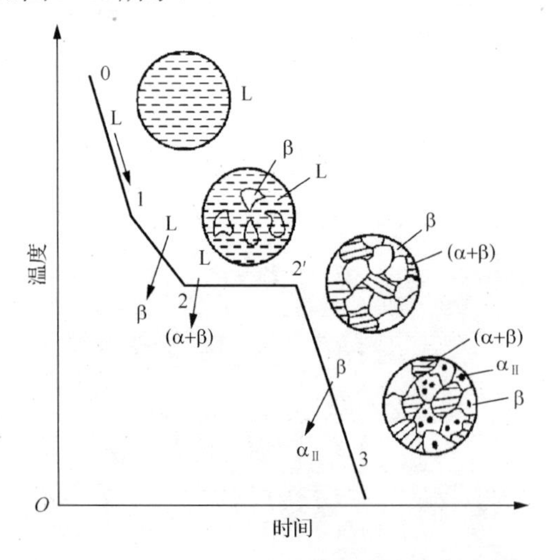


图 1-43　合金Ⅲ的冷却曲线及结晶过程示意图

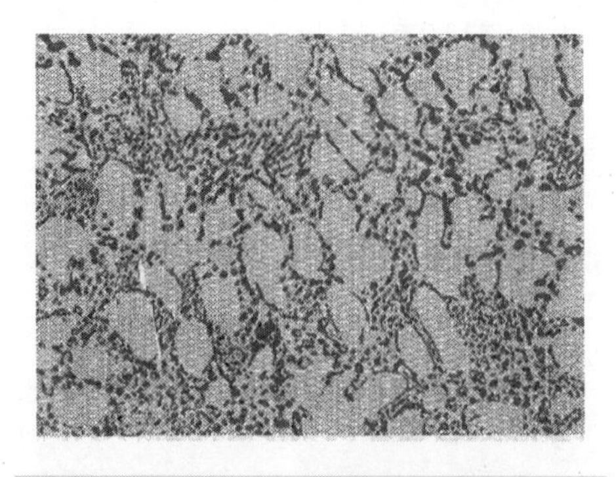

图 1-44　含 70%Sn 的 Pb-Sn 过共晶合金组织

(4)含 Sn 量小于 $c$ 点的合金(Ⅳ)。

如图 1-38 和图 1-45 所示，液态合金Ⅳ从 0 点冷却到 3 点的过程与匀晶相图中合金的结晶过程相同，在 3—4 点的冷却过程中，α 相周围将析出少量$\beta_{\mathrm{II}}$。因此，含 Sn 量小于 $c$ 点合金的室温组织为$\alpha+\beta_{\mathrm{II}}$相。

此外，含 Sn 量大于 $d$ 点合金的结晶过程与此类似，室温组织为$\beta+\alpha_{\mathrm{II}}$相。

**3) 填写组织组成物的二元共晶相图**

如图 1-38 所示，合金相图的每个区域都是用α、β等相填写的，其中α、β称为合金的相组成物。通常把在金相显微镜下观察到的具有某些形貌或形态特征的组成部分总称为组织。组织可以由一种相组成，也可以由几种相组成。合金相图的每个区域可以用α、$\alpha_{\mathrm{II}}$、β、$\beta_{\mathrm{II}}$及(α+β)填写，如图 1-46 所示，其中的α、$\alpha_{\mathrm{II}}$、β、$\beta_{\mathrm{II}}$及(α+β)称为合金的组织组成物，每一种组织组成物都有一定的组织特征，在显微镜下一般可以区分。

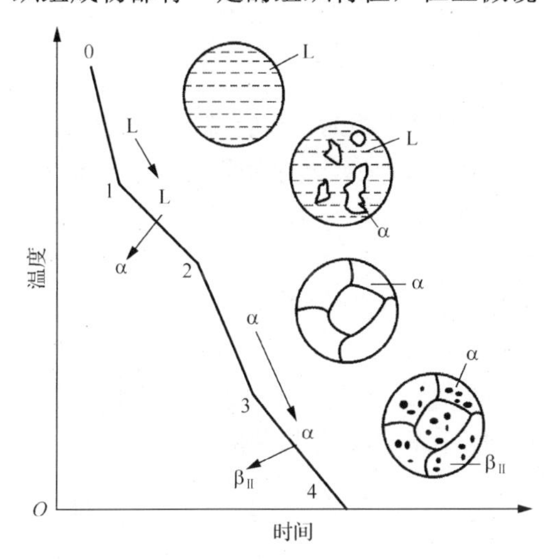


图 1-45　合金Ⅳ的冷却曲线及结晶过程示意图

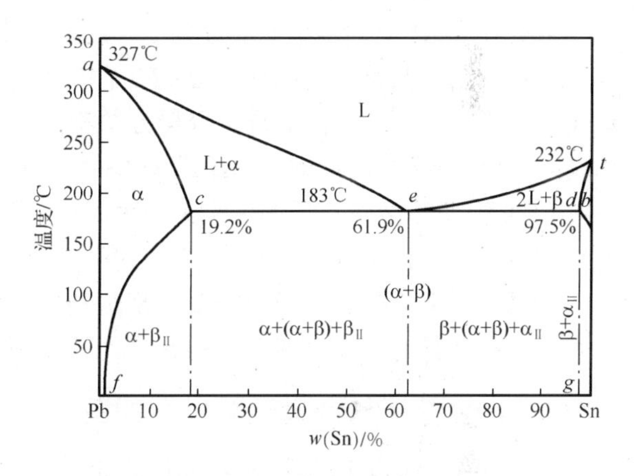


图 1-46　用组织组成物填写的 Pb-Sn 合金相图

## 1.4.3　具有共析反应的二元合金相图

在二元合金系中，一定成分的固相在一定温度下分解为另外两个一定成分固相的转变过程称为共析转变。有固相发生共析转变的二元合金相图称为具有共析反应的二元合金相图，如图 1-47 所示。

**1．相图分析**

(1)点。$a_1$、$b_1$：组元 $A$、$B$ 的熔点、结晶点。$a_2$、$b_2$：组元 $A$、$B$ 的同素异构转变点。$c$：共析点，该点的温度称为共析温度，该点的成分称为共析成分。$c$ 成分合金固相α冷却到 $c$ 温度，将在恒温下同时析出成分为 $d$ 的$\beta_1$相和成分为 $e$ 的$\beta_2$相，这个过程称为共析转变或共析反应。表达式为

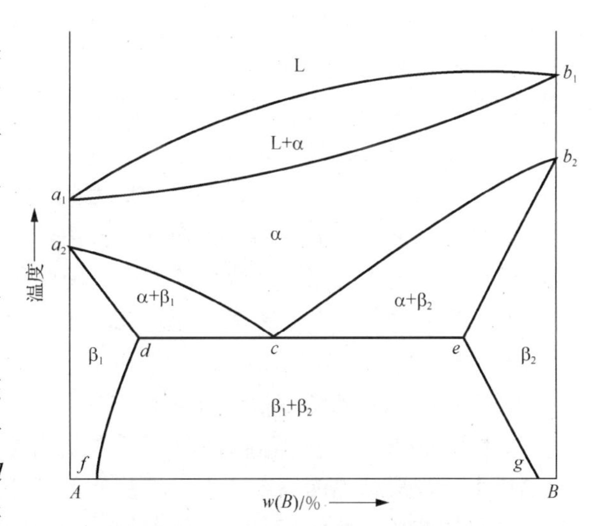


图 1-47　具有共析反应的二元合金相图

$$\alpha_c \longrightarrow \beta_{1d}+\beta_{2e}$$

反应产物$(\beta_{1d}+\beta_{2e})$是$\beta_1$和$\beta_2$两个相的机械混合物，称为共析体或共析组织，与共晶体比较，共析体的组织要细小均匀得多。$\beta_1$相是溶质$B$溶入溶剂$A$形成的有限固溶体，$\beta_2$相是溶质$A$溶入溶剂$B$形成的有限固溶体，$\beta_{1d}$称为共晶$\beta_1$，$\beta_{2e}$称为共晶$\beta_2$。$d$：$B$在$\beta_1$相中的最大溶解度。$e$：$A$在$\beta_2$相中的最大溶解度。$f$：室温时$B$在$\beta_1$相中的溶解度。$g$：室温时$A$在$\beta_2$相中的溶解度。

(2)线。$a_1Lb_1$：液相线、结晶开始线、熔化终了线、液相成分变化线。$a_1\alpha b_1$：固相线、结晶终了线、熔化开始线、固相成分变化线。$a_2cb_2$：$\alpha$相向$\beta_1$和$\beta_2$相转变开始线、$\alpha$相成分变化线。$a_2dceb_2$：$\alpha$相向$\beta_1$和$\beta_2$相转变终了线、$\beta_1$和$\beta_2$相成分变化线。$df$：$B$在$\beta_1$相中的溶解度变化线。$eg$线：$A$在$\beta_2$相中的溶解度变化线。$dce$：共析线。凡是成分在$de$之间的合金，当温度冷却到共析温度时，剩余$\alpha$相都将在恒温下发生共析反应：$\alpha_c \longrightarrow \beta_{1d}+\beta_{2e}$。

(3)区。单相区：L、$\alpha$、$\beta_1$、$\beta_2$相。两相区：L+$\alpha$、$\alpha+\beta_1$、$\alpha+\beta_2$、$\beta_1+\beta_2$相。三相区：$\alpha+\beta_1+\beta_2$相。

**2．合金结晶后的室温组织**

成分在$de$之间的合金一般分为三类。其中成分为$c$的合金称为共析合金；成分为$dc$之间的合金称为亚共析合金；成分为$cd$之间的合金称为过共析合金。三种合金结晶过程及室温组织的分析方法与二元共晶合金分析方法相似，在此不再详述。

(1)共析合金结晶后的室温组织为$\beta_1+\beta_2$相。

(2)亚共析合金结晶后的室温组织为$\beta_1+\beta_{2\mathrm{II}}+(\beta_1+\beta_2)$相。

(3)过共析合金结晶后的室温组织为$\beta_2+\beta_{1\mathrm{II}}+(\beta_1+\beta_2)$相。

另外，二元合金相图还有包晶、形成稳定化合物等类型。无论是哪种类型，在两相区中都可以利用杠杆定律计算两个相的含量，具体应用举例将在铁碳合金相图部分介绍。

### 1.4.4　合金性能与合金相图之间的关系

合金相图记录了合金的成分和组织间的关系，也能反映合金结晶的特点，而合金的成分、组织以及结晶的特点又决定了合金的性能。因此，合金的性能和合金相图之间必然存在一定的关系，由合金相图可以判断合金的某些使用性能和工艺性能，为合理选用合金材料提供依据。

二元合金的类型很多，但其室温组织主要有单相固溶体和两相混合物两大类。

**1．形成单相固溶体的合金**

属于这一类合金的相图是匀晶相图。

**1)合金的使用性能与相图的关系**

如图1-48所示，单相$\alpha$是两个组元互为溶剂和溶质形成的单相固溶体。与纯金属比较，随着固溶体中两个组元互溶度的增加，固溶体的晶格畸变增大，固溶强化效果增强，自由电子运动的阻力变大，因此，合金的强度、硬度和电阻率越来越高，电阻温度系数越来越小。

在实际生产中常在低碳钢中加入Si、Mn获得固溶体以提高强度，也常用单相固溶体合金制作电阻材料。

**2)合金的工艺性能与相图的关系**

如图1-49所示，随着固溶体中两个组元互溶度的增加：一方面，合金的液、固相线垂直距离增大，形成枝晶的倾向变大，枝晶间的液体流动性变差，形成的分散缩孔更加严重，致使铸件组织疏松，性能变差；另一方面，合金的液、固相线水平距离增大，先、后结晶的固相成分差别变大，枝晶偏析现象加重。

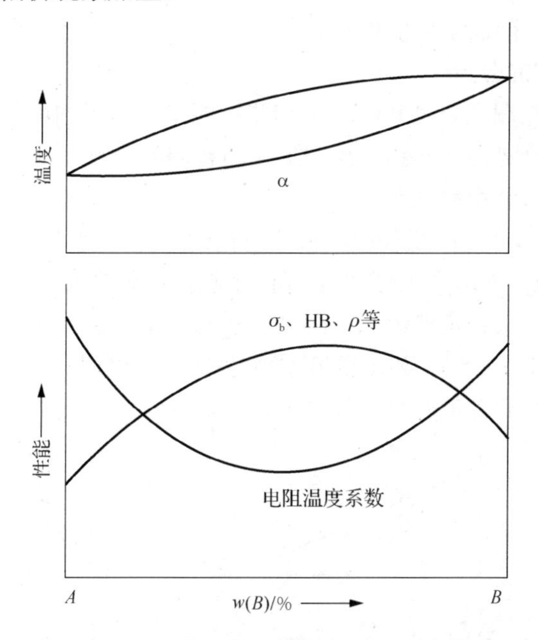


图 1-48　形成单相固溶体时合金使用性能与相图的关系

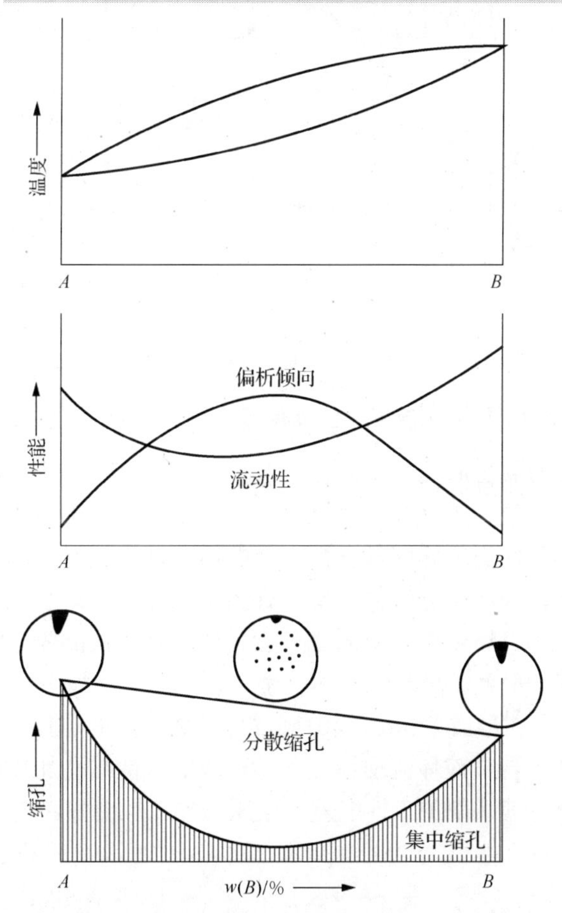


图 1-49　形成单相固溶体时合金工艺性能与相图的关系

单相固溶体合金的铸造性能差，不宜制作铸件。但由于其塑性较好，故适于制作压力加工成型工件。另外，其切削加工性能也较差。

**2．形成两相混合物的合金**

属于这一类的合金相图主要是共晶相图和共析相图，这里的两相混合物是指共晶反应或共析反应形成的机械混合物，而非包晶反应形成的普通混合物。

**1)合金的使用性能与相图的关系**

(1)如图 1-50 所示，在共晶线(或共析线)所在的成分区间，共晶反应(或共析反应)形成机械混合物，合金的强度、硬度等性能在α、β两个相性能值之间，并与合金成分呈线性关系，其中共晶成分(或共析成分)合金的组织中两个相非常致密，故性能出现峰值(虚线)。

(2)如图 1-50 所示，在形成单相α (或β)固溶体的成分区间(左、右两段)，随着固溶体中两个组元互溶度的增加，合金的强度、硬度等性能越来越高。

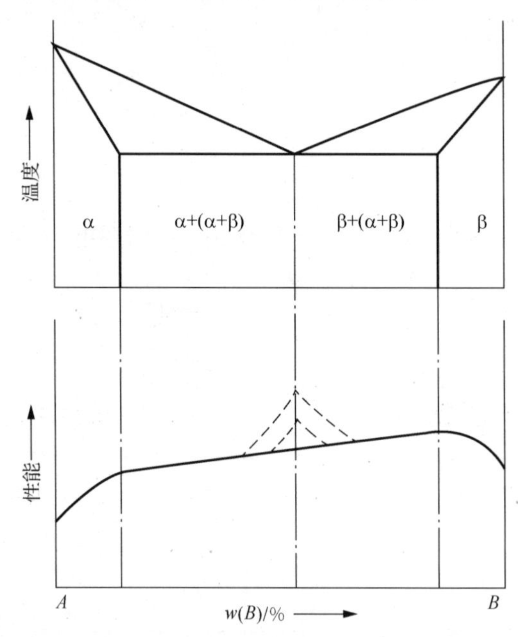


图 1-50　形成两相混合物时合金使用性能与相图的关系

**2)合金的工艺性能与相图的关系**

(1)如图 1-51 所示，在共晶线所在的成分区间，共晶反应形成机械混合物，合金成分越接近共晶成分，合金结晶的温度区间越小，合金的铸造性能越好，其中共晶合金在恒温下结晶，而且结晶温度最低，因此合金液体具有很好的流动性，铸造性能最好，铸件组织致密。因此在条件许可的情况下，铸造用合金的成分应尽量控制在共晶成分附近。另外，两相混合物合金的压力加工性能一般差于单相固溶体合金，切削加工性能一般好于单相固溶体合金。

(2)如图 1-51 所示，在形成单相α (或β)固溶体的成分区间(左、右两段)，随着固溶体中两个组元互溶度的增加，合金液体流动性变差，形成的分散缩孔加重，铸件的组织疏松和枝晶偏析现象加重。另外，其切削加工性能差，但压力加工性能好。

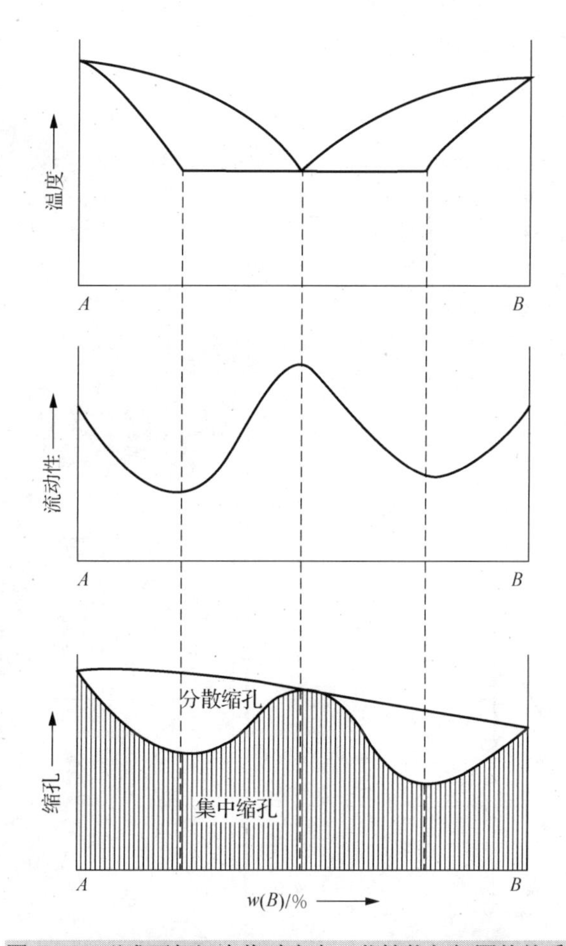


图 1-51　形成两相混合物时合金工艺性能与相图的关系

# 1.5　铁碳合金相图

钢和铸铁都是铁碳合金，是应用较广泛的金属材料。铁与碳是钢和铸铁中两个最基本的元素，二者组成的合金称为铁碳合金，二者作为两个组元所形成的二元合金相图称为铁碳合金相图，如图 1-52 所示。掌握铁碳合金相图对于钢铁材料的研究及应用有很重要的指导意义。

铁碳合金的含碳量达到 6.69%时形成稳定化合物 $Fe_3C$，含碳量再高还会形成 $Fe_2C$、FeC 等化合物，这时合金的材质硬而脆，已经没有使用价值；另外，相图左上角包晶转变部分的实用意义也不大。因此，只研究含碳量为 0～6.69%而且经过简化的部分铁碳合金相图，通常称为 $Fe\text{-}Fe_3C$ 相图，如图 1-53 所示。这个相图就是通常所说的铁碳合金相图，组成铁碳合金相图的两个基本组元为 Fe 和 $Fe_3C$。

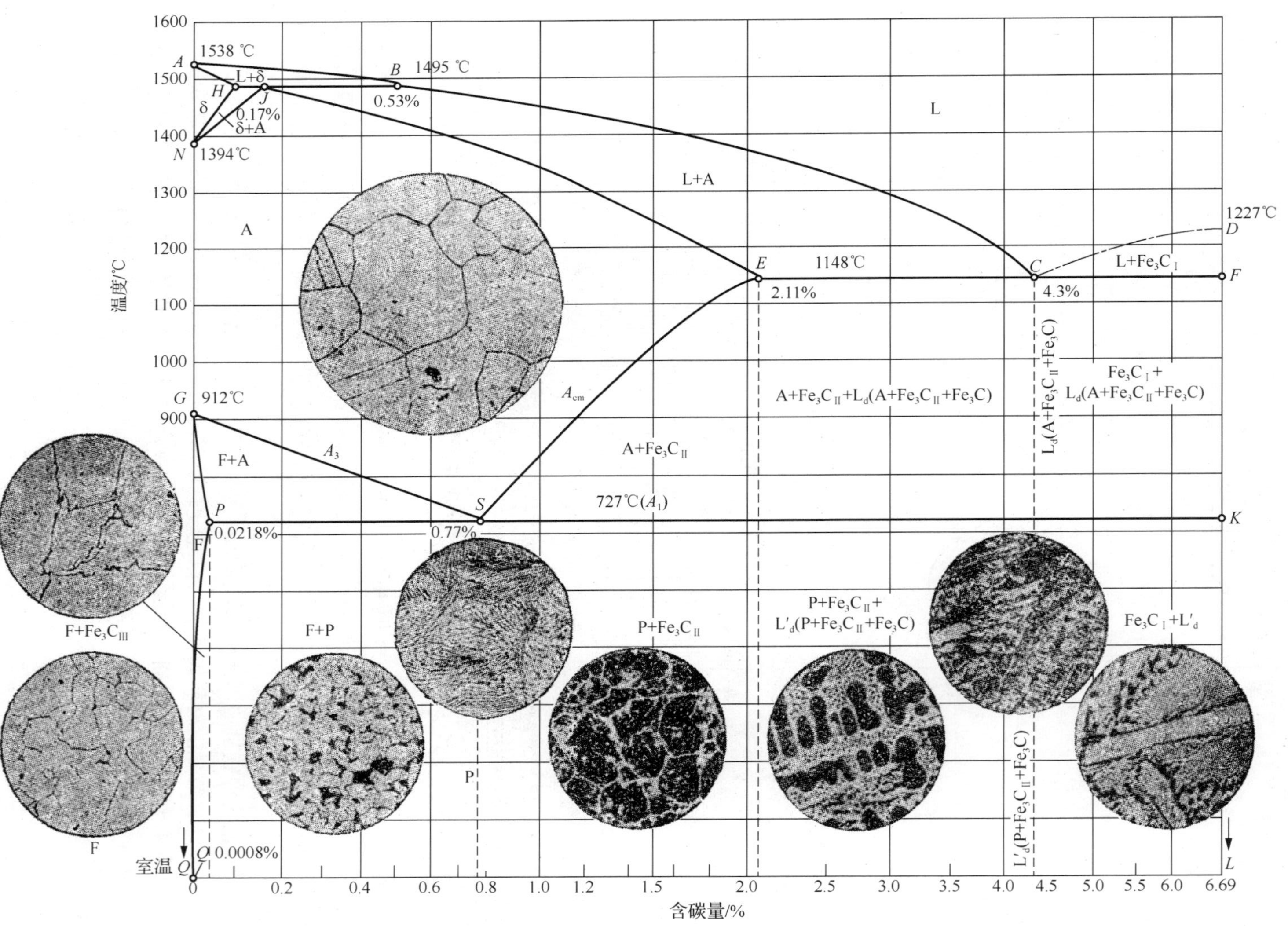

温度/℃
含碳量/%
1538 ℃
1495 ℃
1394℃
912℃
1148℃
727℃($A_1$)
1227℃
0.53%
0.17%
0.0218%
0.0008%
0.77%
2.11%
4.3%
L
L+A
L+δ
δ
δ+A
A
F+A
F+P
P
F
$A_3$
$A_{cm}$
$A+Fe_3C_{II}$
$P+Fe_3C_{II}$
$F+Fe_3C_{III}$
$L+Fe_3C_I$
$A+Fe_3C_{II}+L_d(A+Fe_3C_{II}+Fe_3C)$
$L_d(A+Fe_3C_{II}+Fe_3C)$
$Fe_3C_I+L_d(A+Fe_3C_{II}+Fe_3C)$
$P+Fe_3C_{II}+L'_d(P+Fe_3C_{II}+Fe_3C)$
$L'_d(P+Fe_3C_{II}+Fe_3C)$
$Fe_3C_I+L'_d$
室温

图 1-52　铁碳合金相图

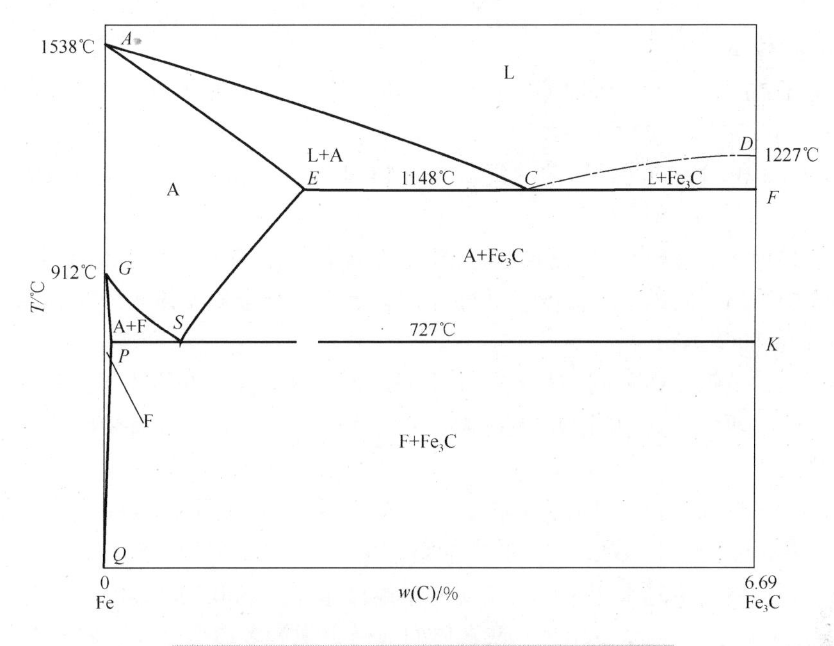


图 1-53　Fe-$Fe_3C$ 相图(用相组成物填写，简化后)

## 1.5.1　纯铁、铁碳合金的基本相和组织组成物

### 1. 铁的同素异构转变

纯铁(Fe)的强度、硬度低，塑性、韧性好，磁导率高。纯铁很少用作结构材料，主要用作电工器件的铁心等。$\sigma_b$ 为 176～274MPa，$\sigma_{0.2}$ 为 98～166MPa，硬度为 50～80HBW，$\delta$ 为 30%～50%，$a_k$ 为 130～160J/cm$^2$。纯铁呈多边形晶粒。

**1)铁的三种结构**

如图 1-54 所示，在熔点 1538～1394℃时，铁是体心立方结构，称 δ-Fe；在 1394～912℃时，铁是面心立方结构，称γ-Fe；在 912℃～室温时，铁是体心立方结构，称α -Fe。

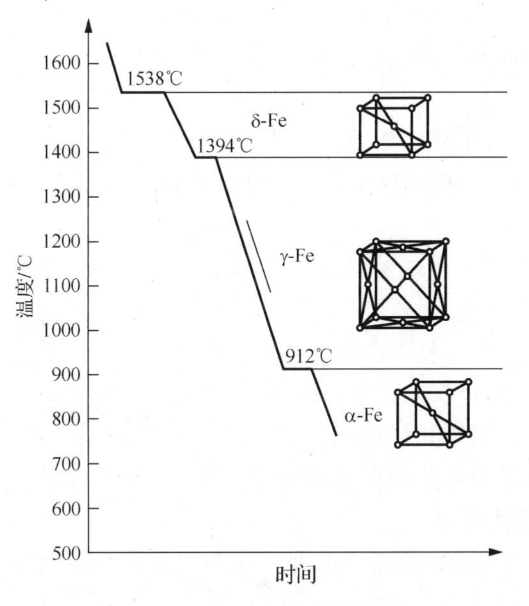


图 1-54　纯铁的冷却曲线及晶体结构变化

**2）同素异构转变**

固态金属在温度或其他条件改变时由一种晶体结构转变为另一种晶体结构的现象称为同素异构转变。

纯铁中，δ-Fe 和γ-Fe 的同素异构转变温度为 1394℃，γ-Fe 和α-Fe 的同素异构转变温度为 912℃。

正是由于铁（其他金属也一样）有同素异构转变现象，以铁为基的钢铁材料才能够通过热处理的办法改变结构和组织，从而改善其性能，这是钢的合金化及热处理的基础。

**2．铁碳合金的基本相**

由于不同条件下铁与碳之间的相互作用不同，所以铁碳合金在固态下的基本相结构有固溶体和金属化合物两类，其中固溶体有铁素体和奥氏体，金属化合物有渗碳体。

**1）铁素体**

碳溶于α-Fe 中形成的间隙固溶体称为铁素体，以符号 F 表示。α-Fe 是体心立方结构晶体，其晶格间隙的直径很小，因此碳在其中的溶解度差。在 727℃时溶解度最大，为 0.0218%；随着温度的下降，溶解度越来越小；在室温时溶解度最小，为 0.0008%。

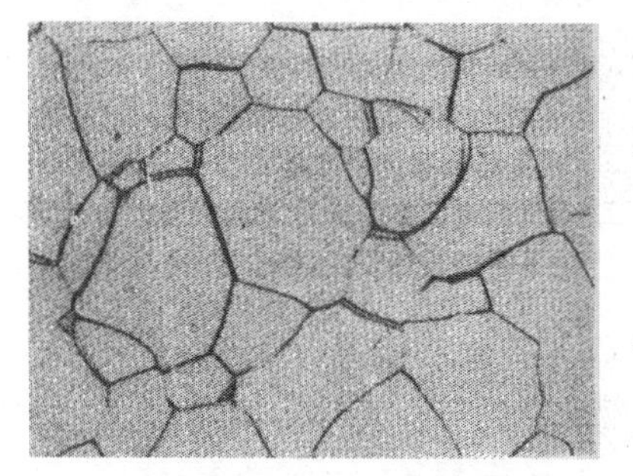

图 1-55　铁素体的显微组织

铁素体的显微组织为多边形晶粒，如图 1-55 所示。

铁素体的力学性能几乎和纯铁相同，强度、硬度不高，但具有良好的塑性与韧性。$\sigma_b$为 180～280MPa，$\sigma_{0.2}$为 100～170MPa，硬度为 50～80HBW，$\delta$为 30%～50%，$a_k$为 130～160J/cm$^2$。在 770℃以下具有铁磁性，在 770℃以上则失去铁磁性。

**2）奥氏体**

碳溶于γ-Fe 中形成的间隙固溶体称为奥氏体，以符号 A 表示。γ-Fe 是面心立方结构晶体，其晶格间隙的直径要比α-Fe 大，因此碳在其中的溶解度较大。在 1148℃时溶解度最大，为 2.11%；随着温度的下降，溶解度越来越小，在 727℃时溶解度最小，为 0.77%。

高温下奥氏体的显微组织也为多边形晶粒，晶界较平直，晶粒内常有孪晶，如图 1-56 所示。

奥氏体的力学性能与碳的溶解度及晶粒大小有关，硬度为 170～220HBW，$\delta$ 为 40%～50%，塑性好，易于压力加工成型。奥氏体为非铁磁性相组织。

**3）渗碳体**

渗碳体是铁和碳相互作用形成的具有复杂晶体结构的间隙化合物，分子式为 $Fe_3C$，含碳量为 6.69%，熔点为 1227℃左右。

渗碳体的硬度很高，约为 800HBW，而塑性和冲击韧性几乎为零，脆性极大。在 230℃以下具有弱铁磁性，在 230℃以上则失去铁磁性。

在钢和铸铁中，渗碳体与其他相共存时，其显微组织呈片状、粒状、网状或板状，如图 1-57 所示。渗碳体是钢中主要的强化相，其形状与分布对钢的性能影响很大。

**3．铁碳合金的组织组成物**

铁碳合金中常见的组织组成物除了前面介绍的铁素体、渗碳体和奥氏体，还有珠光体和莱氏体。

图 1-56　高温奥氏体的显微组织

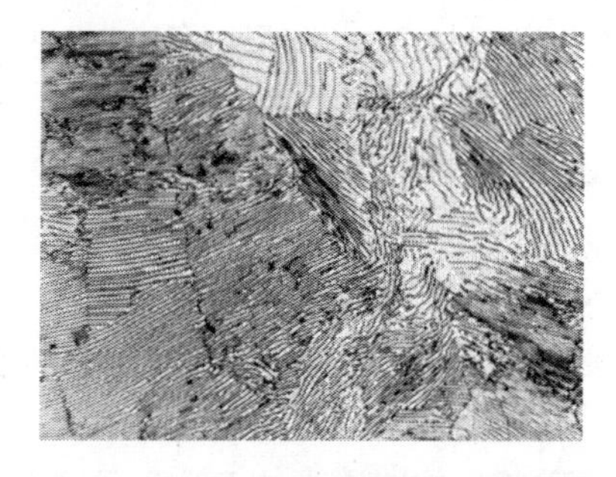

图 1-57　珠光体中渗碳体的显微组织

**1) 珠光体**

珠光体是由共析转变形成的铁素体和渗碳体两相组成的片层相间的机械混合物，如图 1-58 所示，其中基体为铁素体，薄片为渗碳体，常用符号 P 表示，含碳量平均为 0.77%。珠光体的力学性能介于铁素体和渗碳体，$\sigma_b$ 为 750～900MPa，硬度为 180～280HBW，$\delta$ 为 20%～25%，$A_k$ 为 24～32J。

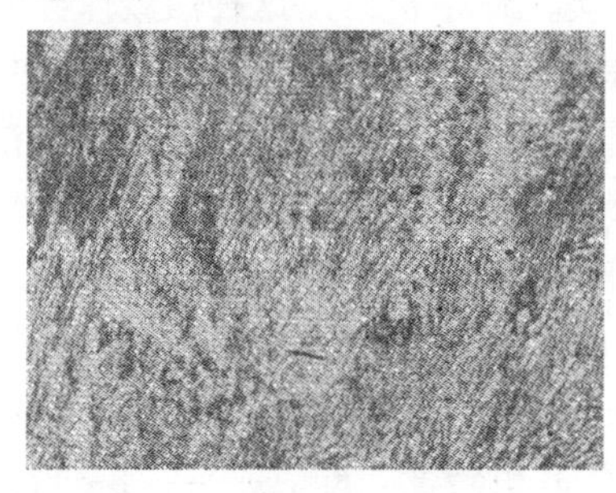

(a)400×

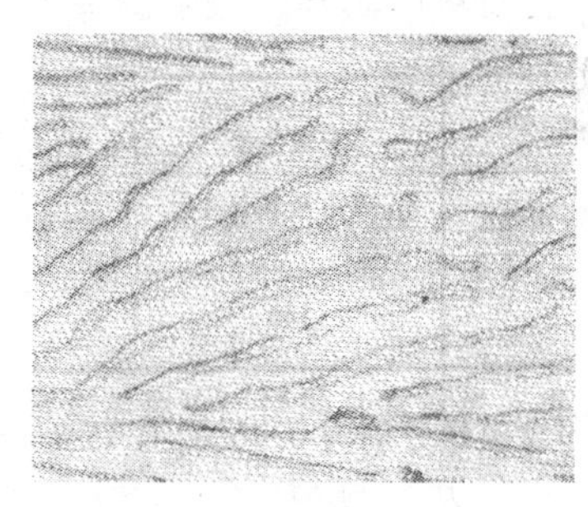

(b)2500×

图 1-58　不同放大倍数时珠光体的显微组织

**2) 莱氏体**

莱氏体是由共晶转变形成的奥氏体和渗碳体两相组成的机械混合物，常用符号 $L_d$ 表示，含碳量平均为 4.30%。它存在于高温区（727～1148℃），故又称为高温莱氏体。高温莱氏体冷却到 727℃时，其中的奥氏体发生共析反应转变为珠光体，所以在 727℃以下时，莱氏体是由渗碳体和珠光体混合而成的，称为低温莱氏体或变态莱氏体，用符号 $L'_d$ 表示。由于莱氏体中含有大量的渗碳体，所以它是一种硬而脆的组织，其硬度约为 560HBW，$\delta$ 约等于零。

室温时铁碳合金主要的组织组成物与力学性能如表 1-3 所示。

表 1-3　平衡状态下铁碳合金室温组织中几种组织组成物与力学性能

| 名称 | 符号 | 结合类型 | $\sigma_b$/MPa | 硬度/HBW | $\delta$/% | $A_k$/J |
|---|---|---|---|---|---|---|
| 铁素体 | F 或α | 碳在α -Fe 中的固溶体（体心立方晶格） | 180～280 | 50～80 | 30～50 | 160 |
| 渗碳体 | $Fe_3C$ | 铁和碳的化合物（复杂晶格） | 30 | ≈800 | ≈0 | ≈0 |
| 珠光体 | P | 铁素体和渗碳体的层片状机械混合物 | 750～900 | 180～280 | 20～25 | 24～32 |

## 1.5.2　铁碳合金相图分析

### 1. 相图中的点、线、区及其意义

(1) 点。*A*：纯铁的熔点（结晶点）。*C*：共晶点，成分为 *C* 的合金液相冷却到 *C* 温度，将

在恒温下发生共晶转变，同时结晶出成分为$E$的奥氏体和成分为$F$的渗碳体。表达式为

$$L_C \longrightarrow A_E+Fe_3C$$

($A_E+Fe_3C$)共晶体即高温莱氏体 $L_d$。$D$：渗碳体的熔点(结晶点)。$E$：碳在奥氏体中的最大溶解度。$F$：共晶渗碳体的含碳量(各种渗碳体含碳量相同，均为6.69%，下同)。$G$：奥氏体和铁素体的同素异构转变点。$S$：共析点，成分为$S$的奥氏体冷却到$S$温度，将在恒温下发生共析转变，同时析出成分为$P$的铁素体和成分为$K$的渗碳体。表达式为

$$A_S \longrightarrow F_P+Fe_3C$$

($F_P+Fe_3C$)共析体即珠光体 P。$P$：碳在铁素体中的最大溶解度。$K$：共析渗碳体的含碳量。$Q$：室温时碳在铁素体中的溶解度。

(2)线。$ACD$：液相线、结晶开始线、熔化终了线、液相成分变化线。$AECF$：固相线、结晶终了线、熔化开始线、固相成分变化线。$GS$：冷却时奥氏体向铁素体转变开始线、加热时铁素体向奥氏体转变终了线，又称 $A_3$ 线。$GP$：冷却时奥氏体向铁素体转变终了线。$ES$：碳在奥氏体中的溶解度线，又称$A_{cm}$线。凡是含碳量大于0.77%的铁碳合金，在1148℃至727℃的冷却过程中，过剩的碳都将以渗碳体的形式从奥氏体中析出，这种渗碳体称为二次渗碳体$Fe_3C_{Ⅱ}$，以区别于从合金液相中直接结晶的一次渗碳体$Fe_3C_{Ⅰ}$。$PQ$：碳在铁素体中的溶解度线。凡是含碳量大于0.0218%的铁碳合金，在727℃至室温的冷却过程中，过剩的碳都将以渗碳体的形式从铁素体中析出，这种渗碳体称为三次渗碳体 $Fe_3C_{Ⅲ}$，因为量少且难区分，故忽略不计。此外，Fe-$Fe_3C$相图中还有两条重要的固态转变线。$ECF$：共晶线。凡是成分在$EF$之间的合金，当温度冷却到共晶温度时，剩余液相的成分都为$C$，故都将在恒温下发生共晶转变，即 $L_C \longrightarrow A_E+Fe_3C$。$PSK$：共析线。凡是成分在$PK$之间的合金，当温度冷却到共晶温度时，剩余奥氏体相的成分都为$S$，故都将在恒温下发生共析转变，即 $A_S \longrightarrow F_P+Fe_3C$。

(3)区。单相区：L、A、F、$Fe_3C$相($Fe_3C$相是含碳量为6.69%的垂直线)。两相区：L+A、L+$Fe_3C$、F+A、A+$Fe_3C$、F+$Fe_3C$相。三相区：L+A+$Fe_3C$(即$ECF$线)、A+F+$Fe_3C$(即$PSK$线)相。

综上所述，Fe-$Fe_3C$相图中的主要特性点、特性线及其含义分别见表1-4和表1-5，五种渗碳体及其来源见表1-6。

**表1-4　Fe-$Fe_3C$相图中的特性点**

| 特性点 | 温度/℃ | 碳质量分数/% | 含义 |
|---|---|---|---|
| $A$ | 1538 | 0 | 纯铁的熔点 |
| $C$ | 1148 | 4.30 | 共晶点 |
| $D$ | 1227 | 6.69 | 渗碳体的熔点 |
| $E$ | 1148 | 2.11 | 碳在奥氏体中的最大溶解度 |
| $F$ | 1148 | 6.69 | 共晶渗碳体的含碳量 |
| $G$ | 912 | 0 | α-Fe和γ-Fe的同素异构转变点 |
| $K$ | 727 | 6.69 | 共析渗碳体的含碳量 |
| $P$ | 727 | 0.0218 | 碳在铁素体中的最大溶解度 |
| $S$ | 727 | 0.77 | 共析点 |
| $Q$ | 室温 | 0.0008 | 室温时碳在铁素体中的溶解度 |

表 1-5　Fe-$Fe_3C$ 相图中的特性线

| 特性线 | 含义 | 特性线 | 含义 |
|---|---|---|---|
| *AC* | 液相线，结晶开始线 | *GP* | 奥氏体向铁素体转变终了线 |
| *CD* | 液相线，结晶开始线 | *ES* | 碳在奥氏体中的溶解度线 |
| *AE* | 固相线，奥氏体结晶终了线 | *PQ* | 碳在铁素体中的溶解度线 |
| *ECF* | 共晶线，发生 $L_C \longrightarrow A_E + Fe_3C$ | *PSK* | 共析线，发生 $A_S \longrightarrow F_P + Fe_3C$ |
| *GS* | 奥氏体向铁素体转变开始线 | | |

注：此表是加热时的相变，冷却时相反。

表 1-6　五种渗碳体及其来源

| 渗碳体名称 | 来源 |
|---|---|
| 一次渗碳体 $Fe_3C_I$ | 过共晶合金从液相中结晶 |
| 二次渗碳体 $Fe_3C_{II}$ | 含碳量大于 0.77%的合金，在 1148℃至 727℃的冷却过程中从奥氏体中析出 |
| 三次渗碳体 $Fe_3C_{III}$ | 含碳量大于 0.0218%的合金，在 727℃至室温的冷却过程中从铁素体中析出 |
| 共晶渗碳体 $Fe_3C$ | 共晶合金在 1148℃共晶转变产物高温莱氏体中的渗碳体 |
| 共析渗碳体 $Fe_3C$ | 共析合金在 727℃共析转变产物珠光体中的渗碳体 |

注：五种渗碳体的含碳量、晶体结构、性质均相同，仅来源与分布不同。

**2．铁碳合金的平衡结晶过程及其组织**

如图 1-59 所示，将铁碳合金分为工业纯铁、碳钢和白口铸铁三类。

(1) 工业纯铁即含碳量在 *P* 点以左 (＜0.0218%) 的铁碳合金。

(2) 碳钢即含碳量在 *P*、*E* 点之间 (0.0218%～2.11%) 的铁碳合金。碳钢又分为共析钢、亚共析钢和过共析钢三类。

共析钢即含碳量为 *S* 点 (0.77%) 的铁碳合金。

亚共析钢即含碳量在 *P*、*S* 点之间 (0.0218%～0.77%) 的铁碳合金。

过共析钢即含碳量在 *S*、*E* 点之间 (0.77%～2.11%) 的铁碳合金。

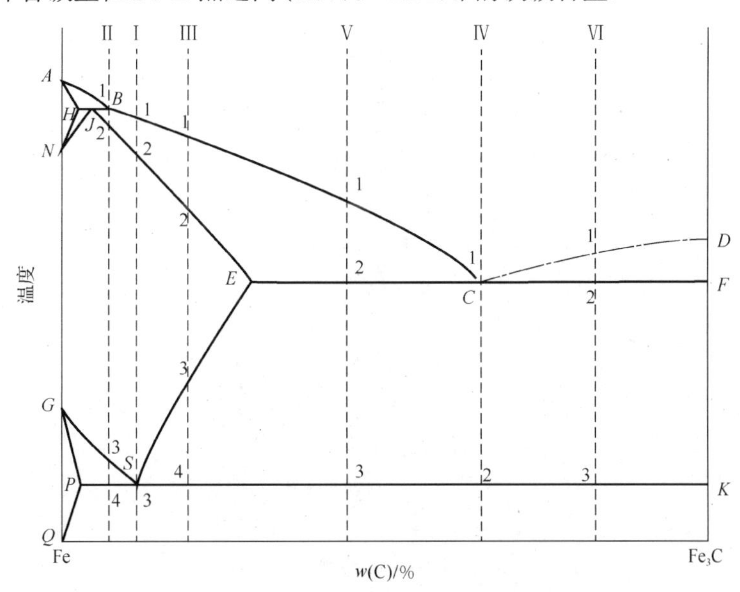


图 1-59　6 个典型的铁碳合金在相图上的位置

(3) 白口铸铁即含碳量在 $E$、$F$ 点之间(2.11%～6.69%)的铁碳合金。白口铸铁又分为共晶白口铸铁、亚共晶白口铸铁和过共晶白口铸铁三类。

共晶白口铸铁即含碳量在 $C$ 点(4.30%)的铁碳合金。

亚共晶白口铸铁即含碳量在 $E$、$C$ 点之间(2.11%～4.30%)的铁碳合金。

过共晶白口铸铁即含碳量在 $C$、$F$ 点之间(4.30%～6.69%)的铁碳合金。

**3．铁碳合金的平衡结晶组织**

现以 6 种典型的铁碳合金为例，分析其结晶过程和室温组织。图 1-60 为 3 种碳钢结晶过程的冷却曲线与组织转变示意图。

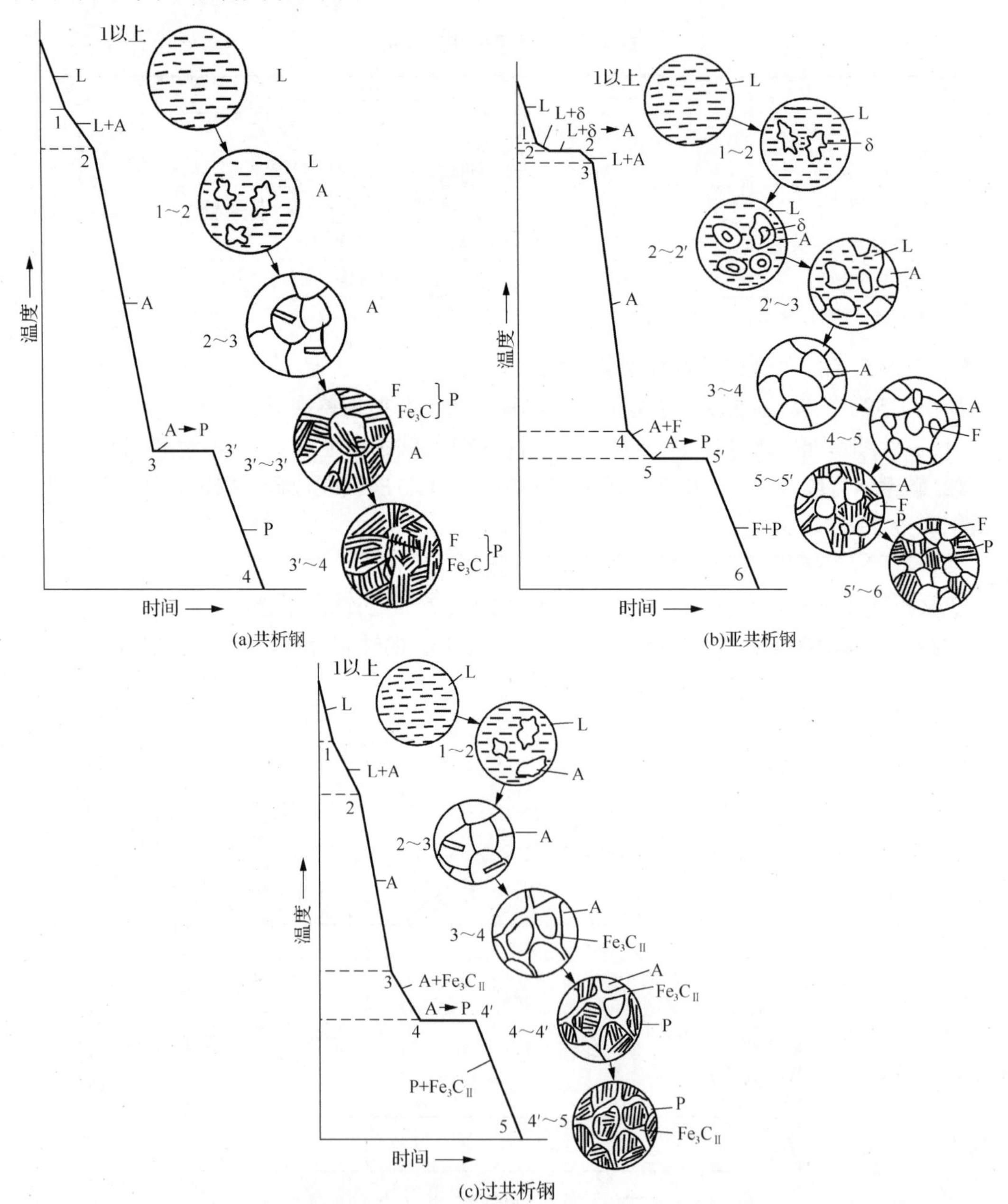


图 1-60　3 种碳钢结晶过程的冷却曲线与组织转变示意图

**1)共析钢的结晶过程(合金Ⅰ)**

合金在3点以上冷却的分析方法和匀晶相图相同，即当合金液相冷却到1点温度时，开始从液相结晶出奥氏体，随着温度的下降，奥氏体量越来越多，且成分沿着固相线*AE*变化，而剩余液相量越来越少，且成分沿着液相线*AC*变化。当冷却到2点温度时，液相全部结晶成与原合金成分相同的奥氏体。从2点冷却到3点温度时，奥氏体的状态和组织没有变化。当冷却到3点温度(共晶温度，727℃)时，奥氏体发生共析转变，即 $A_S \longrightarrow F_P + Fe_3C$，形成珠光体P。在冷却温度继续下降到室温的过程中，铁素体的含碳量沿着溶解度曲线*PQ*变化，同时析出渗碳体(称为三次渗碳体 $Fe_3C_{III}$)。因为三次渗碳体与共析渗碳体比较，数量极少且难以区分，故一般忽略不计。因此，共析钢的室温组织为珠光体，如图1-60所示。

727℃时，珠光体中铁素体与渗碳体的相对量可用杠杆定律求出：

$$w(F_P) = \frac{SK}{PK} = \frac{6.69 - 0.77}{6.69 - 0.0218} \times 100\% = 88.78\%$$

$$w(Fe_3C) = \frac{PS}{PK} = \frac{0.77 - 0.0218}{6.69 - 0.0218} \times 100\% = 11.22\%$$

或

$$w(Fe_3C) = 1 - w(F_P) = 11.22\%$$

**2)亚共析钢的结晶过程(合金Ⅱ)**

合金在3点以上冷却的分析方法和共析钢相同。当合金冷却到3点温度时，奥氏体开始转变成铁素体(这时的铁素体是在共析转变之前析出来的，故称为先共析铁素体)。随着温度的下降，铁素体量越来越多，且成分沿*GP*变化，而剩余奥氏体量越来越少，且成分沿*GS*变化。当冷却到4点温度(共析温度，727℃)时，铁素体含碳量为0.0218%，而剩余奥氏体的含碳量为共析成分(0.77%)，因此，剩余的奥氏体发生共析转变形成珠光体。在温度继续下降到室温的过程中，从铁素体中析出三次渗碳体(忽略不计)。因此，亚共析钢的室温组织为铁素体+珠光体，如图1-61所示，黑色部分为珠光体，白色部分为铁素体。

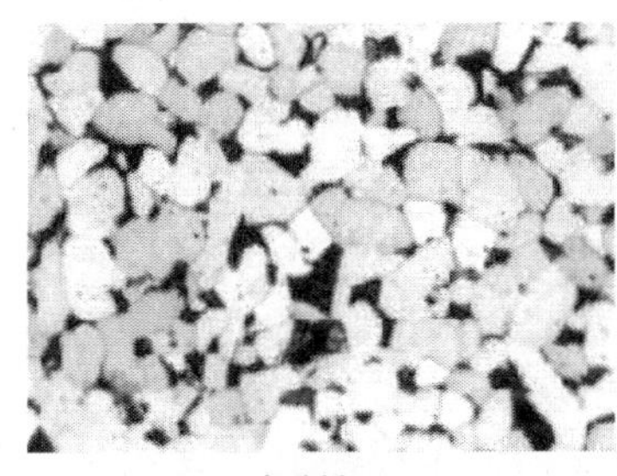

(a)含碳量 0.2%

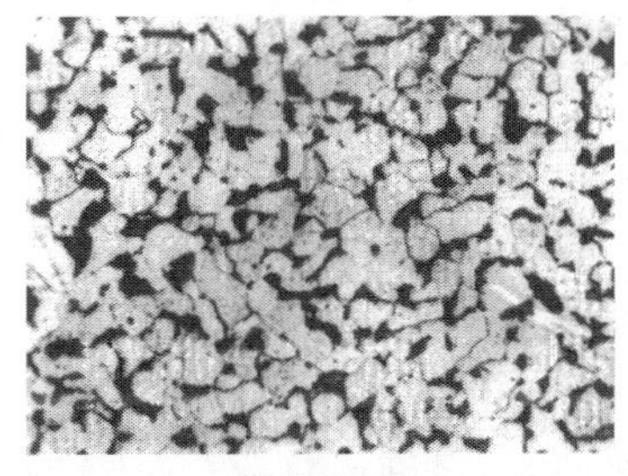

(b)含碳量 0.4%

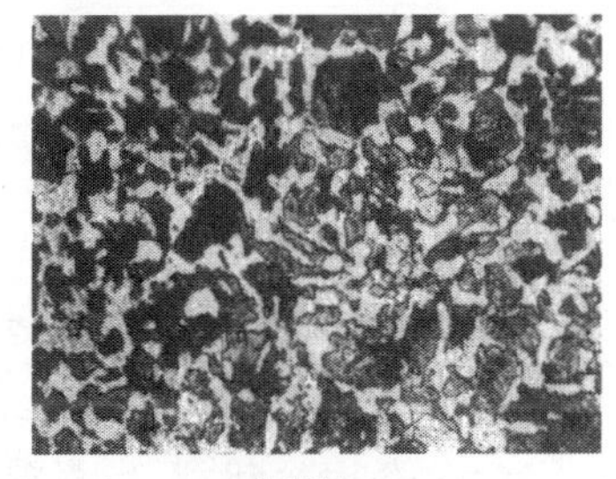

(c)含碳量 0.6%

图1-61　不同含碳量的亚共析钢的显微组织

所有亚共析钢的室温组织都是由铁素体和珠光体构成的，它们的差别只不过是含碳量不同，亚共析钢的组织中铁素体和珠光体的相对量不同而已。含碳量越高，铁素体的相对量越少，珠光体的相对量越多。各种含碳量的亚共析钢中的铁素体和珠光体的相对量可用杠杆定律求出。例如，含碳量为0.30%的亚共析钢中，

$$w(F_P) = \frac{0.77 - 0.30}{0.77 - 0.0218} \times 100\% = 62.82\%$$

$$w(P) = 1 - w(F_P) = 37.18\%$$

另外，根据显微组织中珠光体和铁素体所占的面积可以估算出亚共析钢的含碳量：

$$w(\mathrm{C}) = A(\mathrm{P}) \times 0.77\% + A(\mathrm{F}) \times 0.0218\%$$

式中，$w(\mathrm{C})$ 为钢的含碳量；$A(\mathrm{P})$ 为珠光体所占的面积百分比；$A(\mathrm{F})$ 为铁素体所占的面积百分比。

**3) 过共析钢的结晶过程(合金Ⅲ)**

合金在 3 点以上冷却的分析方法和共析钢相同。当合金冷却到 3 点温度时，奥氏体开始转变成渗碳体(称为二次渗碳体 $Fe_3C_Ⅱ$)，在奥氏体晶界上以网状析出。随着温度的下降，二次渗碳体量越来越多，而剩余奥氏体量越来越少，且成分沿 $ES$ 变化。当冷却到 4 点温度(共晶温度，727℃)时，剩余奥氏体的含碳量为共析成分(0.77%)，因此，剩余的奥氏体发生共析转变形成珠光体。在温度继续下降到室温的过程中，从铁素体中析出三次渗碳体(忽略不计)。因此，过共析钢的室温组织为二次渗碳体+珠光体，如图 1-62 所示，黑色部分为珠光体，晶界上白色网状组织为二次渗碳体。

图 1-62　含碳量为 1.2%的过共析钢的显微组织(400×)

所有过共析钢的室温组织都是由二次渗碳体和珠光体构成的，它们的差别只不过是含碳量不同，过共析钢的组织中二次渗碳体和珠光体的相对量不同而已。含碳量越高，二次渗碳体的相对量越多，珠光体的相对量越少。各种含碳量的过共析钢中的二次渗碳体和珠光体的相对量可用杠杆定律求出。例如，含碳量为 1.40%的过共析钢组织中，

$$w(\mathrm{Fe_3C_{II}}) = \frac{1.40-0.77}{6.69-0.77} \times 100\% = 10.64\%$$

$$w(\mathrm{P}) = 1 - w(\mathrm{Fe_3C_{II}}) = 89.36\%$$

含碳量为 2.11%的过共析钢组织中，二次渗碳体的量最多，为

$$w(\mathrm{Fe_3C_{II}}) = \frac{2.11-0.77}{6.69-0.77} \times 100\% = 22.64\%$$

$$w(\mathrm{P}) = 1 - w(\mathrm{Fe_3C_{II}}) = 77.36\%$$

**4) 共晶白口铸铁的结晶过程(合金Ⅳ)**

图 1-63 为 3 种白口铸铁结晶过程的冷却曲线与组织转变示意图。

合金液相冷却到 1 点温度(共晶温度，1148℃)时，液相在恒温下发生共晶转变，即 $L_C \longrightarrow A_E + Fe_3C$，形成高温莱氏体 $L_d(A_E+Fe_3C)$。当共晶转变结束后，温度继续下降，其中奥氏体的含碳量沿着溶解度曲线 $ES$ 变化，同时析出二次渗碳体 $Fe_3C_Ⅱ$。当温度下降到 2 点温度(共析温度，727℃)时，剩余奥氏体的含碳量为共析成分(0.77%)，因此，剩余的奥氏体发生共析转变，形成珠光体。在温度继续下降到室温的过程中，从铁素体中析出三次渗碳体(忽略不计)。因此，共晶白口铸铁的室温组织是由珠光体、二次渗碳体和共晶渗碳体组成的，即变态莱氏体或低温莱氏体 $L'_d(P+Fe_3C_Ⅱ+Fe_3C)$，如图 1-64 所示，黑色部分为珠光体，浅灰色基体为渗碳体(包括二次渗碳体与共晶渗碳体，难以分辨)。

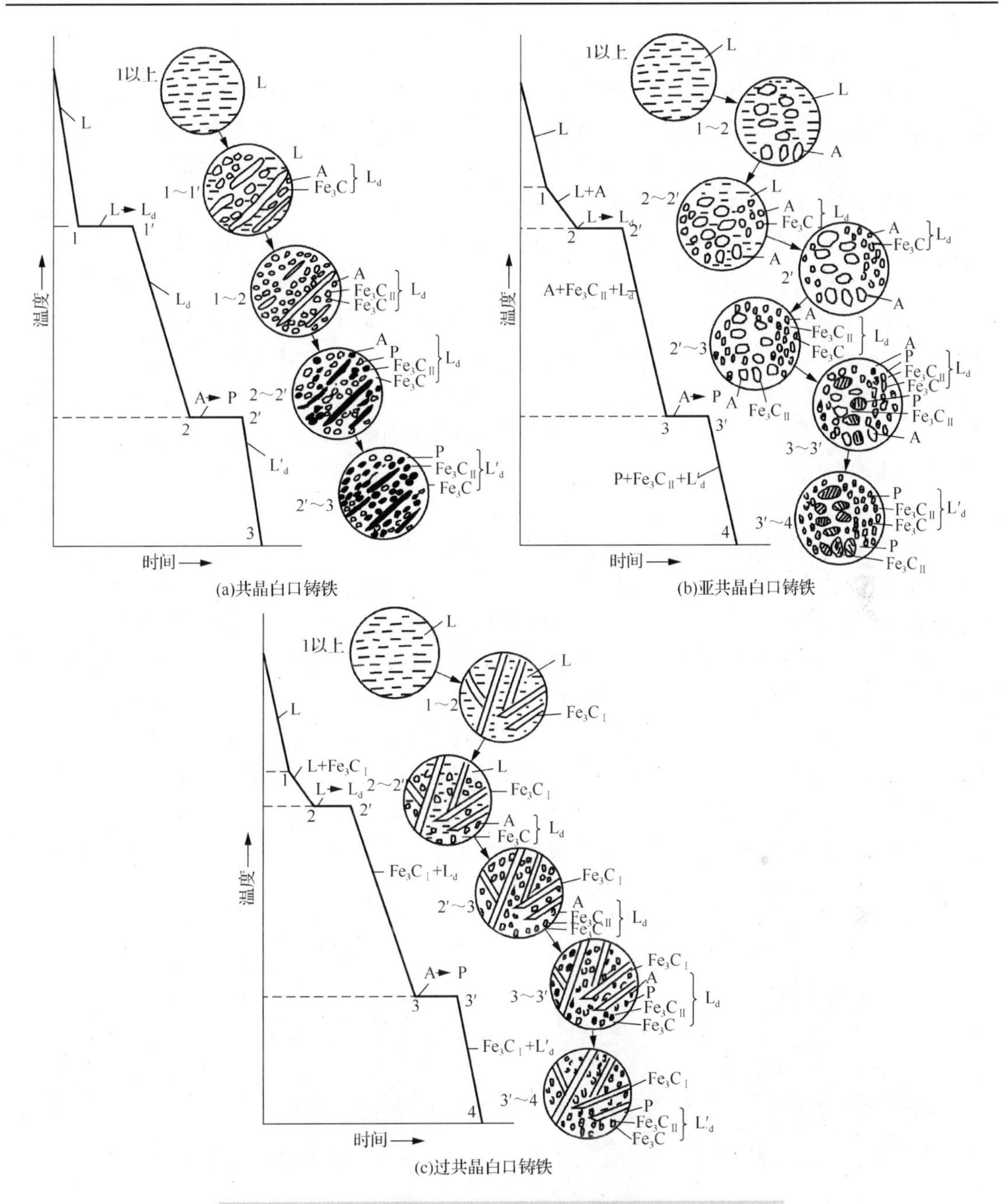


图 1-63　3 种白口铸铁结晶过程的冷却曲线与组织转变示意图

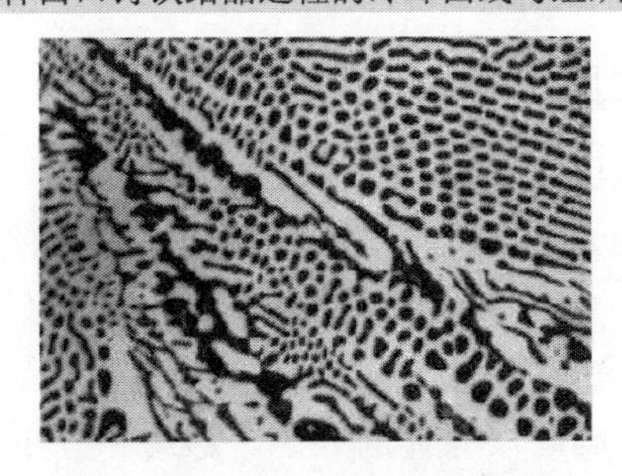

图 1-64　共晶白口铸铁的显微组织

**5) 亚共晶白口铸铁的结晶过程(合金Ⅴ)**

合金在 2 点以上冷却的分析方法和匀晶相图相同，即当合金液体冷却到 1 点温度时，开始从液相结晶出奥氏体(又称初晶奥氏体)，随着温度的下降，初晶奥氏体量越来越多，且成分沿着固相线 *AE* 变化，而剩余液相量越来越少，且成分沿着液相线 *AC* 变化。当冷却到 2 点温度(共晶温度，1148℃)时，初晶奥氏体含碳量为 2.11%，而剩余液相的含碳量为共晶成分(4.30%)，因此，剩余液相发生共晶转变，形成高温莱氏体。在 2 点到 3 点温度的冷却过程中，与共晶白口铸铁相同，初晶奥氏体和共晶奥氏体中都析出二次渗碳体 $Fe_3C_{II}$。当温度下降到 3 点温度(共析温度，727℃)时，剩余奥氏体的含碳量为共析成分(0.77%)，故发生共析转变，形成珠光体。在温度继续下降到室温的过程中，从铁素体中析出三次渗碳体(忽略不计)。因此，亚共晶白口铸铁的室温组织是由珠光体、二次渗碳体和变态莱氏体组成的，即 $P+Fe_3C_{II}+L'_d(P+Fe_3C_{II}+Fe_3C)$，如图 1-65 所示。黑色粗大块状或树枝状分布的是由初晶奥氏体转变成的珠光体，紧绕其周围的白色部分是从初晶奥氏体中析出的二次渗碳体，其他部分均为变态莱氏体。

**6) 过共晶白口铸铁的结晶过程(Ⅵ)**

合金在 2 点温度以上冷却的分析方法和匀晶相图相同，即当合金液体冷却到 1 点温度时，开始从液相结晶出渗碳体(称为一次渗碳体 $Fe_3C_I$)。随着温度的下降，一次渗碳体量越来越多，而剩余液相量越来越少，且成分沿着液相线 *DC* 变化。当冷却到 2 点温度(共晶温度，1148℃)时，剩余液相的含碳量为共晶成分(4.30%)，故剩余液相发生共晶转变，形成高温莱氏体。在 2 点到 3 点温度的冷却过程中，与共晶白口铸铁相同，奥氏体中析出二次渗碳体 $Fe_3C_{II}$。当温度下降到 3 点温度(共析温度，727℃)时，剩余奥氏体的含碳量为共析成分(0.77%)，故发生共析转变，形成珠光体。在温度继续下降到室温的过程中，从铁素体中析出三次渗碳体(忽略不计)。因此，过共晶白口铸铁的室温组织是由一次渗碳体和变态莱氏体组成的，即 $Fe_3C_I+L'_d(P+Fe_3C_{II}+Fe_3C)$，如图 1-66 所示。白色粗大板条分布的是一次渗碳体，其他部分均为变态莱氏体。

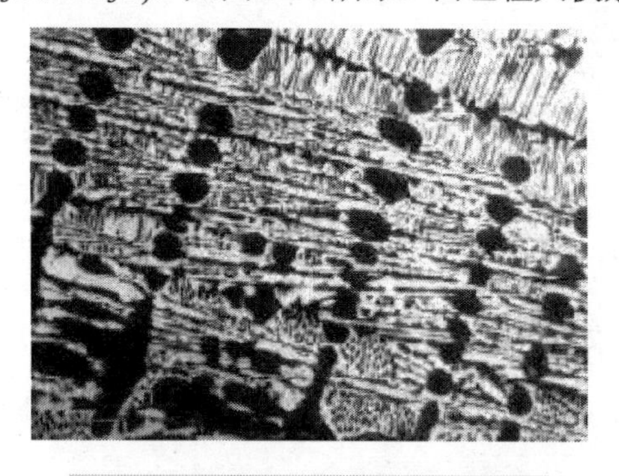

图 1-65　亚共晶白口铸铁的显微组织

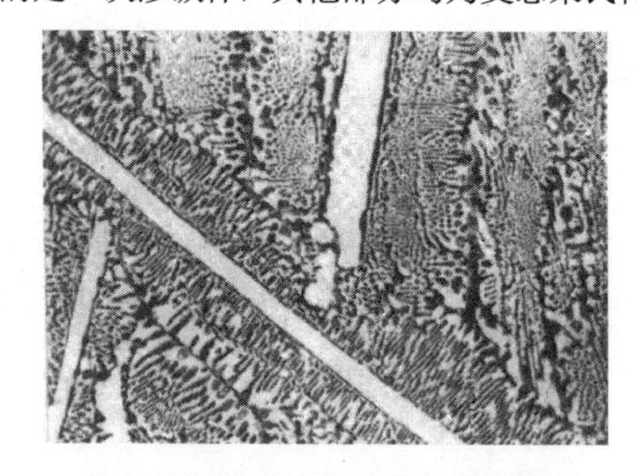

图 1-66　过共晶白口铸铁的显微组织

## 1.5.3　铁碳合金的成分、组织和性能间的关系

**1．合金的含碳量与平衡组织间的关系**

综上分析，将不同含碳量的铁碳合金与组织组成物、相组成物之间的定量关系绘制于图 1-67 中。铁碳合金在室温下的平衡组织由铁素体和渗碳体组成，含碳量为零时全部由铁素体组成；含碳量为 6.69%时由渗碳体组成。可见，随着铁碳合金含碳量的提高，合金组织中渗碳体的相对量也越来越高；同时渗碳体的大小、形态和分布也发生变化，由珠光体中的片状变成晶界上的网状，再变成变态莱氏体中的基体以及粗大的板条状等。渗碳体相对量以及

其大小、形态和分布的变化必然导致合金性能发生变化。因此，铁碳合金的成分不同，组织也不同，性能一定不同。

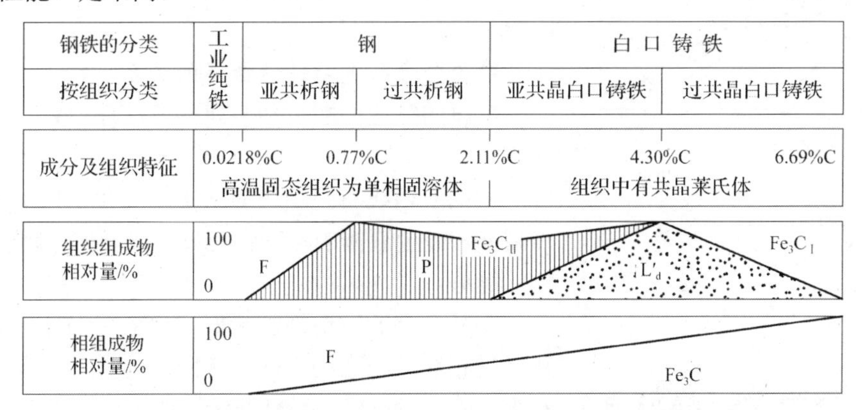


图 1-67　铁碳合金的含碳量与组织组成物、相组成物的关系

**2．合金的含碳量与力学性能间的关系**

在铁碳合金中，渗碳体是重要的强化相，当它以细密的片状分布在铁素体基体上形成珠光体时，可以提高合金的强度、硬度。例如，珠光体的 $\sigma_b$ 约为 1000MPa，$\sigma_{0.2}$ 约为 600MPa，硬度约为 241HBW，$\delta$ 约为 10%。

如图 1-68 所示，当钢的含碳量≤1.0%时，随着钢中含碳量的增加，珠光体的相对量逐渐增加，铁素体的相对量逐渐减少，故钢的强度、硬度不断提高，而塑性、韧性不断减小；当含碳量＞1.0%时，随着含碳量的增加，二次渗碳体在晶界上形成的网状分布和“割裂”珠光体基体的作用越来越明显，故随着钢中含碳量的继续增加，其强度和塑性、韧性逐渐减小，而硬度仍不断提高。

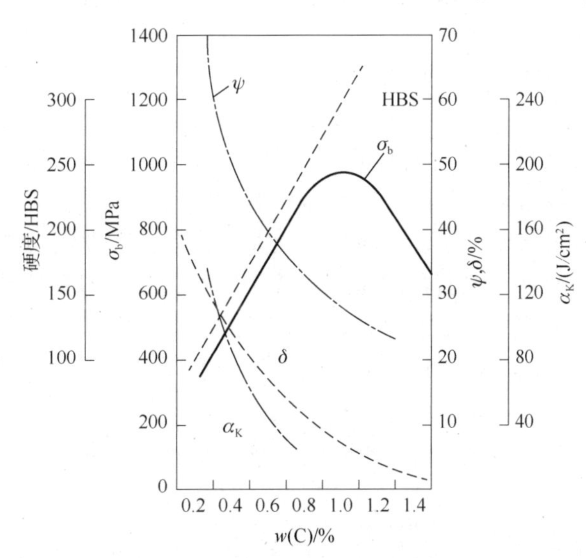


图 1-68　含碳量对碳钢力学性能的影响

工业用钢一般要求有足够的强度和一定的塑性及韧性，所以钢的含碳量一般都不超过 1.4%。白口铸铁因为组织中有大量的渗碳体，特别硬而且脆，难以切削加工，所以在机械制造业中很少使用。

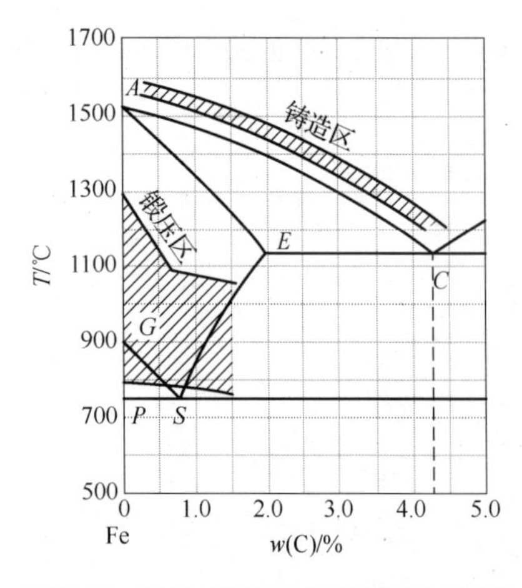

图 1-69　含碳量对碳钢工艺性能的影响

### 3．合金的含碳量与工艺性能间的关系

合金的含碳量对合金工艺性能同样有影响，如图 1-69 所示。

#### 1）合金含碳量与铸造性能的关系

金属的铸造性能包括金属的流动性、收缩性和偏析倾向等。

相图液相线与固相线的水平距离和垂直距离越小，熔点越低，合金液体的流动性越好，成分偏析越轻，则铸造性能越好。

共晶合金的铸造性能最好，因为共晶成分合金的液相线与固相线的距离小，且熔点低，所以流动性好，分散缩孔少，成分偏析轻，是良好的铸造用合金。低碳钢的液相线与固相线的距离也比较小，但由于熔点比较高，所以铸造性能不如共晶合金，而且随着含碳量的增加，尽管熔点有所降低，但液相线与固相线的距离却增大，铸造性能变差。与共晶合金比较，钢的铸造性能都不是很好。

#### 2）合金含碳量与锻压性能的关系

在铁碳合金的基本相中，奥氏体的塑性最好，铁素体其次，所以单相奥氏体的压力加工性能最好。另外，低碳钢的压力加工性能好于高碳钢。白口铸铁因为组织中含有大量的硬而脆的渗碳体，所以不能进行压力加工。

#### 3）合金含碳量与焊接性能的关系

在铁碳合金中，钢都可以进行焊接加工，但随着钢中含碳量的增加，钢的焊接性能逐渐变差，故锅炉、桥梁、船舶等焊接用钢一般都是低碳钢。铸铁的焊接性能差，对铸铁的焊接主要用于铸件修补。

#### 4）合金含碳量与切削加工性能的关系

衡量金属切削加工性能的主要指标是被切削材料的切削抗力、切削后工件的表面粗糙度、切削时断屑排屑的难易及切削时对刀具的磨损程度等。综合这些指标，低碳钢（含碳量小于 0.25%）组织中有大量的铁素体，塑性好，切削时容易黏刀和产生较多的切削热，而且断屑排屑难，增加工件的表面粗糙度，所以切削加工性能比较差；高碳钢（含碳量大于 0.60%）组织中有较多的渗碳体，硬度高，尤其是渗碳体呈片状或网状时，刀具易受磨损，故切削加工性能也比较差；中碳钢（含碳量为 0.25%～0.60%）组织中的铁素体和渗碳体的比例适中，硬度和塑性等指标适宜，故切削加工性能比较好。生产中一般以硬度来衡量切削加工性能，一般认为，钢的硬度在 160～230HBW 时切削加工性能最好。

另外，合金含碳量对热处理等也有影响，将在后面的章节中介绍。

# 第 2 章　金属的塑性变形与再结晶

各种金属的板材、棒材、线材和型材大多是经过轧制、锻造、挤压、冷拔、冲压等压力加工方法获得的。压力加工不仅改变了金属材料的外形尺寸，而且改变了金属材料内部的组织和性能。因此，研究金属塑性变形以及变形金属在加热过程中所发生的变化，对于合理制定金属材料加工工艺和改善产品质量具有重要的意义。

## 2.1　金属的塑性变形

### 2.1.1　金属单晶体的塑性变形

金属单晶体塑性变形的基本形式有滑移和孪生，在大多数情况下滑移是金属单晶体塑性变形的主要方式。

**1．滑移**

滑移是指在切应力的作用下，晶体中一部分沿着一定晶面上的晶向相对于另一部分发生滑动(图 2-1)。晶体中能够发生滑移的晶面和晶向分别称为滑移面和滑移方向。

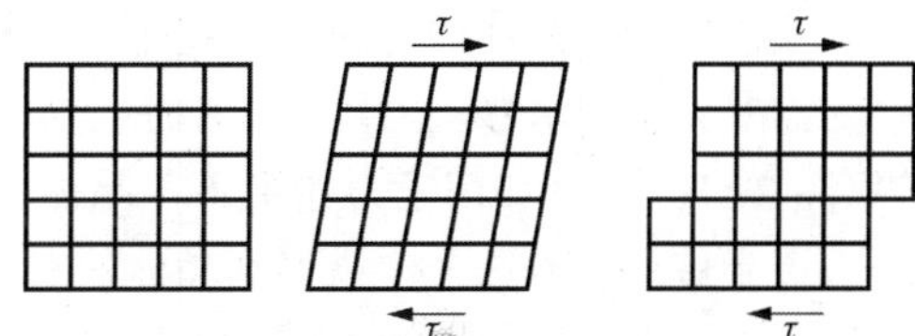

图 2-1　单晶体滑移

单晶体试样受外力 $P$ 拉伸时，外力 $P$ 对试样滑移面的作用力可分解为垂直于此面的分力 $P_1$ 和平行于此面的分力 $P_2$(图 2-2)，对应的应力为正应力$\sigma$和切应力$\tau$。正应力$\sigma$只能使试样弹性伸长，在足够大时将使试样发生断裂。切应力$\tau$能够使试样沿该晶面滑移。

将表面磨制抛光的试样进行适量的塑性变形，用金相显微镜可以观察到抛光面上有许多呈一定角度阶梯状的互相平行的线条，这些平行的线条称为滑移带(图 2-3)。实际上，一个滑移带是由密集在一起的多条平行滑移线组成的。金属的塑性变形就是金属晶体多个大小不同滑移带的综合效果在宏观上的体现。

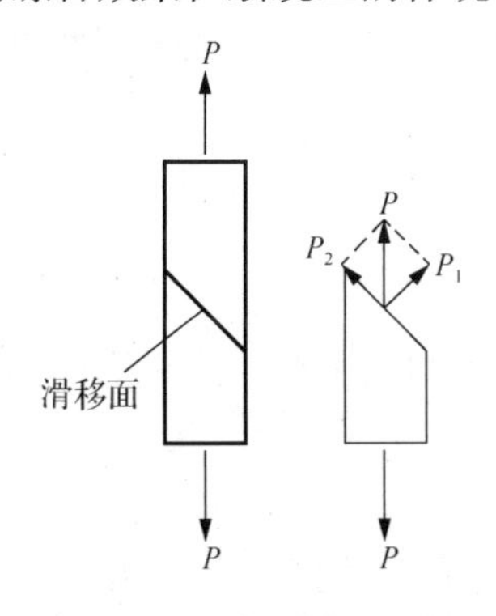

图 2-2　外力在晶面上的分解

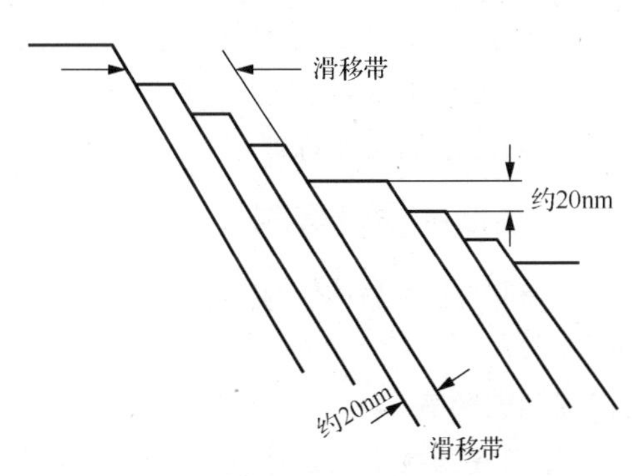

图 2-3　滑移线和滑移带

实验证明，塑性变形后的晶体结构类型并没有发生变化，滑移带两侧的晶格取向也未改变。因此，塑性变形仅是在切应力的作用下晶体一部分沿着某一滑移面上的某一晶向相对于另一部分发生滑动，而晶体的结构和晶格的取向不发生改变。

**2．滑移系**

晶体中的一个滑移面和该面上的一个滑移方向构成一个滑移系。一般来说，晶体中滑移面和滑移方向越多则受力时越易发生滑移，即滑移系多的金属的塑性较好。三种常见金属晶体结构的滑移面及滑移方向如图 2-4 所示。从图中可以看出，晶体的滑移面通常是原子最密集的晶面，而滑移方向则是原子最密集的晶向。

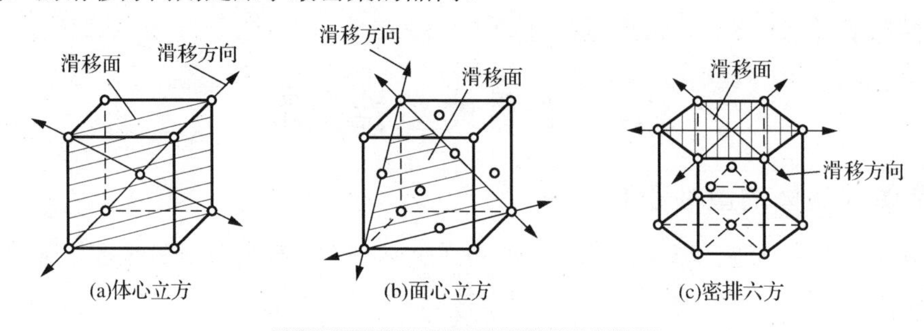


图 2-4　三种常见金属结构的滑移系

**3．滑移的机理**

实践证明，晶体的滑移并不是整个滑移面上的全部原子一起移动，这是因为大量原子同时移动需要克服的滑移阻力巨大。由于晶体中存在位错，实际上滑移是位错在滑移面上运动的结果(图 2-5)。在外加切应力作用下，晶体中形成一个正刃型位错，这个多出的半原子面会由左向右逐步移动；当这个位错移到晶体的右边缘时，移出晶体的上半部就相对于下半部移动了一个原子间距，形成一个原子间距的滑移量。大量位错移出晶体表面，就形成了宏观的塑性变形。

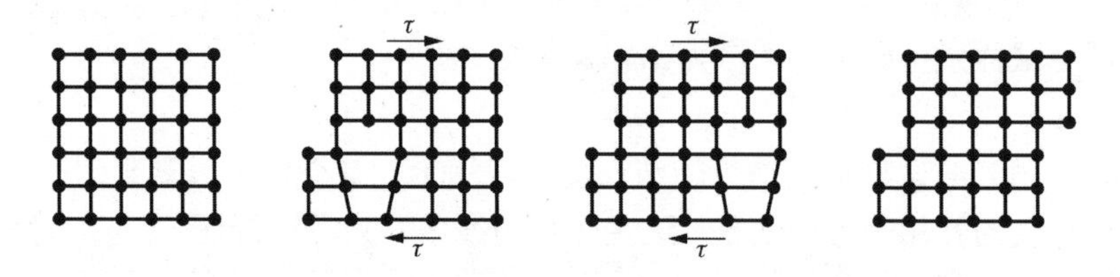


图 2-5　通过位错移动造成滑移的示意图

当位错中心前进一个原子间距时，移动的只是位错中心附近的少数原子，并且位移量不大，所需要的切应力也不大，相比同时移动多个原子所需的切应力要小得多。位错的这种容易移动的特点称为位错的易动性。

### 2.1.2　金属多晶体的塑性变形

多数金属材料是由多晶体组成的。多晶体包含大量的晶粒与晶界，所以它的变形比单晶体要复杂得多。

**1．晶粒位向的影响**

由于多晶体中各晶粒空间位向不同，在外力的作用下，有的晶粒处于有利于滑移的位置，有的晶粒处于不利于滑移的位置。当一个处于有利于滑移位置的晶粒发生变形时，周围的晶粒如果不发生塑性变形，则会产生弹性变形来与之协调。这样，周围晶粒的弹性变形就成为该晶粒继续塑性变形的阻力。因此，由于晶粒间相互约束，多晶体的变形抗力得到大幅提高。同时，晶粒越细，相同体积内晶粒越多，晶粒位向的影响也就越显著。

**2．晶界的影响**

多晶粒的晶界是相邻晶粒的过渡区域，原子排列紊乱，缺陷和杂质较多，是位错运动的主要障碍区域，会使滑移变形难以进行。如果将图 2-6 所示的双晶粒试样进行拉伸变形，试样在晶界附近不易发生变形，出现了“竹节”现象，这说明晶界处塑性变形抗力远比晶粒本身要高。

**3．金属多晶体的变形过程**

在多晶体中，每个晶粒的变形不是孤立和任意的，必须与邻近晶粒相互协调。图 2-7 用 *A*、*B*、*C* 示意地表示了不同位向的晶粒分批滑移的次序。多晶体在外力的作用下，位向有利的晶粒首先开始滑移变形，而周围位向不利的晶粒不能产生滑移变形，只能以弹性变形相平衡。由于晶界附近点阵畸变和相邻晶粒位向的差异，变形晶粒中位错不能穿过晶界而在晶界处堆积，造成应力集中。当应力集中足够大后，相邻晶粒中的位错源开始移动。变形就是这样从一批晶粒首先开始，然后逐步扩展到其他晶粒的，从不均匀的变形逐步发展到均匀的变形。

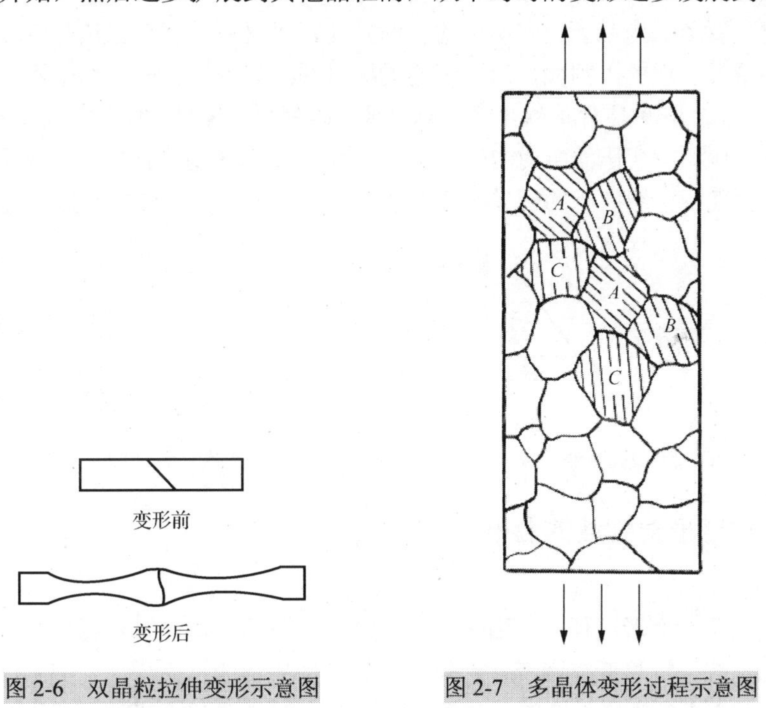


图 2-6　双晶粒拉伸变形示意图　　图 2-7　多晶体变形过程示意图

# 2.2　冷塑性变形对金属组织和性能的影响

金属材料经冷塑性变形后，不仅改变了它的形状和尺寸，而且其内部组织和性能会发生显著变化。

## 2.2.1　冷塑性变形对组织结构的影响

**1．晶粒变形**

金属发生塑性变形时，随着变形量的增加，晶粒的形状也会发生变化。通常是晶粒沿变形方向被压扁或拉长，如图 2-8 所示。变形量越大，晶粒形状的变化也就越大。当变形量很大时，晶粒被拉成细条状，金属中的夹杂物也被拉长，形成纤维组织，金属的性能会出现明显的方向性，如纵向(沿纤维的方向)的强度远大于横向(垂直纤维的方向)的强度。

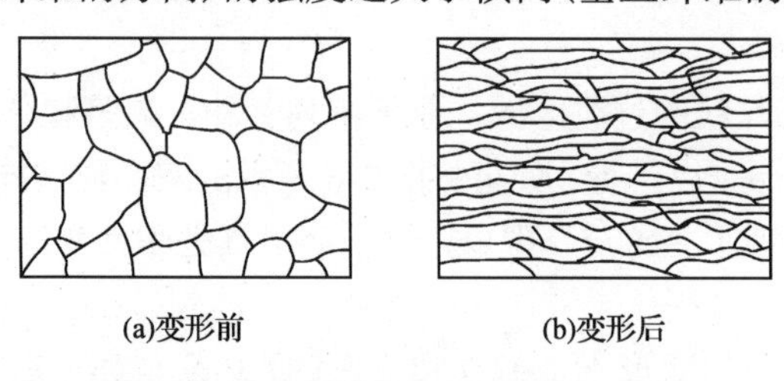


图 2-8　变形前、后晶粒形状变化示意图

**2．变形织构的产生**

若金属发生塑性变形，在变形量很大(70%以上)时，多晶体中原来任意位向的各晶粒的取向会趋于一致，这种有序化结构称为变形织构，又称为择优取向，如图 2-9 所示。轧制时形成的织构称为板织构，拉拔时形成的织构称为丝织构。

金属在出现变形织构后会具有明显的各向异性，对材料的加工工艺影响很大，这在大多数情况下是不希望出现的。例如，用有织构的板材冲制筒形零件时，由于不同方向上的塑性不同，变形不均匀，导致零件边缘不齐，会出现“制耳”现象(图 2-10)。但是在有些情况下，织构也很有用。例如，变压器所用的硅钢片沿〈1 0 0〉晶向最易磁化。如果采用具有该方向织构的硅钢片，将使变压器铁心的磁导率显著增大，磁滞损耗大为减少，提高设备的效率。

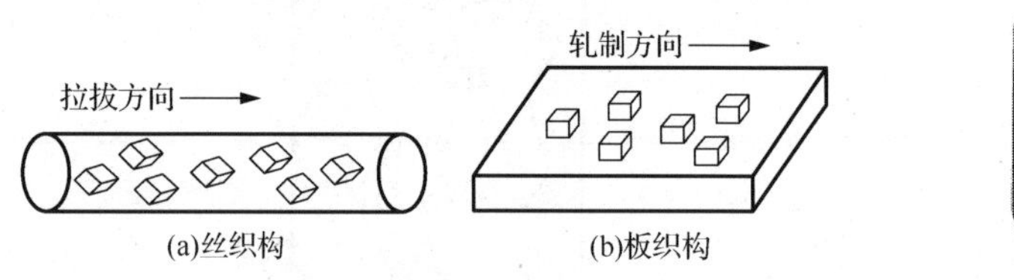


图 2-9　变形织构示意图

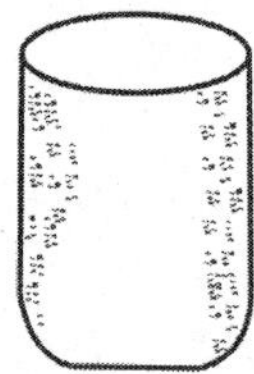
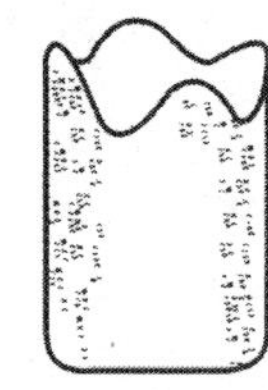

图 2-10　因变形织构造成的“制耳”

## 2.2.2　冷塑性变形对性能的影响

**1．加工硬化**

金属材料在塑性变形过程中，随变形量的增加，亚晶粒增多且位错密度增加，位错间的交互作用增强，位错滑移变得困难，这使得金属塑性变形的抗力增大，其强度和硬度不断上升，而塑性和韧性不断下降。例如，对于含碳量为 0.3%的碳钢，当变形度为 20%时，抗拉强度($\sigma_b$)由原来的 500MPa 升高到约 700MPa；而当变形度为 60%时，抗拉强度可升高到 900MPa 以上；且随着变形度的增加，伸长率($\delta$)降低(图 2-11)。

加工硬化可以提高金属的强度，是强化金属的重要手段，尤其对于那些不能用热处理强化的金属材料显得更为重要。例如，对于铝、铜或不锈钢等单相合金，加工硬化是提高强度的有效方法。

加工硬化是金属材料冷成型加工工艺的保证。例如，生产线材时，金属线穿过模孔的部分由于发生加工硬化，便不再继续变形而使变形转移到尚未拉过模孔的部分，这样金属线才可以继续通过模孔而成型。此外，加工硬化还可以使金属具有偶然的抗超载能力，提高了构件在使用中的安全性。

加工硬化也有不利的一面，材料塑性的降低给金属进一步的冷成型带来困难，也使材料在冷成型时的动力消耗增大。因此，在金属的冷成型过程中，必须进行中间热处理以消除加工硬化。

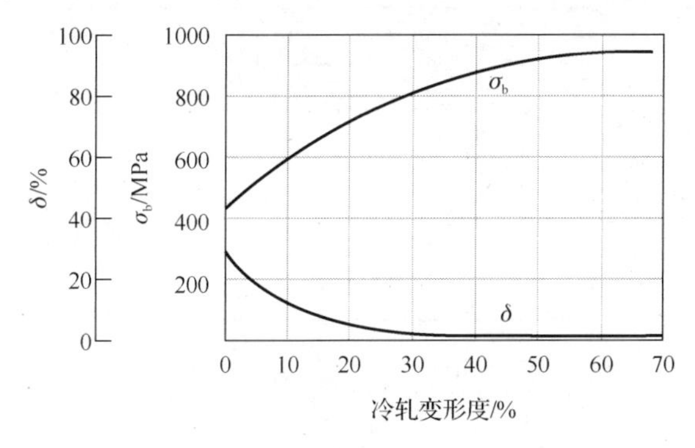


图2-11　0.3%碳钢冷轧后力学性能的变化

**2．物理、化学性能**

金属经塑性变形后，晶格发生畸变，空位和位错密度增加，导致金属电阻增大、磁导率下降。此外，变形导致金属内能增加，原子活动能力增加，因此耐蚀性降低。

**3．残余内应力**

在金属塑性变形过程中，外力对金属所做的功约有 90%以热的形式散失，10%左右转化为内应力而残留在金属中，使其内能增加。这些残留于金属内部且平衡于金属内部的应力称为残余内应力。它是由于金属在外力作用下各部分发生不均匀的塑性变形而产生的。内应力一般可分为三种类型。

(1)宏观内应力(第一类内应力)：由于金属材料各部分变形不均匀，整个工件或在较大的宏观范围内(如表层与心部)产生的残余应力。这类内应力只占内应力总量的很小一部分，即使变形量很大，也只有1%左右。

(2)微观内应力(第二类内应力)：由晶粒之间、晶粒内部或亚晶粒之间变形不均匀而形成的微观范围内的内应力。这类应力占比不超过内应力总量的10%。

(3)晶格畸变内应力(第三类内应力)：由冷塑性变形使金属内部产生大量的位错和空位，进而引起晶格畸变所产生的内应力。这类应力占内应力总量的90%左右。

内应力的大小与变形条件有关。变形量大、变形不均匀、变形时温度低、变形速率大等都能使内应力增加。

内应力对金属材料的性能会产生不良影响，第一类内应力会使工件尺寸不稳定，严重时会引起工件开裂。第二类内应力使金属产生晶间腐蚀。第三类内应力是产生加工硬化的主要原因。

有时内应力也是有益的，如对零件进行喷丸、表面滚压处理等，使其表面产生一定量的残余压应力，可以提高零件的疲劳强度。

## 2.3　回复、再结晶与晶粒长大

金属冷塑性变形后，组织处于不稳定状态，有自发恢复到变形前的组织状态的倾向。在常温下，这种转变一般不易进行。如果对冷塑性变形的金属进行加热，随着温度的升高，其组织会相继发生回复、再结晶和晶粒长大三个阶段的变化。三个阶段的组织和性能变化如图 2-12 所示。

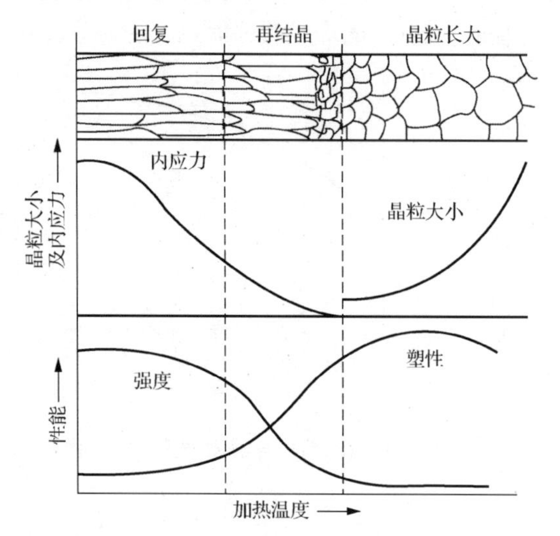


图 2-12　冷塑性变形金属加热时的晶粒和性能的变化

## 2.3.1　回复

当冷塑性变形金属的加热温度不太高时，原子活动能力较弱，只能进行短距离扩散，变形金属的显微组织不发生显著变化，只是晶格畸变程度减轻，内应力有所下降，这个阶段称为回复。

由于回复过程温度比较低，金属的晶粒大小和形状无明显变化，金属的强度、硬度和塑性等力学性能基本不变，保持加工硬化效果，但残余内应力和电阻显著下降，应力腐蚀现象也基本消除。因此，冷塑性变形金属若要在消除残余内应力的同时仍保持冷塑性变形强化状态，可以采取回复处理，如用冷拉钢丝卷制丝弹簧，卷制后在 250～300℃进行低温退火，可以降低内应力使之定形，而强度和硬度基本不发生变化。

## 2.3.2　再结晶

当冷塑性变形金属加热到较高温度后，原子活动能力增强，塑性变形时被破碎、拉长的晶粒重新形核和长大，形成均匀而细小的无畸变的等轴晶粒的过程称为再结晶。待变形金属的晶粒全部变成细等轴晶后，再结晶过程即结束。

再结晶形成的新晶粒的晶格类型与金属变形前的晶格类型完全一样，因此再结晶过程不属于相变过程。再结晶后的晶粒内部晶格畸变消失，位错密度减小，金属的强度、硬度显著下降，塑性显著上升。

变形金属能进行再结晶的最低温度称为再结晶温度。实验证明，影响再结晶温度的主要因素有以下几方面。

(1) 金属的纯度。金属中的微量杂质和合金元素会阻碍原子的扩散与晶界的迁移，使金属的再结晶温度显著提高。各种纯金属的最低再结晶温度与其熔点之间存在如下近似关系：

$$T_{再}=(0.35\sim0.40)T_{熔}$$

式中，$T_{再}$和 $T_{熔}$均以热力学温度表示。

(2) 预先的变形度。金属的变形度越大，变形储存能越高，再结晶时的驱动力就越大，故再结晶温度就越低。当变形度达到一定值后，再结晶温度便趋近于某一恒定值，这个温度称为最低再结晶温度，如图 2-13 所示。

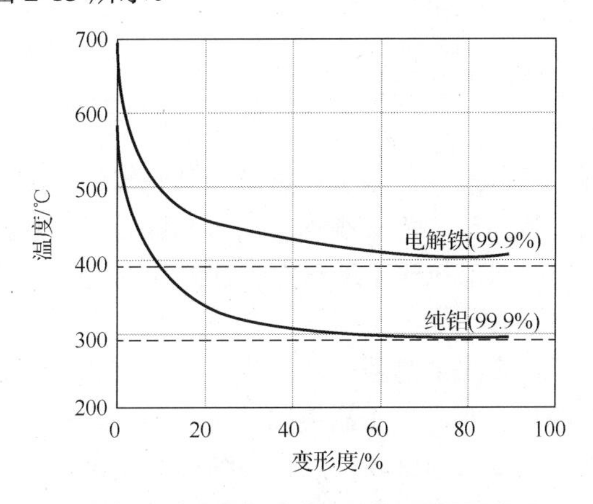


图 2-13　金属再结晶温度与变形度的关系

(3) 加热速度和加热保温时间。因为再结晶过程需要一定时间才能完成，提高加热速度可使再结晶在较高的温度下发生。而延长加热保温时间可使原子的扩散较为充分，再结晶能够在较低的温度下完成。在工业生产中，一般将再结晶温度定得比理论再结晶温度高出 100～200℃以缩短再结晶退火周期。

### 2.3.3　晶粒长大

再结晶结束后，随着加热温度的升高或保温时间的延长，均匀细小的等轴再结晶晶粒会逐渐长大。晶粒长大是通过晶界迁移来实现的，如图 2-14 所示。当大晶粒的边界向小晶粒迁移时，小晶粒中的晶格位向逐步被改变成与大晶粒晶格的位向相同，大晶粒“吞并”小晶粒，形成更大的晶粒。随着晶粒的长大，晶界的面积减小，表面能降低，故晶粒长大是一个降低能量的自发过程。

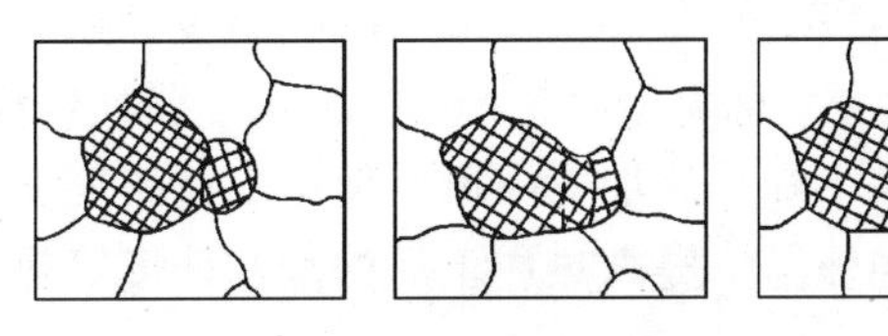

图 2-14　晶粒长大过程示意图

再结晶后的晶粒长大会使金属材料组织性能恶化，塑性、韧性明显下降，所以在进行再结晶退火时应严格控制再结晶温度，而且保温时间不宜过长，避免晶粒粗化。

## 2.4　金属的热塑性加工

**1. 热加工与冷加工的区别**

金属的热塑性加工（简称热加工）和冷塑性加工（简称冷加工）是按照再结晶温度来划分的。金属在再结晶温度以上的塑性变形称为热加工；金属在再结晶温度以下的塑性变形称为冷加工。例如，钨的最低再结晶温度为 1200℃，对钨来说，在低于 1200℃的高温下加工仍属于冷加工；铅、锡的再结晶温度低于室温，所以它们在室温下进行塑性变形加工也属于热加工。热加工温度在再结晶温度以上，金属发生塑性变形的同时发生再结晶过程，塑性变形引起的加工硬化效应也随即被再结晶过程所消除，使材料保持良好的塑性状态。因此，热加工要比冷加工容易进行得多。

**2．热加工对金属组织和性能的影响**

**1）改善铸造组织和性能**

热加工（如热锻造、热轧制等）能消除金属铸态的某些缺陷，如使气孔和疏松焊合；部分消除某些偏析；将粗大的柱状晶破碎为细小均匀的等轴晶粒；改善夹杂物和碳化物的形状、大小与分布等，从而使金属材料晶粒致密度与力学性能得到提高。

**2）细化晶粒**

经过热加工和再结晶后，金属的晶粒一般会进一步被细化，使金属的力学性能得到全面提高。但热加工后金属的晶粒大小与加工温度和变形量关系密切。变形量小，终止加工温度过高，所得到的晶粒粗大；相反，则可以得到较为细小的晶粒。

**3）形成纤维组织**

在热加工过程中，钢锭铸态组织中的夹杂物在高温下具有一定塑性，它们会沿着金属的变形流动方向伸长，形成纤维组织（又称为锻造流线）。由于存在锻造流线，金属会表现出明显的各向异性，通常是沿流线方向的抗拉强度、塑性和韧性高，抗剪强度低；而垂直于流线方向上情况则正好相反，如表 2-1 所示。图 2-15 是锻造曲轴与切削加工曲轴流线分布图，由于切削加工曲轴的流线分布不合理，容易在轴肩处发生断裂。

**表 2-1　45 钢的力学性能与热加工方向的关系**

| 热加工方向 | $\sigma_b$/MPa | $\sigma_s$/MPa | $\delta$/% | $\psi$/% | $\alpha_k$/(J/cm$^2$) |
|---|---|---|---|---|---|
| 纵向 | 715 | 470 | 17.5 | 62.8 | 62 |
| 横向 | 672 | 440 | 10.0 | 31.0 | 30 |

**4）形成带状组织**

如果钢在铸态下存在严重的夹杂物偏析或热加工时的温度偏低，则在钢中会出现沿变形方向呈带状或层状分布的显微组织，称为带状组织（图 2-16）。带状组织使材料产生各向异性，特别是横向塑性和冲击韧性明显下降。热加工中可以使用交替改变变形方向的方法来消除带状组织。使用高温加热、长时间保温、提高热加工后的冷却速度等热处理方法也可以减轻或消除带状组织。

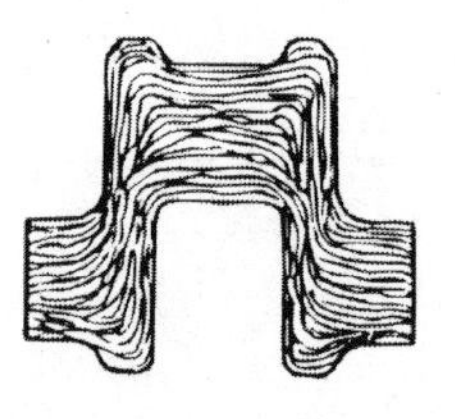

(a)锻造曲轴

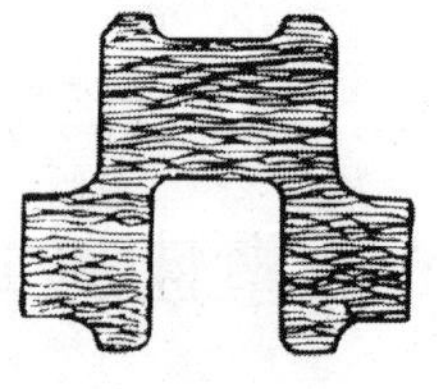

(b)切削加工曲轴

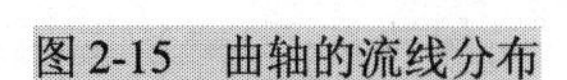

图 2-15　曲轴的流线分布

图 2-16　钢中的带状组织

# 第 3 章　钢的热处理

钢的热处理是指采取适当的方式对钢材或钢件进行加热、保温和冷却，以获得所需要的性能的工艺操作。钢的热处理工艺过程可以用温度-时间坐标图绘制出来，这个曲线称为热处理工艺曲线，如图 3-1 所示。

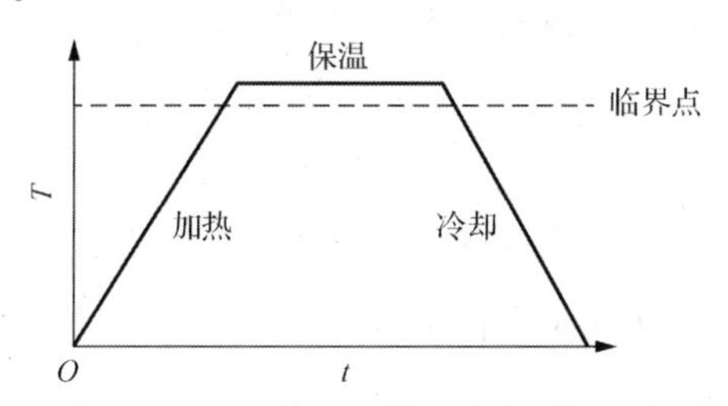


图 3-1　钢的热处理工艺曲线示意图

能固定热处理工艺曲线的参数，如加热速度、加热温度、保温时间、冷却速度等，称为热处理工艺参数。

对钢进行热处理，其目的就是改变钢的组织、结构，甚至改变钢的成分，最终使钢获得所需要的性能。热处理可以挖掘钢材的潜力，延长工件的使用寿命，因此在机械制造业中应用极其广泛。

按照特点，一般将常用的热处理工艺分为以下几类。

(1) 普通热处理，包括退火、正火、淬火和回火等。

(2) 表面热处理，包括表面淬火和化学热处理等。其中表面淬火又包括感应加热淬火、火焰加热淬火、等离子加热淬火、激光加热淬火和电接触加热淬火等；化学热处理又包括渗碳、氮化、碳氮共渗、渗硼、渗铝、渗铬等。

除了以上两类，还有可控气氛热处理、真空热处理和形变热处理等。

研究钢在热处理过程中相变规律的时候，一般将热处理工艺过程分为加热(包括加热和保温)和冷却两个过程。

## 3.1　钢在加热时的组织转变

如图 3-2 所示，在平衡加热和冷却过程中，钢的三条重要的相变线 *PSK* 线、*GS* 线、*ES* 线又分别称为 $A_1$ 线、$A_3$ 线、$A_{cm}$ 线。在实际热处理生产中，加热速度比较快，相变有一定的过热度，三条相变线也相应提高，这时的三条线分别称为 $A_{c1}$ 线、$A_{c3}$ 线、$A_{ccm}$ 线；同理，冷却速度比较快，相变有一定的过冷度，三条相变线也相应降低，这时的三条线分别称为 $A_{r1}$ 线、$A_{r3}$ 线、$A_{rcm}$ 线。

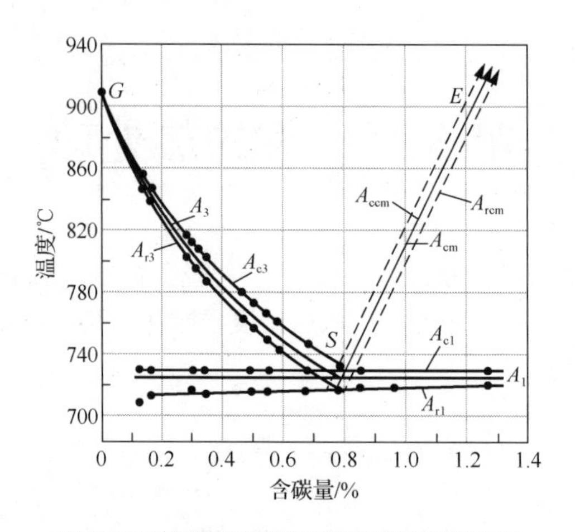


图 3-2　加热和冷却时钢的相变点的变化

## 3.1.1　奥氏体的形成过程及影响因素

如图 3-2 所示，钢在加热(加热和保温)时，奥氏体的形成过程称为奥氏体化。钢的奥氏体化过程就是钢的原始组织转变为奥氏体的过程，对于共析钢就是珠光体向奥氏体转变的过程，对于亚共析钢就是铁素体和珠光体向奥氏体转变的过程，对于过共析钢就是二次渗碳体和珠光体向奥氏体转变的过程。

钢的奥氏体化是靠加热时晶格改组和原子扩散进行的，属于扩散型相变，相变过程遵循形核和晶核长大的基本规律。

**1．奥氏体的形成过程**

**1) 共析钢奥氏体的形成过程**

共析钢的原始组织为珠光体($F+Fe_3C$)，当加热到 $A_{c1}$ 以上温度时，发生珠光体向奥氏体的转变，即 $F_{0.0218\%}+Fe_3C_{6.69\%} \longrightarrow A_{0.77\%}$。共析钢奥氏体化的过程包括奥氏体晶核的形成、奥氏体晶核的长大、残余渗碳体的溶解和奥氏体的均匀化四个阶段，如图 3-3 所示。

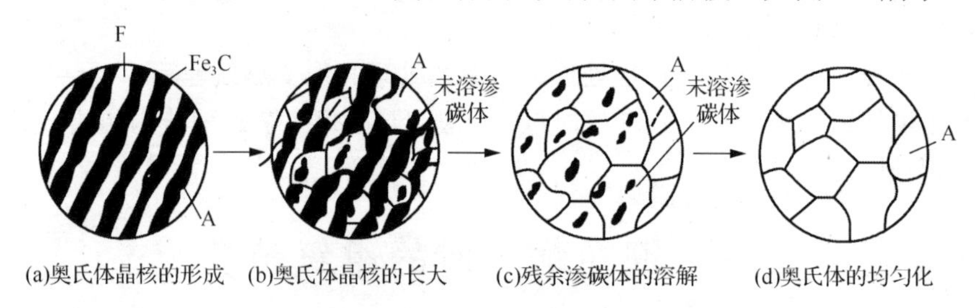


图 3-3　共析钢奥氏体形成过程示意图

(1) 奥氏体晶核的形成。

由于珠光体中铁素体和渗碳体相界处原子排列紊乱，能量、结构和成分起伏大，故奥氏体晶核优先在铁素体和渗碳体相界面上形成。

(2) 奥氏体晶核的长大。

奥氏体晶核形成以后即开始长大。由于奥氏体与铁素体和渗碳体间的含碳量及晶体结构差别的影响，铁、碳原子必然扩散，使铁素体不断向奥氏体转变，渗碳体不断向奥氏体溶解，结果使奥氏体不断长大。由于铁素体的含碳量及晶体结构与奥氏体相近，所以铁素体向奥氏体转变的速度要快于渗碳体向奥氏体溶解的速度，当铁素体全部转变为奥氏体时，组织为奥氏体和未溶渗碳体。

(3) 残余渗碳体的溶解。

随着时间的延长，组织中的未溶渗碳体继续向奥氏体中溶解，直至全部溶解，形成含碳量不均匀的奥氏体组织。

(4) 奥氏体的均匀化。

渗碳体全部溶解时，奥氏体中含碳量是不均匀的，原来是渗碳体的区域含碳量较高，而原来是铁素体的区域含碳量较低。经过足够时间的继续保温，碳原子充分扩散，最后得到成分均匀的奥氏体组织。

**2) 亚共析钢奥氏体的形成过程**

亚共析钢的原始组织为珠光体($F+Fe_3C$)和铁素体(F)。当加热到 $A_{c1}$ 以上温度时，首先发生珠光体向奥氏体的转变，转变过程与共析钢奥氏体化相同，也包括奥氏体晶核的形成、奥氏体晶核的长大、残余渗碳体的溶解和奥氏体的均匀化四个阶段；在加热到 $A_{c1}$～$A_{c3}$ 的过程中，先共析铁素体向奥氏体转变；当加热到 $A_{c3}$ 以上温度时，才得到均匀的单相奥氏体组织。

**3) 过共析钢奥氏体的形成过程**

过共析钢的原始组织为珠光体($F+Fe_3C$)和二次渗碳体($Fe_3C_{II}$)，当加热到 $A_{c1}$ 以上温度时，首先发生珠光体向奥氏体的转变，转变过程也与共析钢奥氏体化相同，也包括奥氏体晶核的形成、奥氏体晶核的长大、残余渗碳体的溶解和奥氏体的均匀化四个阶段；在加热到 $A_{c1}$～$A_{ccm}$ 的过程中，二次渗碳体向奥氏体转变；当加热到 $A_{ccm}$ 以上温度时，才得到均匀的单相奥氏体组织。

对亚共析钢加热到 $A_{c1}$～$A_{c3}$ 时，原始组织中的珠光体完成了向奥氏体的转变，但存在未转变的铁素体，这种奥氏体化过程称为不完全奥氏体化或部分奥氏体化。同理，对过共析钢加热到 $A_{c1}$～$A_{ccm}$ 时，原始组织中的珠光体也完成了向奥氏体的转变，但存在未转变的二次渗碳体，这种奥氏体化过程也称为不完全奥氏体化或部分奥氏体化。值得注意的是，在实际热处理生产中，很多情况下，对亚共析钢的加热要完全奥氏体化，对过共析钢的加热要部分奥氏体化。

钢在热处理时在加热到一定温度后还要保温一定的时间，除了使热处理工件温度均匀和相变完全，另一个目的就是获得成分均匀的奥氏体。

**2．影响奥氏体形成过程的因素**

由于钢中奥氏体的形成过程遵循形核和晶核长大的基本规律，所以凡是影响形核和晶核长大的因素都影响奥氏体的形成速度。

(1) 加热温度。加热温度越高，原子扩散能力越强，奥氏体的形成速度越快。

(2) 加热速度。加热速度越快，过热度越大，转变温度越高，奥氏体的形成速度越快。

(3) 钢中含碳量和原始组织。钢的含碳量越接近于共析成分，珠光体的相对量越多，组织越细小，铁素体和渗碳体的相界越多，奥氏体形核越容易，奥氏体的形成速度越快。

另外，由于钢中的合金元素改变了钢的相变临界点，自身扩散困难且影响碳的扩散速度，故一般情况下，钢中合金元素越多，奥氏体的形成速度越慢。这就是很多热处理情况下合金钢比碳钢加热温度高、加热时间长的原因。

### 3.1.2　奥氏体晶粒的大小及其控制

**1．奥氏体晶粒度的概念**

奥氏体晶粒度即衡量奥氏体晶粒大小的尺度。如图 3-4 所示，奥氏体标准晶粒度分为 8 个级别，级别越大，晶粒尺寸越小。1～4 级称为粗晶粒，5～8 级称为细晶粒，超过 8 级称为超细晶粒。

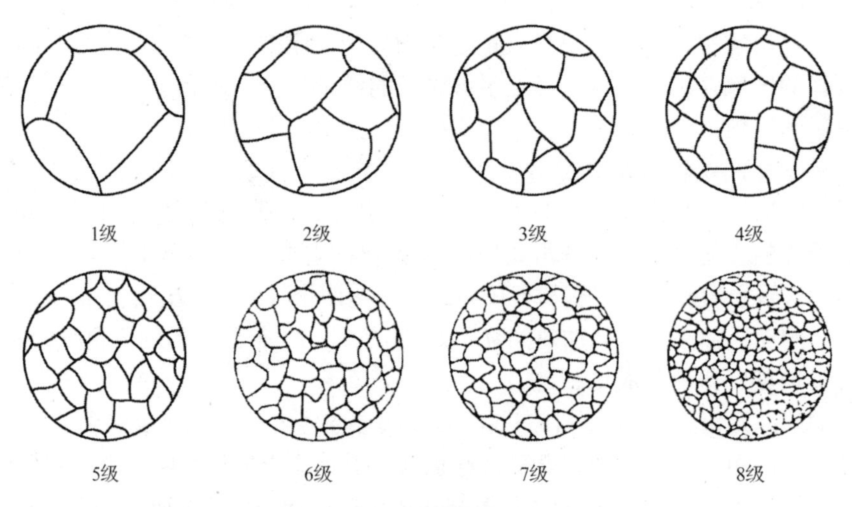


图 3-4　标准晶粒度等级

(1) 起始晶粒度：起始晶粒度是指珠光体刚刚转变为奥氏体时的晶粒大小。这时晶粒的尺寸比较小，在继续加热和保温过程中还要继续长大。

(2) 本质晶粒度：GB/T 6394—2017 规定，将钢试样加热到 930℃±10℃、保温 3～8h，冷却后制成金相试样。然后将在显微镜下放大100倍的组织和标准晶粒度等级图(图3-4)比较，确定该钢的晶粒度，这个晶粒度称为该钢的本质晶粒度。若是 1～4 级就称为本质粗晶粒钢，如碳钢；若是 5～8 级则称为本质细晶粒钢，如 20CrMnTi。

不同钢材的本质晶粒度不同。因此，钢的本质晶粒度可以表示在钢加热过程中奥氏体晶粒的长大倾向。

一些本质细晶粒钢当加热温度超过 930℃±10℃的上限一定限度后，如 950～1000℃，晶粒尺寸会快速长大，甚至超过本质粗晶粒钢，如图 3-5 所示。这是为什么呢？

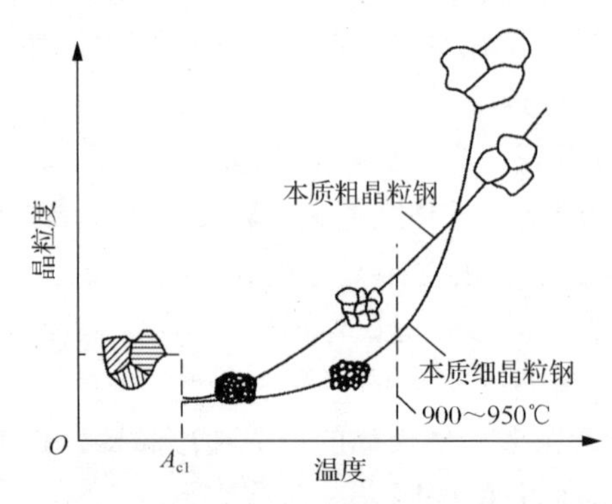


图 3-5　本质细晶粒钢和本质粗晶粒钢随温度升高的长大倾向示意图

本质细晶粒钢都含有形成 AlN、TiC 等高熔点化合物的合金元素，形成的化合物分布在奥氏体晶界上，在正常加热情况下，未溶的化合物阻碍原子扩散，从而阻碍晶粒长大。如果加热温度过高，这些化合物溶解或聚集长大，就失去或减弱了阻碍原子扩散的作用，此时奥氏体晶粒尺寸将突然长大，甚至超过本质粗晶粒钢，导致本质细晶粒钢比本质粗晶粒钢晶粒粗大的现象。

(3) 实际晶粒度：实际晶粒度是指在实际热处理生产中的加热条件(加热温度、保温时间等)下得到的奥氏体晶粒度。奥氏体实际晶粒度将影响热处理冷却过程中的组织转变和热处理后所得到的组织与性能。

**2．影响奥氏体晶粒大小的主要因素与晶粒度的控制**

(1) 加热温度和加热时间。当钢的含碳量一定时，加热温度越高，保温时间越长，奥氏体晶粒尺寸越大。因此在热处理时，要严格控制加热温度，不能过高；保温时间要考虑相变程度和工件穿透加热的需要，不要随意延长。

(2) 加热速度。加热速度越快，过热度越大，奥氏体形成温度越高，奥氏体形核速率大于晶粒长大速率，因此起始晶粒尺寸越小。但必须严格控制保温时间，保温时间不能长，否则高温下细晶粒反而容易长得更粗大。

(3) 钢的含碳量。加热温度相同时，亚共析钢的奥氏体含碳量越高，奥氏体晶粒长大倾向越大；而对于过共析钢来说，若奥氏体晶界上存在未溶渗碳体，则阻碍晶粒长大，使奥氏体晶粒长大倾向减小。

(4) 钢中含有的合金元素。钢中含有能形成高熔点碳化物、氮化物的合金元素，如 Ti、Zr、V、Al 等，则阻碍晶粒长大；含有 Mn，则促进晶粒长大。

## 3.2 钢在冷却时的组织转变

由图 3-1 可知，钢在加热、保温过程中完成了奥氏体化之后就要进行冷却。冷却方式不同，冷却后得到的组织和性能也不同。

在热处理生产中，常用的冷却方式有等温冷却和连续冷却两种，如图 3-6 所示。等温冷却是将钢从奥氏体状态快速冷却到 $A_{r1}$ 以下某一温度进行等温(保温)，使奥氏体在等温过程中发生组织转变，然后冷却到室温的操作方式。连续冷却是将钢从奥氏体状态以一定的冷却速度(油冷、水冷等)连续冷却到室温，使奥氏体在一定的温度范围内发生组织转变的操作方式。

与平衡冷却的冷却速度非常缓慢不同，实际生产中的冷却速度都比较快，一般称为非平衡冷却。非平衡冷却后钢得到的组织称为非平衡组织，如索氏体、屈氏体、马氏体等。

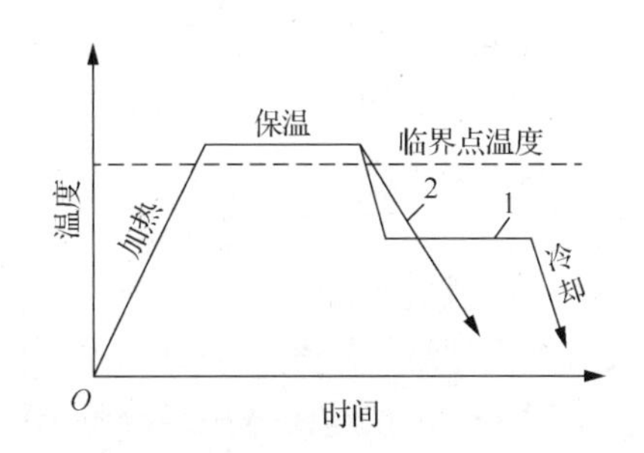


图 3-6 奥氏体等温冷却和连续冷却曲线示意图

1-等温冷却曲线；2-连续冷却曲线

由 $Fe\text{-}Fe_3C$ 相图可知，平衡状态下奥氏体存在于 $A_1$ 线以上，这时的奥氏体是稳定的，一般称为奥氏体或稳定奥氏体；当温度缓慢冷却到 $A_1$ 线以下时，奥氏体就转变成珠光体。非平衡冷却则不同，当钢从奥氏体非平衡冷却到 $A_1$ 线以下时，奥氏体就变成了“暂时”存在的不稳定组织，条件一旦具备就要转变成非平衡组织，这种在 $A_1$ 线以下存在的奥氏体称为过冷奥氏体。

## 3.2.1　过冷奥氏体的等温冷却转变

### 1. 过冷奥氏体的等温冷却转变曲线

过冷奥氏体等温冷却转变曲线又称为 TTT 曲线，因为曲线形似英文字母“C”，故又称为 C 曲线。C 曲线能够反映过冷奥氏体在等温冷却条件下，转变温度、转变时间和转变产物之间的关系。

**1)共析钢的 C 曲线**

共析钢的 C 曲线如图 3-7 所示。

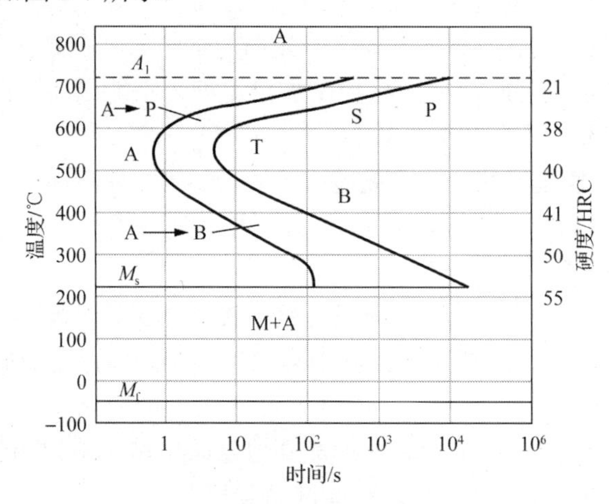


图 3-7　共析钢的 C 曲线

(1)线。

$A_1$ 线：水平虚线，线上为奥氏体区，线下为过冷奥氏体及其组织转变区。左边的 C 曲线：过冷奥氏体转变开始线，其中“鼻尖”以上部分为向珠光体类型组织转变开始线，“鼻尖”以下部分为向贝氏体类型组织转变开始线；右边的 C 曲线：过冷奥氏体转变终了线，其中“鼻尖”以上部分为向珠光体类型组织转变终了线，“鼻尖”以下部分为向贝氏体类型组织转变终了线。$M_s$ 线：上面的水平实线，为马氏体组织转变开始线；$M_f$ 线：下面的水平实线，为马氏体组织转变终了线。

(2)区。

奥氏体区：$A_1$ 线上区域。过冷奥氏体区：$A_1$ 线下、左边的 C 曲线以左、$M_s$ 线以上区域。转变产物区：$A_1$ 线下、右边的 C 曲线以右、$M_s$ 线以上区域和 $M_f$ 线以下区域。其中“鼻尖”以上区域为珠光体类型组织区，“鼻尖”以下区域为贝氏体类型组织区；$M_f$ 线以下区域为马氏体组织区。转变区：共 3 个，其中左右两条 C 曲线之间、“鼻尖”以上的区域为向珠光体类型组织转变区或奥氏体与珠光体类型组织共存区；左右两条 C 曲线之间、“鼻尖”以下的区域为向贝氏体类型组织转变区或奥氏体与贝氏体类型组织共存区；$M_s$ 线与 $M_f$ 线之间的区域为向马氏体组织转变区或马氏体和过冷奥氏体(此时一般称为残余奥氏体)共存区。

需要指出的是，过冷奥氏体在不同温度等温时，都需要经过一段时间才能发生转变，这段时间称为过冷奥氏体的孕育期。孕育期越长，说明过冷奥氏体越稳定，反之过冷奥氏体越不稳定。在 C 曲线的“鼻尖”处(550℃时)，孕育期最短，过冷奥氏体稳定性最小。

### 2) 亚共析钢和过共析钢的 C 曲线

亚共析钢的 C 曲线与共析钢的区别是在左边的 C 曲线“鼻尖”以上多出了一条过冷奥氏体向先共析铁素体转变开始线和转变区，如图 3-8 所示。

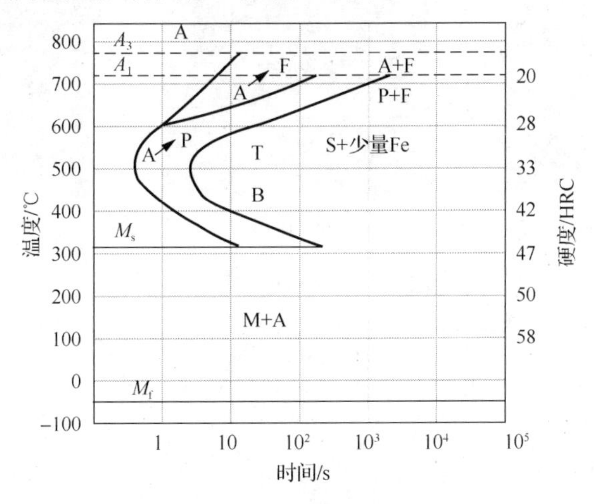


图 3-8　亚共析钢的 C 曲线

过共析钢的 C 曲线与共析钢的区别是在左边的 C 曲线“鼻尖”以上多出了一条过冷奥氏体向二次渗碳体转变开始线和转变区，如图 3-9 所示。

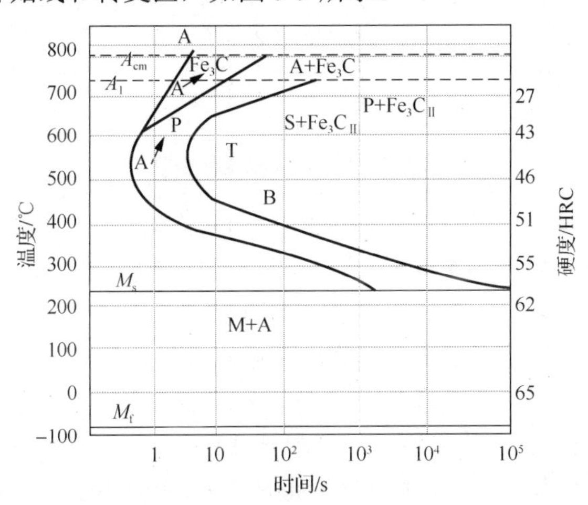


图 3-9　过共析钢的 C 曲线

### 2．过冷奥氏体等温冷却转变产物的组织和性能

从 C 曲线可知，过冷奥氏体在不同温度下转变的产物不同，按转变区从高温到低温分为珠光体转变、贝氏体转变和马氏体转变三种。

#### 1) 共析钢过冷奥氏体的等温冷却转变

(1) 珠光体类型转变——高温转变($A_1$～550℃)。

① 珠光体类型转变产物的组织。

过冷奥氏体在 $A_1$～550℃等温将发生向珠光体类型组织转变(即 $A_{0.77\%} \longrightarrow F_{0.0218\%}+Fe_3C_{6.69\%}$)。珠光体类型组织是铁素体和渗碳体组成的片层相间的机械混合物，用符号 P 表示，如图 3-10 所示。由于转变温度比较高，铁、碳原子都有较强的扩散能力，所以该转变是一个扩散型相变，相变过程是通过铁、碳原子扩散和晶格重构完成的，并遵循形核和晶核长大规律，如图 3-11 所示。

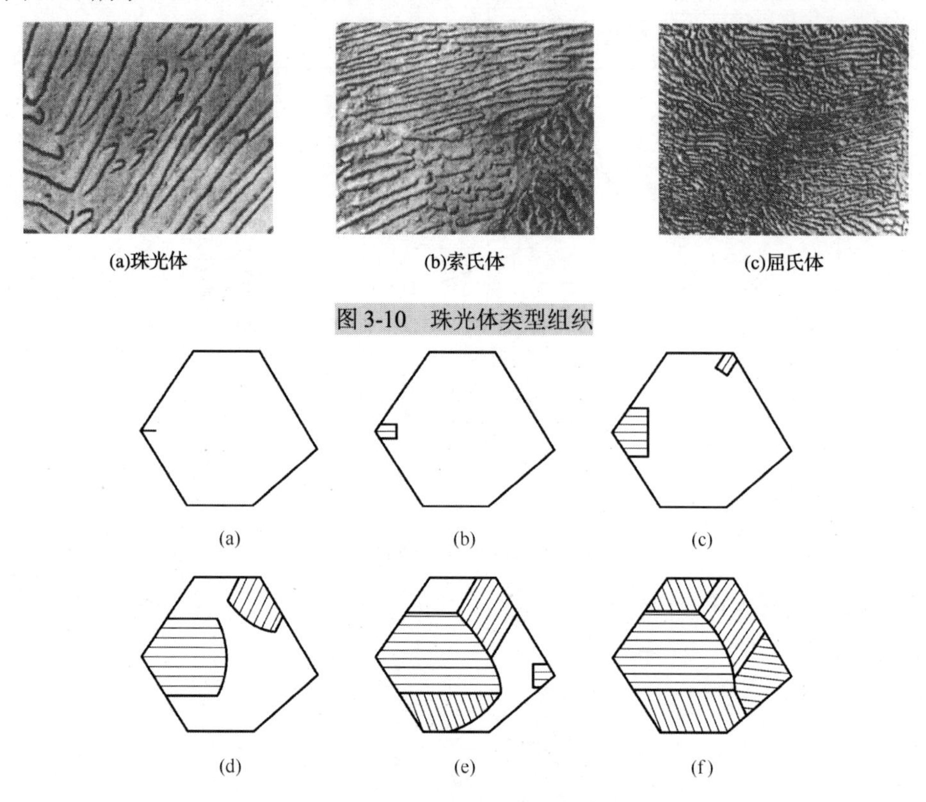

(a)珠光体　(b)索氏体　(c)屈氏体

图 3-10　珠光体类型组织

(a)　(b)　(c)　(d)　(e)　(f)

图 3-11　珠光体形成示意图

一般认为，首先在奥氏体晶界上优先形成片状渗碳体晶核→渗碳体片长大时吸收其两侧奥氏体中的碳，使其两侧奥氏体中形成贫碳区并转变成铁素体片→铁素体片长大时也要向两侧排出多余的碳，使两侧的奥氏体中形成富碳区并转变成渗碳体片，如此反复形成一个珠光体集团，一直长到各个晶核形成的珠光体集团相碰，奥氏体消失。

珠光体类型组织的形成温度越接近于 $A_1$ 线，渗碳体片越粗，越接近于 C 曲线的“鼻尖”(550℃)，渗碳体片越细，如表 3-1 所示。其中把 $A_1$～650℃形成的片层较粗的珠光体类型组织称为珠光体，用符号 P 表示；把 650～600℃形成的片层较细的珠光体类型组织称为索氏体，用符号 S 表示；把 600～550℃形成的片层极细的珠光体类型组织称为屈氏体，用符号 T 表示，如图 3-10 所示。

② 珠光体类型转变产物的性能。

由表 3-1 和表 3-2 的数据可以看出珠光体类型组织的形成温度、形态与性能的关系，即以珠光体、索氏体、屈氏体为序，硬度依次提高。

**表 3-1　珠光体类型组织的形成温度和性能**

| 组织类型 | 形成温度/℃ | 片层间距/μm | 硬度/HRC |
|---|---|---|---|
| 珠光体(P) | $A_1$～650 | ＞0.4 | 15～27 |
| 索氏体(S) | 650～600 | 0.4～0.2 | 27～38 |
| 屈氏体(T) | 600～550 | ＜0.2 | 38～43 |

表 3-2　珠光体类型组织的形态与性能

| 冷却速度/(℃/min) | 片层间距/μm | 组织形态 | 抗拉强度/MPa | 伸长率/% | 硬度/HB |
|---|---|---|---|---|---|
| ≈1 | 0.6～0.7 | 珠光体(粗) | ≈550 | ≈5 | ≈180 |
| ≈60 | 0.35～0.5 | 珠光体 | ≈870 | ≈15 | ≈220 |
| ≈600 | 0.25～0.3 | 索氏体 | ≈1100 | ≈10 | ≈270 |

(2)贝氏体类型转变——中温转变(550℃～$M_s$)。

① 贝氏体类型转变产物的组织。

过冷奥氏体在 550℃～$M_s$ 等温将发生向贝氏体类型组织的转变。贝氏体是由过饱和碳的铁素体和渗碳体(或ε碳化物，$Fe_{2.4}C$)组成的羽毛状(或针状)组织，用符号 B 表示。其中把 550～350℃形成的由过饱和碳的铁素体和渗碳体组成的羽毛状组织称为上贝氏体，把 350℃～$M_s$ 形成的由过饱和碳的铁素体和ε碳化物组成的针状组织称为下贝氏体，如图 3-12 和图 3-13 所示。

(a)上贝氏体

(b)下贝氏体

图 3-12　上贝氏体与下贝氏体的显微组织(500×)

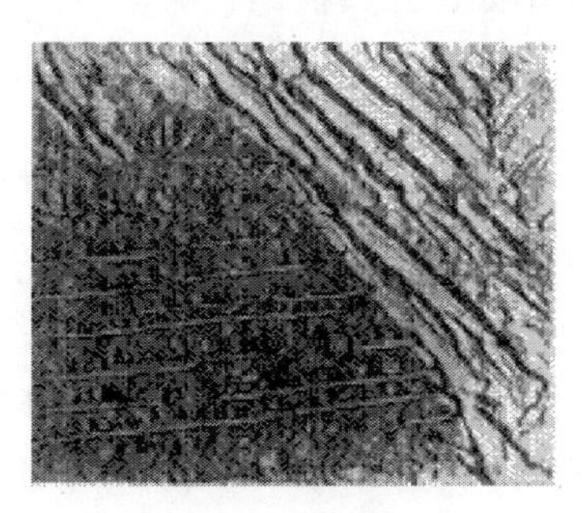

(a)上贝氏体

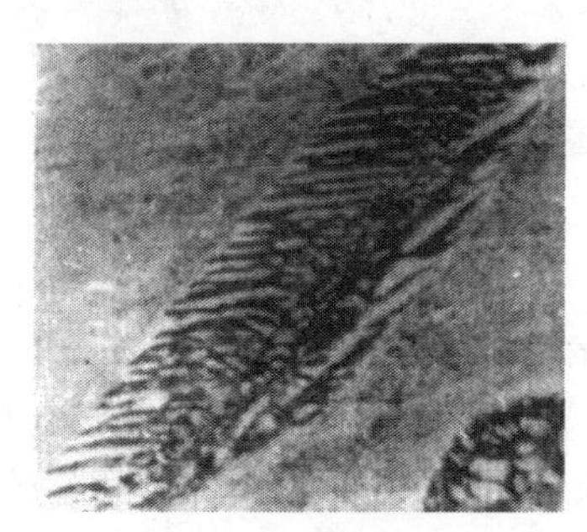

(b)下贝氏体

图 3-13　上贝氏体与下贝氏体的显微组织(4000×，12000×)

由于转变温度比较低，铁原子失去了扩散能力(有很小位移，但不扩散)，只有碳原子还有一定的扩散能力，所以该转变是一个半扩散型相变，相变过程是通过碳原子扩散和晶格重构完成的，也遵循形核和晶核长大规律。上、下贝氏体的形成机理这里不作叙述。

② 贝氏体类型转变产物的性能。

贝氏体的力学性能主要取决于过饱和碳的铁素体条(针)的粗细、碳过饱和度和渗碳体(或ε碳化物)的大小、形状与分布。随着贝氏体形成温度的降低，过饱和碳的铁素体条(针)变细，碳过饱和度变大，渗碳体(或ε碳化物)变得细小且分布弥散，所以上贝氏体的强度较低，塑性和韧性都很差。这种组织一般不适用于机械零件。而下贝氏体的强度和硬度高(50～60HRC)，并且具有良好的塑性和韧性。生产中常采用等温淬火工艺处理一些工件，使其得到下贝氏体组织，为的是获得较好的综合力学性能，尤其是强韧性。

(3) 马氏体类型转变——低温转变($M_s$～$M_f$)。

过冷奥氏体在 $M_s$ 以下温度发生向马氏体类型组织的转变，该转变不是在恒温中进行的，而是在快速的连续冷却过程中进行的。详细讨论见 3.2.2 节。

**2) 亚共析钢和过共析钢过冷奥氏体的等温冷却转变**

珠光体类型和贝氏体类型的转变与共析钢相同，但在转变之前亚共析钢将先发生过冷奥氏体向先共析铁素体的转变，过共析钢将发生过冷奥氏体向二次渗碳体(也称先共析渗碳体)的转变。由亚共析钢和过共析钢的 C 曲线可以看出，随着等温转变温度的降低，过冷度增大，亚共析钢的先共析铁素体量越来越少，过共析钢的二次渗碳体量越来越少。当转变温度降到一定程度(接近“鼻尖”)后，先共析铁素体和二次渗碳体不再析出，过冷奥氏体全部转变为极细的珠光体(即屈氏体)。此时珠光体的含碳量已经不是共析成分(0.77%)，亚共析钢的含碳量小于共晶成分，过共析钢的含碳量大于共晶成分，使非共析成分合金获得了共析成分合金的组织(极细的珠光体)，这种组织称为伪共析体或伪共析组织，这时钢的强度等力学性能指标提高。

**3．影响 C 曲线形状和位置的主要因素**

C 曲线的形状和位置对奥氏体转变速度、转变产物的性能及热处理工艺都有十分重要的影响和意义。

(1) 含碳量。钢中的碳只改变 C 曲线的位置，不改变 C 曲线的形状。一般情况下，钢中奥氏体溶解的碳(或合金元素)量越多，奥氏体越稳定，C 曲线右移，延缓奥氏体转变；钢中有未溶渗碳体(或其他高熔点碳化物)且量越多，奥氏体溶解的碳(或合金元素)量必然越少，奥氏体越不稳定，C 曲线左移，加速奥氏体转变。例如，亚共析钢含碳量越高，奥氏体中溶碳量越高，C 曲线右移，延缓奥氏体组织转变；过共析钢含碳量越高，二次渗碳体量越高，则奥氏体中溶碳量必然越少，C 曲线左移，加速奥氏体转变；共析钢含碳量为 0.77%，C 曲线位置最右，过冷奥氏体最稳定，奥氏体转变最慢。

(2) 合金元素。钢中的合金元素既改变 C 曲线位置，又可能改变 C 曲线形状。除 Co 外，所有合金元素溶入奥氏体中都使 C 曲线右移；合金元素形成碳化物时使 C 曲线左移；若碳化物(尤其是强碳化物)形成元素含量较多，则 C 曲线形状也发生改变，如图 3-14 所示。

(3) 加热温度和保温时间。加热温度越高、保温时间越长，碳化物溶解得越完全，奥氏体的成分越均匀，同时晶粒越大，晶界面积越小，奥氏体转变的形核越难，过冷奥氏体越稳定，C 曲线右移。

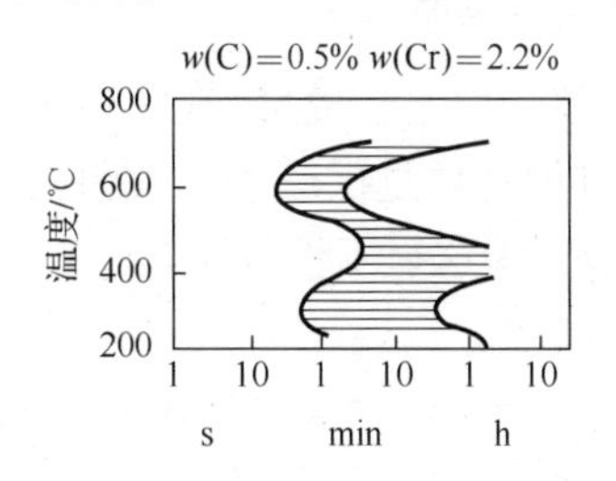


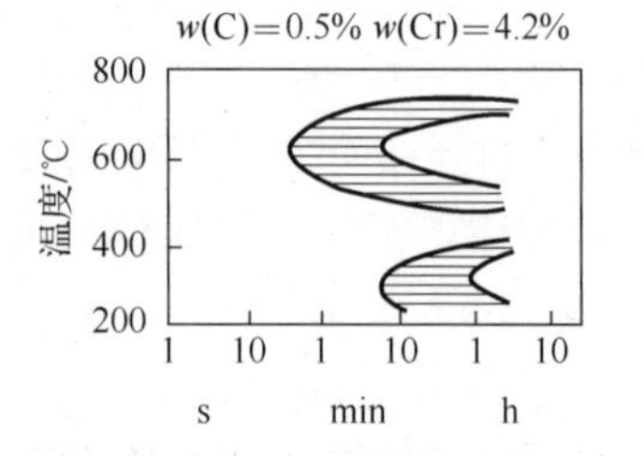


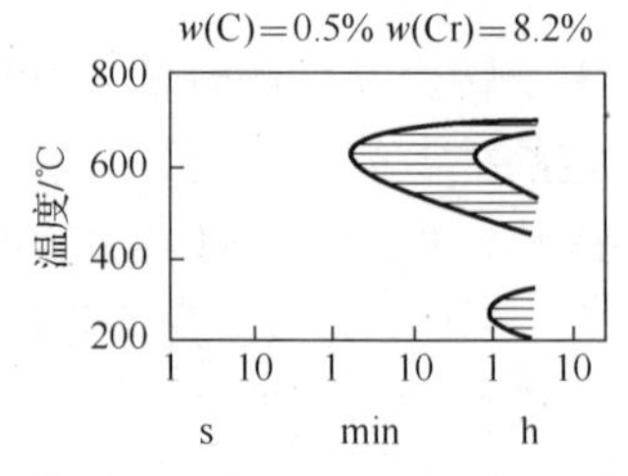


图 3-14　合金元素 Cr 对 C 曲线位置和形状的影响

## 3.2.2　过冷奥氏体的连续冷却转变

在热处理生产中，钢奥氏体化后多采用连续冷却，如炉冷、空冷、风冷、油冷和水冷等，所以研究过冷奥氏体在连续冷却过程中的转变规律具有重要的实际意义。

**1．过冷奥氏体的连续冷却转变曲线**

过冷奥氏体连续冷却转变曲线又称为 CCT 曲线。CCT 曲线能够反映过冷奥氏体在连续冷却条件下，转变温度、转变时间和转变产物之间的关系。

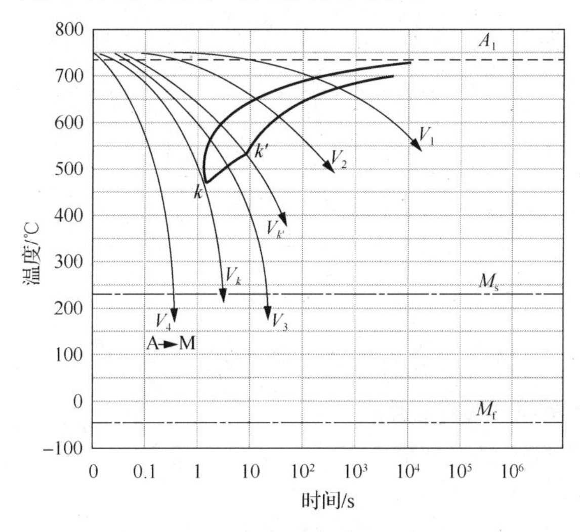


图 3-15　共析钢的 CCT 曲线

**1) 共析钢的 CCT 曲线**

共析钢的 CCT 曲线如图 3-15 所示。与共析钢的 C 曲线比较，共析钢 CCT 曲线的主要区别如下。

(1) CCT 曲线只有 C 曲线的上、下部分，没有中间部分，也就是说，共析钢过冷奥氏体在连续冷却转变时只有珠光体类型转变和马氏体类型转变，而没有贝氏体类型转变。

(2) $kk'$线是珠光体类型转变中止线，即 CCT 曲线碰到该线时，过冷奥氏体就中止珠光体类型转变，而一直等到 CCT 曲线碰到 $M_s$，剩余过冷奥氏体发生马氏体类型转变。

(3) 与 CCT 曲线“鼻尖”即 $k$ 点相切的冷却速度 $V_k$ 称为上临界冷却速度或过冷奥氏体淬火临界冷却速度，当过冷奥氏体的冷却速度大于 $V_k$ 时，由于碰不到珠光体转变开始线，故过冷奥氏体全部发生马氏体类型转变，转变的组织为马氏体和少量没转变的残余奥氏体，所以钢的 $V_k$ 越小，其过冷奥氏体冷却时越容易得到马氏体；与 CCT 曲线的 $k'$点相交的冷却速度 $V_{k'}$称为下临界冷却速度，当过冷奥氏体的冷却速度小于 $V_{k'}$时，过冷奥氏体全部发生珠光体类型转变，得到的组织为珠光体类型组织；当过冷奥氏体的冷却速度在 $V_k \sim V_{k'}$时，在 CCT 曲线碰到珠光体类型组织转变开始线至碰到 $kk'$线时，一部分过冷奥氏体转变为珠光体类型组织，剩余部分在 CCT 曲线碰到 $M_s$ 后，发生马氏体类型转变，最终得到的转变组织多为屈氏体、马氏体和残余奥氏体。

(4) 由于过冷奥氏体的连续冷却转变是在一个温度区间进行的，从相对的高温开始，低温结束，故在同一冷却速度下，先后转变得到的组织粗细不均，先转变的组织较粗，后转变的组织较细。

(5)CCT 曲线比 C 曲线位置更偏向右下方一些，即连续冷却转变孕育期更长，转变温度更低。前者的孕育期是后者的 1.5 倍左右，如图 3-16 所示。

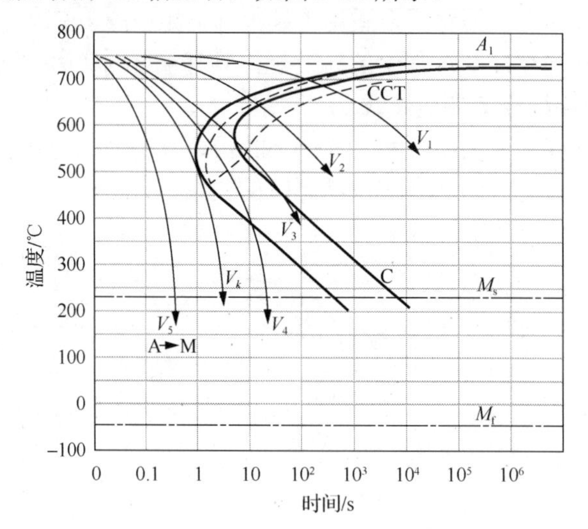


图 3-16　共析钢的 C 曲线与 CCT 曲线比较

**2）亚共析钢和过共析钢的 CCT 曲线**

过共析钢的 CCT 曲线只是比共析钢多了一条二次渗碳体析出线，其他基本相似。亚共析钢的 CCT 曲线比共析钢多了一条先共析铁素体析出线。

需要指出的是，由于钢的 CCT 曲线测绘困难且现有资料又少，所以在实际生产中，常用 C 曲线代用 CCT 曲线粗略分析钢的过冷奥氏体的连续冷却转变，由图 3-17 可以看出，如果不是要求特别精确，分析结果还是可用的。

**2．过冷奥氏体连续冷却转变产物的组织和性能**

**1）共析钢过冷奥氏体的连续冷却转变**

(1)珠光体类型转变——高温转变($A_1$～“鼻尖”温度)。

与等温冷却转变相似，过冷奥氏体在 $A_1$～“鼻尖”温度连续冷却也发生向珠光体类型组织的转变(即 $A_{0.77\%} \longrightarrow F_{0.0218\%}+Fe_3C_{6.69\%}$)；与等温冷却不同的是，高温先转变的组织较粗，低温后转变的组织较细。

当过冷奥氏体连续冷却的冷却速度大于 $V_k$ 时，过冷奥氏体发生马氏体类型转变，转变组织为马氏体和少量残余奥氏体；当冷却速度小于 $V_{k'}$ 时，过冷奥氏体发生珠光体类型转变，转变的组织为珠光体类型组织，而且冷却速度越小，组织越粗，按组织从粗到细也分为珠光体、索氏体和屈氏体；当冷却速度在 $V_k$～$V_{k'}$(如油冷)时，转变组织多为屈氏体、马氏体和残余奥氏体，如图 3-17 所示。

(2)马氏体类型转变——低温转变($M_s$～$M_f$ 温度)。

过冷奥氏体连续冷却的冷却速度大于 $V_k$ 时，在 $M_s$～$M_f$ 的降温过程中就发生马氏体类型转变。转变的产物是碳溶入α-Fe(体心立方)晶格间隙中形成的过饱和固溶体，即马氏体，用符号 M 表示。马氏体的晶体结构是体心立方，如图 3-18 所示，晶格常数之比 $c/a$ 称为马氏体的正方度，$c/a>1$，其值越大，说明马氏体中过饱和碳的量越大。

过冷奥氏体向马氏体转变是在极低温度、极大冷却速度和过冷度下进行的，此时 Fe、C

原子均不能扩散，故转变过程只是通过奥氏体的面心立方向马氏体的体心立方的晶格重构完成的，转变后得到的马氏体与转变前的奥氏体含碳量相同，故该转变是一个非扩散型相变，也存在形核和晶核长大的过程，其形核和晶核长大机理这里不作叙述。

① 马氏体类型转变产物的组织形态。

钢中马氏体的组织形态主要有板条马氏体和片状(针状)马氏体两类。一般认为，钢的含碳量小于 0.20%时，基本为板条马氏体；含碳量大于 1.0%时，基本是片状马氏体；含碳量在 0.20%～1.0%时，是板条马氏体和片状马氏体的混合组织。

板条马氏体又称为低碳马氏体，在光学显微镜下观察，板条马氏体是由很多大致相同而且几乎平行的板条马氏体组成马氏体束构成的，各个马氏体束之间呈一定角度分布，如图 3-19 所示，在一个奥氏体晶粒内，可以形成许多不同位向的马氏体束。高倍透射电镜观察表明，在板条马氏体内有大量位错缠结的亚结构，所以板条马氏体也称为位错马氏体。

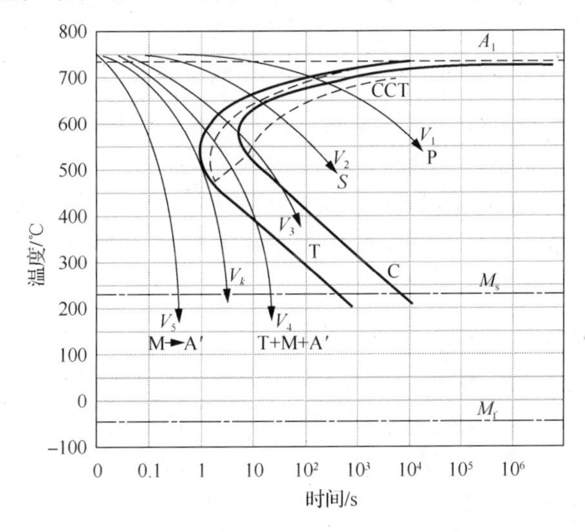


图 3-17　共析钢过冷奥氏体以不同冷却速度冷却得到的组织

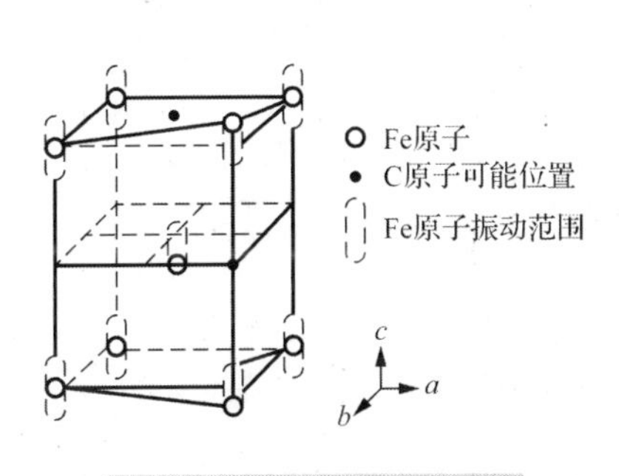

图 3-18　马氏体的晶体结构

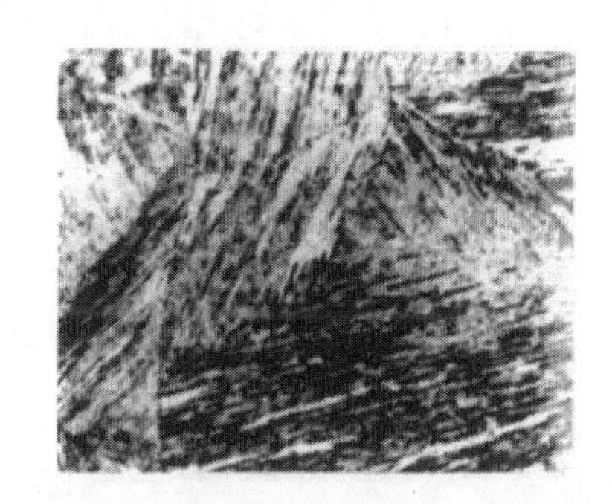

图 3-19　低碳钢中的板条马氏体(1000×)

片状马氏体又称为高碳马氏体，其过热组织在光学显微镜下呈针状或双凸透镜状。马氏体片一般不穿越奥氏体晶界，先形成的马氏体片可以横贯整个奥氏体晶粒，尺寸较大，随后形成的马氏体片受到限制而越来越小。相邻的马氏体片呈一定角度分布，如图 3-20 所示。高倍透射电镜观察表明，马氏体片内有大量细小的孪晶亚结构，所以片状马氏体也称为孪晶马氏体。

图 3-21 是板条马氏体和片状马氏体的混合组织。

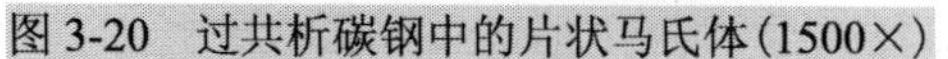

图 3-20　过共析碳钢中的片状马氏体（1500×）

图 3-21　共析碳钢中的混合马氏体

在马氏体组织中可以发现，先形成的马氏体组织粗大，后形成的马氏体组织细小。奥氏体晶粒越粗，形成的马氏体片越粗大；反之，形成的马氏体片就越细小。在实际生产中，钢正常淬火时的马氏体组织非常细小，在光学显微镜下看不出形态，故称为隐晶马氏体。

② 马氏体转变的特点。

Ⅰ．马氏体转变是非扩散型相变。马氏体转变是在极大的过冷度下进行的，过冷奥氏体中的铁、碳原子都没有扩散能力，故转变时过冷奥氏体中的铁原子由面心立方晶格共格切变为体心立方晶格，碳原子原地不动地过饱和在体心立方晶格中，使 $c$ 轴拉长而变成体心立方晶格，最终形成碳在α-Fe 晶格间隙中的过饱和固溶体，是体心立方晶体结构。

Ⅱ．马氏体转变的速度极快。马氏体转变没有孕育期，有资料介绍形成 1 片高碳马氏体用时不超过 $10^{-7}$s。

Ⅲ．马氏体转变是过冷奥氏体以大于马氏体临界冷却速度 $V_k$ 的速度进行连续冷却，在 $M_s$～$M_f$ 降温的过程中进行的，在 $M_s$～$M_f$ 某一温度等温，马氏体量并不明显增加。

Ⅳ．$M_s$、$M_f$ 主要取决于奥氏体的化学成分，奥氏体中溶入的碳及大多数合金元素都使 $M_s$、$M_f$ 降低。奥氏体中含碳量对 $M_s$、$M_f$ 的影响如图 3-22 所示。

Ⅴ．马氏体转变的不完全性。由图 3-22 可见，当碳钢的含碳量超过 0.5%时，$M_f$ 已经降到室温以下，这时奥氏体即使冷至室温也不能完全转变为马氏体，未转变的奥氏体称为残余奥氏体，常用 $A_r$ 表示。残余奥氏体量随含碳量增加而增加，如图 3-23 所示。有时为了减少淬火至室温后钢中保留的残余奥氏体量，可将其连续冷却到 0℃以下进行处理，这种处理称为冷处理。

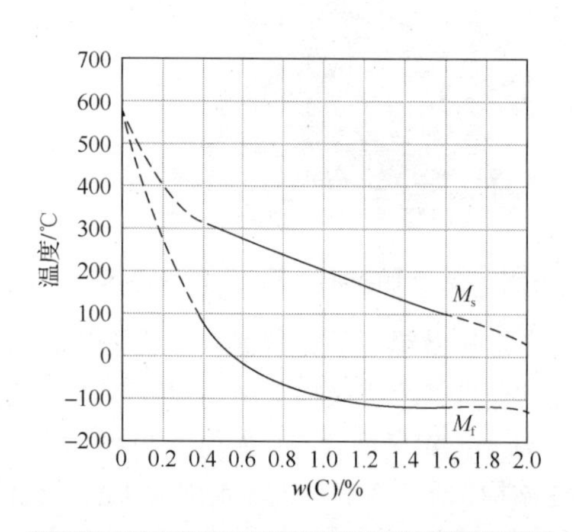


图 3-22　奥氏体的含碳量对 $M_s$ 和 $M_f$ 的影响

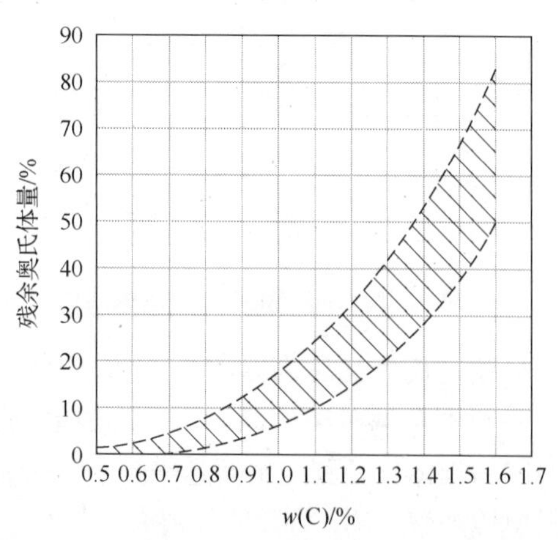


图 3-23　奥氏体的含碳量对残余奥氏体量的影响

Ⅵ. 马氏体转变会产生应力，造成变形甚至开裂。马氏体的比容比其他组织比容大，因此奥氏体转变为马氏体时，必然使马氏体的比容增大，从而在钢件中产生较大的淬火应力。马氏体中含碳量越高，其正方度越大，比容也越大，产生的内应力也越大，这就是高碳钢工件淬火时容易变形和开裂的原因之一。生产中有时采用表面淬火或化学热处理等办法使工件表层产生残余压应力，以提高工件的疲劳强度。

③ 马氏体的性能。

由于马氏体是过饱和碳的固溶体，其晶格畸变严重，内部又存在大量的位错或孪晶亚结构，各种强化因素综合作用后，其硬度和强度大幅度提高，而塑性、韧性急剧下降，含碳量越高，强化作用越显著。

高碳片状马氏体含碳量较高，晶格畸变严重，淬火应力较大，往往存在许多显微裂纹。其内部的微细孪晶破坏了滑移系，所以塑性和韧性都很差。

低碳板条马氏体中碳的过饱和度小，淬火应力低，不存在显微裂纹。同时其亚结构为分布不均匀的位错，低密度的位错区为位错提供了活动余地，所以板条马氏体的硬度较高，强度、韧性也好，得到了广泛的应用。

**2) 亚共析钢和过共析钢过冷奥氏体的连续冷却转变**

过共析钢的过冷奥氏体连续冷却转变时，当 CCT 曲线碰到二次渗碳体析出线时，先从过冷奥氏体中析出二次渗碳体，剩余的过冷奥氏体在 CCT 曲线碰到珠光体类型组织转变开始线时发生珠光体类型转变。

亚共析钢的过冷奥氏体连续冷却转变时，当 CCT 曲线碰到先共析铁素体析出线时，先从过冷奥氏体中析出先共析铁素体，由于有贝氏体转变区，所以剩余的过冷奥氏体在随后的冷却过程中转变成珠光体类型组织和贝氏体类型组织。

## 3.3　钢的退火和正火

退火和正火是应用广泛的两种热处理工艺。在机械制造过程中，退火和正火经常作为预先热处理，用以消除铸造或锻造等热加工过程中产生的晶粒粗大、组织不均匀、成分偏析和残余应力过大等缺陷，为后续工序(如淬火回火)做好组织上的准备；经过适当的退火和正火后，工件的组织细化，成分均匀，应力消除，具有较好的力学性能和切削加工性能。对于一些普通铸件、焊接件以及不重要的工件，退火和正火也可以作为最终热处理工序。

### 3.3.1　钢的退火

退火是将钢加热到一定温度并保温一定时间，然后随炉缓慢冷却的一种热处理工艺。根据退火的工艺特点和目的，退火工艺可分为完全退火、等温退火、球化退火、去应力退火、再结晶退火等。钢的退火温度范围如图 3-24 所示。

**1. 完全退火**

完全退火一般简称为退火。“完全”的含义是指加热温度为 $A_{c3}$ 以上 30～50℃，加热完成后获得的组织为完全奥氏体组织。

完全退火主要用于亚共析钢，其目的是细化晶粒，均匀组织，降低硬度以改善切削加工性能和消除应力；经完全退火(冷却)后得到的组织是铁素体加珠光体。过共析钢不能采用完全退火，因为加热到 $A_{cm}$ 以上而后缓慢冷却会出现网状渗碳体，使钢的韧性大大降低。

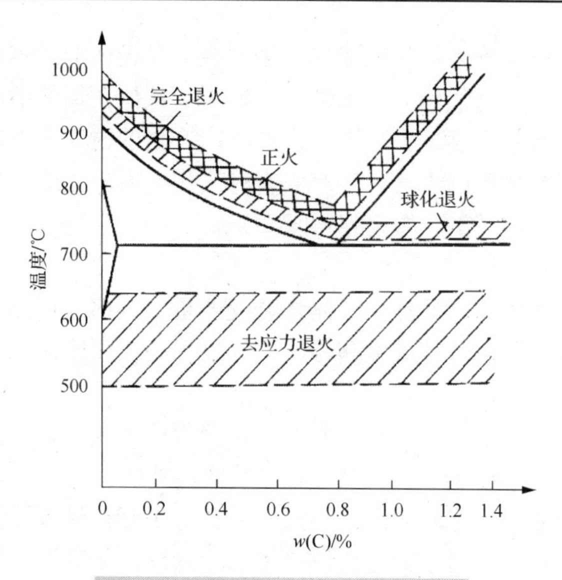


图 3-24　钢的退火和正火的温度范围

## 2．等温退火

等温退火可以有效地缩短退火时间，提高生产效率，并获得均匀的组织和性能。“等温”的含义是指在珠光体区的某一温度下等温，奥氏体转变为珠光体组织。在等温转变之前和之后可以稍快地进行冷却。

等温退火的加热工艺与完全退火相同，图 3-25 为高速钢完全退火与等温退火的比较。

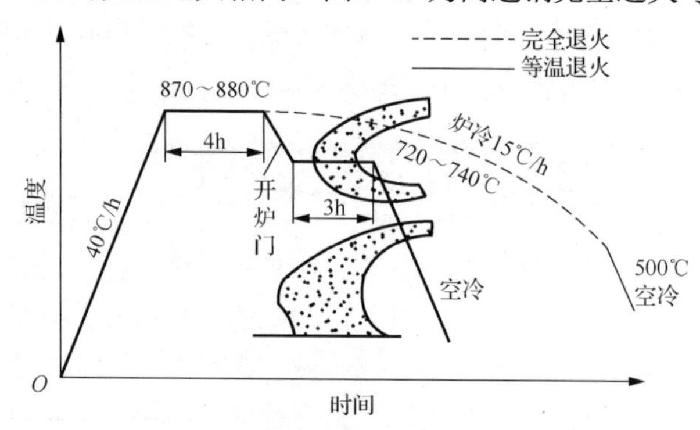


图 3-25　高速钢完全退火与等温退火的比较

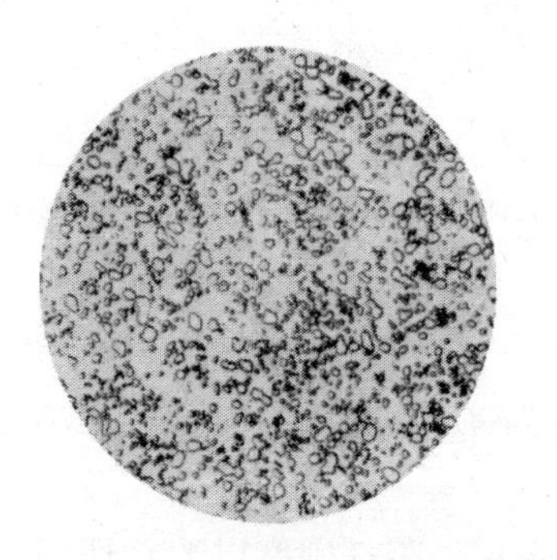

图 3-26　过共析钢球化退火的显微组织

## 3．球化退火

球化退火主要用于过共析钢。“球化”的含义是经过处理后使钢中的碳化物呈球状或粒状，即在铁素体基体上分布着细小均匀的球状渗碳体(图 3-26)。其目的是降低硬度、均匀组织、改善切削加工性能，为淬火组织做准备。

球化退火的工艺是：将钢加热到略高于 $A_{c1}$ 的温度并保温，使钢中未溶碳化物自发地由片状变成球状。当冷却到 $A_{r1}$ 温度时，降低冷却速度(<30℃/h)，使共析转变时渗碳体以球状析出。

**4．去应力退火**

去应力退火常用于消除铸、锻、焊工件的残余应力，提高工件的尺寸稳定性。去应力退火的工艺是将钢加热至低于 $A_1$ 的某一温度，保温后随炉缓冷。

**5．再结晶退火**

再结晶退火与去应力退火类似，都是一种低温退火工艺，其目的是消除冷塑性变形加工产生的加工硬化现象，提高塑性，改善组织。

再结晶退火的工艺过程是将冷塑性变形后的工件加热到再结晶温度以上 150～250℃，保温后缓慢冷却，使变形的晶粒重新转变为均匀的等轴晶粒。

### 3.3.2　钢的正火

将钢加热到 $A_{c3}$(对于亚共析钢)或 $A_{ccm}$(对于过共析钢)以上 30～50℃，保温一定时间后，在空气中冷却，从而得到珠光体类型组织的热处理工艺称为正火。钢的正火温度范围如图 3-24 所示。

亚共析钢正火的主要目的是细化晶粒，消除组织中的缺陷。由于冷却较快，正火组织中珠光体片层较细，提高了钢的强度和硬度。过共析钢正火的主要目的是抑制或消除网状渗碳体。

普通结构零件的正火处理可作为最终热处理。低碳钢或低碳合金钢正火后可提高硬度，改善切削加工性能。合金钢在调质处理前均进行正火处理，以获得细密而均匀的组织。

正火比退火生产周期短，设备利用率高，节约能源，因此得到了广泛的应用。

## 3.4　钢 的 淬 火

### 3.4.1　目的和温度选择

钢的淬火是以获得马氏体组织为目的的热处理工艺。它是将工件加热至奥氏体化或部分奥氏体化的温度，然后以大于临界冷却速度 $V_k$ 的速度冷却到 $M_s$ 以下，使钢发生马氏体转变。

**1．淬火的目的**

(1) 提高钢的硬度和耐磨性。工具、轴承等工件一般用高碳钢制造，并淬火得到马氏体(部分下贝氏体)，再配以低温回火，以提高其硬度和耐磨性。

(2) 获得优异的综合力学性能。齿轮(心部)、轴类、结构件等重要机器零件都要求具有良好的综合力学性能，即高强度和高韧性，一般用中、低碳钢制造并淬火得到马氏体，再进行高温回火。

(3) 获得某些特殊的物理和化学性能。例如，不锈钢、耐热钢、磁钢等都可通过淬火得到一定的物理或化学性能。

**2．淬火温度的选择**

利用铁碳合金相图，可以确定碳钢的淬火温度，如图 3-27 所示。对亚共析钢，适宜的淬火温度为 $A_{c3}$ 以上 30～50℃，淬火后可获得细小均匀的马氏体组织。如果淬火温度不足($<A_{c3}$)，则淬火后的组织中将会出现铁素体，造成硬度不足、强度降低。若淬火温度过高，淬火后获得粗大的马氏体组织，零件的性能变坏，同时容易引起零件变形和开裂。

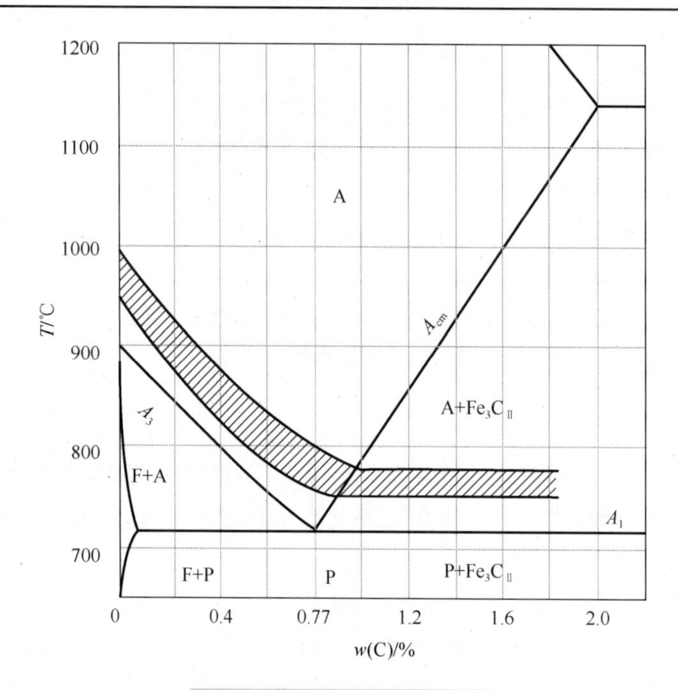


图 3-27　碳钢的淬火温度范围

对过共析钢，适宜的淬火温度为 $A_{c1}$ 以上 30～50℃，淬火后可获得细小均匀的马氏体和粒状渗碳体的混合组织(图 3-28)，残余奥氏体比较少，钢的硬度和耐磨性都比较高。如果淬火温度过高($>A_{ccm}$)，将获得粗大的马氏体组织，同时引起较严重的变形或开裂，而且由于二次渗碳体全部溶解，奥氏体的含碳量过高，从而降低了 $M_s$，增加了淬火钢中的残余奥氏体数量，使钢的硬度和耐磨性降低。如果淬火温度过低，则可能得到非马氏体组织，使钢的硬度达不到要求。

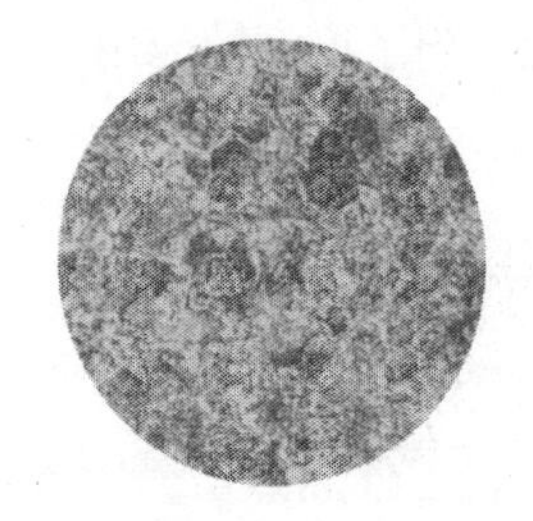

图 3-28　过共析钢正常淬火组织(500×)

## 3.4.2　淬火冷却介质

淬火是为了得到马氏体，这就要求淬火冷却速度必须大于临界冷却速度，但快冷不可避免地会引起很大的淬火应力，可能造成零件的变形或开裂。因此，选择合适的淬火冷却介质，以获得合适的冷却方式，是十分重要的。

从 C 曲线可知，要得到马氏体，首先要在 400～650℃内快冷以避免碰上 C 曲线的“鼻尖”。而在 650℃以上，在保证不出现珠光体类型组织的前提下，冷却速度应尽可能慢；在 400℃以下则又要求慢冷，以减轻马氏体转变时的相变应力。图 3-29 为理想的淬火冷却曲线示意图。

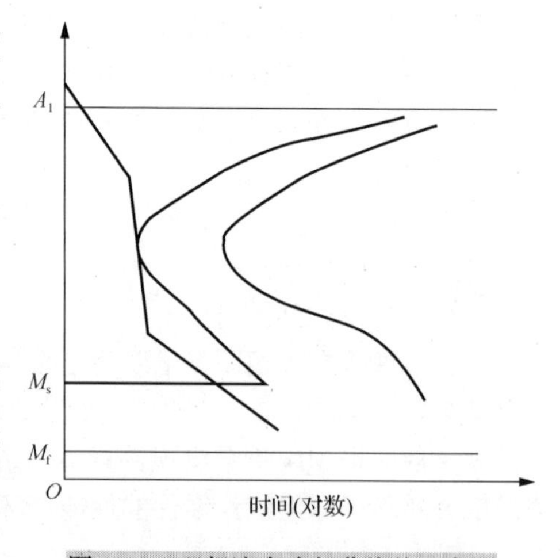


图 3-29　理想淬火冷却曲线的示意图

最常用的淬火冷却介质是水和油。表 3-3 为常用淬火冷却介质的冷却能力(用平均冷却速度表示)。

表 3-3　常用淬火冷却介质的冷却能力

| 冷却介质 | 平均冷却速度/(℃/s) | |
|---|---|---|
| | 650～550℃ | 300～200℃ |
| 静止自来水(20℃) | 135 | 450 |
| 静止自来水(40℃) | 110 | 410 |
| 静止自来水(60℃) | 80 | 185 |
| 10%食盐水溶液(20℃) | 1900 | 1000 |
| 15%苛性钠水溶液(20℃) | 2750 | 775 |
| 5%碳酸钠水溶液(20℃) | 1140 | 820 |
| 10 号机油(20℃) | 60 | 65 |
| 10 号机油(80℃) | 70 | 55 |
| 0.1%聚乙烯醇合成淬火剂(26℃) | 85 | 30 |
| 0.3%聚乙烯醇合成淬火剂(26℃) | 50 | 100 |

水在 650～550℃冷却能力较大(135℃/s)，在 300～200℃更大(450℃/s)，容易引起零件变形或开裂，主要用于形状简单、截面较大的碳钢零件的淬火。在水中加入 NaCl、NaOH、$Na_2CO_3$ 和聚乙烯醇等，可改变水的冷却能力，以满足某些淬火操作的要求。

淬火用油为各种矿物油(或植物油)，在 200～300℃冷却能力较低，有利于减少工件的变形。但在 650～550℃的冷却能力却不够大，不利于碳钢的淬硬，所以油一般作为合金钢的淬火冷却介质。淬火时油温对其冷却能力影响很大，一般油温越高，其黏度越低，流动性越大而冷却能力越高，超过油的燃点时会引燃着火。生产中一般油温以 30～80℃为宜。油长期使用会老化，需要定期更换。

## 3.4.3　常用淬火方法

常用的淬火方法有单液淬火、双液淬火、分级淬火、等温淬火和深冷处理等，以满足不同淬火工艺的需要。图 3-30 是不同淬火方法。

**1．单液淬火**

单液淬火是将奥氏体化的工件放入一种介质中冷却至室温的操作方法。例如，碳钢在水中淬火或合金钢在油中淬火。单液淬火操作简单，易实现机械化，应用较广；缺点是水淬变形开裂倾向大，油淬冷却能力低，大件淬不硬。

**2．双液淬火**

双液淬火是将奥氏体化的工件先在一种冷却能力较强的介质中冷却，当工件冷却至 300℃左右时，再在另一种冷却能力较弱的介质中冷却。例如，水淬后油冷、水淬后空冷。双液淬火的优点是淬火应力小，减少了变形和开裂的可能性；缺点是不易控制在水中停留的时间，对操作技术要求较高。

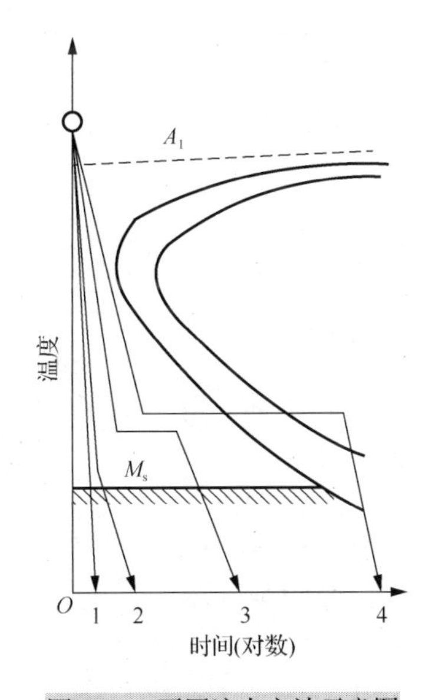


图 3-30　不同淬火方法示意图

1-单液淬火；2-双液淬火；3-分级淬火；4-等温淬火

**3．分级淬火**

分级淬火是先将奥氏体化的工件淬入温度稍高于 $M_s$ 的盐浴(或碱浴)中，保温适当的时间，待工件里、外都达到介质温度后出炉空冷。分级淬火可以较好地克服单液淬火的缺点，并弥补双液淬火的不足。但受熔盐冷却能力的限制，分级淬火只适用于尺寸较小、形状复杂或截面不均匀的零件。

**4．等温淬火**

等温淬火是将奥氏体化的工件淬入温度稍高于 $M_s$ 的盐浴中，保温足够时间，直到过冷奥氏体完全转变为下贝氏体，然后出炉空冷。等温淬火能大幅度降低工件的淬火应力，工件变形小，适用于形状复杂、精度高，并要求具有较高硬度及冲击韧性的小件，如弹簧、板牙、小齿轮等，也可用于较大截面的高合金钢零件；缺点是生产周期长，生产效率低。

等温淬火与分级淬火有些相似，但实质却不同，主要区别是：等温淬火的保温时间比较长(一般在 0.5h 以上)，以保证完成贝氏体转变；而分级淬火的保温时间很短，随后空冷时发生马氏体转变。

**5．深冷处理**

为了减少残余奥氏体以获得最大数量的马氏体，应进行深冷处理，即把淬冷至室温的钢继续冷却到-80～-70℃(或更低的温度)并保持一段时间，使残余奥氏体转变为马氏体。

深冷处理可提高钢的硬度和耐磨性，并稳定工件的尺寸，适用于量具、滚动轴承等精密零件。

## 3.4.4　钢的淬透性与淬硬性

**1．淬透性和淬硬性的概念**

钢的淬硬性是指钢在淬火后的马氏体组织所能达到的最高硬度。钢的淬硬性主要取决于马氏体的含碳量，也就是淬火前奥氏体的含碳量。

钢的淬透性是指钢在淬火后的淬透层深度(又称为淬硬层深度)，如图 3-31 所示。例如，对于一定尺寸的圆柱形工件，淬火时工件表面冷却较快，心部冷却较慢，如果工件表面和心部冷却速度 $V_表$和 $V_心$都大于临界冷却速度 $V_临$，则整个工件的截面上都可转变为马氏体，即被淬透。如果工件心部的冷却速度小于 $V_临$，心部就不能转变为马氏体，而是索氏体或屈氏体组织，则没有被淬透。通常规定，从表面至半马氏体(即马氏体与非马氏体组织各占 1/2)的距离为淬透层深度(图 3-32)。

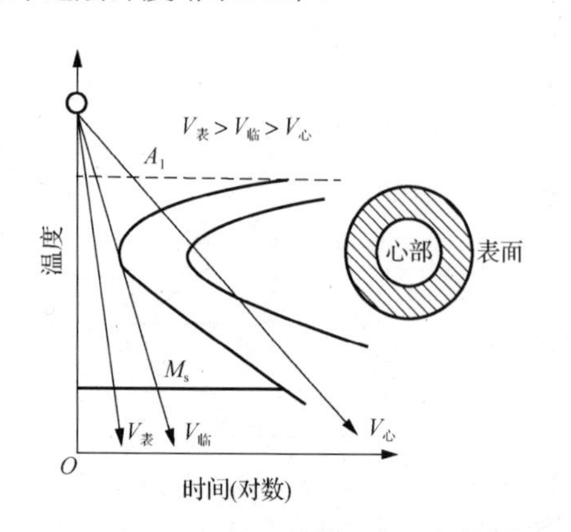


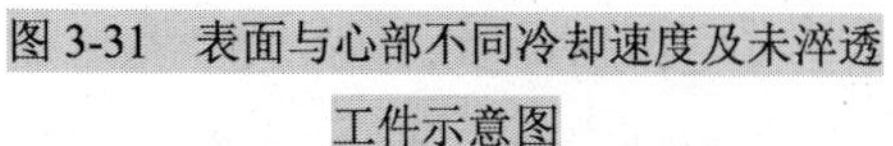
图 3-31　表面与心部不同冷却速度及未淬透工件示意图

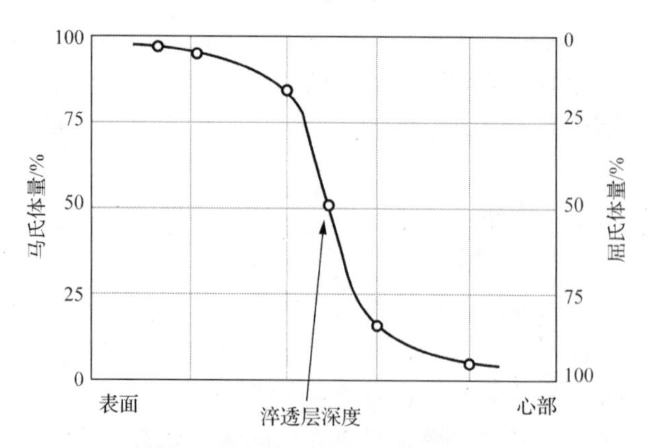


图 3-32　钢的淬透层示意图

需要指出的是，工件淬火时实际得到的淬透层深度不仅取决于钢的淬透性，而且受工件本身尺寸和淬火介质冷却能力的影响。显然工件尺寸越大，实际冷却速度就越小，故淬透层越浅。又如，在不同介质(水或油)中淬火，由于冷却能力不同，工件得到的淬透层深度也不同。因此，同一种钢制成的工件，水淬要比油淬、小件要比大件的淬透层深。但绝不能说水淬比油淬、小件比大件的淬透性好。只有在相同尺寸、形状及淬火条件下，才可以依据淬透层深度来判定钢的淬透性。

**2．影响淬透性的因素**

凡是能提高过冷奥氏体的稳定性，使 C 曲线右移，从而降低临界冷却速度的因素，都能提高钢的淬透性。

(1) 含碳量。在正常加热条件下，亚共析钢的 C 曲线随含碳量的增加向右移，临界冷却速度降低，淬透性提高；过共析钢的 C 曲线随含碳量的增加向左移，临界冷却速度增大，淬透性降低。

(2) 合金元素。除钴以外，大多数合金元素溶入奥氏体后均使 C 曲线向右移，降低临界冷却速度，提高钢的淬透性。

(3) 奥氏体化温度。提高奥氏体化温度将使奥氏体晶粒长大，成分更均匀化，从而减少了形核率，使过冷奥氏体更稳定，C 曲线向右移，提高钢的淬透性。

(4) 钢中未溶第二相。未溶入奥氏体的碳化物、氮化物及其他非金属夹杂物，由于能促进奥氏体转变产物的形核，减少过冷奥氏体的稳定性，使淬透性降低。

**3．淬透性的测定方法**

按照 GB/T 225—2006，测定钢的淬透性可采用钢淬透性的末端淬火试验方法(Jominy 试验)，图 3-33(a)为末端淬火试验方法示意图。其要点是：将标准试样($\phi$25mm×100mm)加热至奥氏体后，在规定条件下对其端面迅速喷水淬火。显然，水冷端冷却速度最大，随着与水冷端沿试样轴向距离增大，冷却速度逐渐减小。因此，水冷端组织应为马氏体，硬度最高。随着与水冷端的距离增大，组织和硬度也发生相应的变化。将硬度与水冷端距离的变化绘成的曲线称为淬透性曲线，如图 3-33(b)所示。

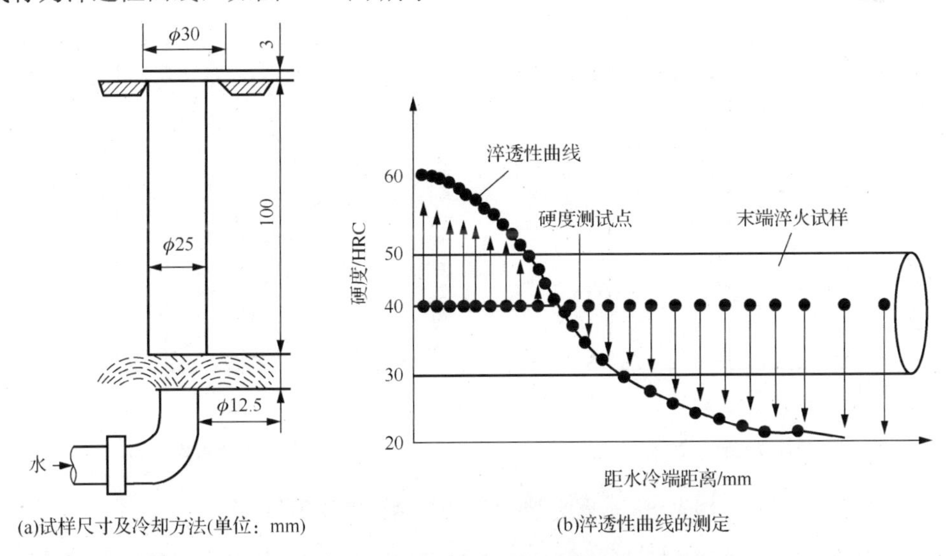


(a)试样尺寸及冷却方法(单位：mm)　　(b)淬透性曲线的测定

图 3-33　用末端淬火试验方法测定钢的淬透性

钢的淬透性用 J HRC/$d$ 表示。其中，J 表示末端淬透性，$d$ 表示至水冷端距离，HRC 为在该处测得的硬度。例如 J 45/5，即表示距水冷端 5mm 处试样硬度为 45HRC。

实际生产中也常用临界淬火直径 $D_0$ 来衡量钢的淬透性。它是钢在某种介质中淬火时，中心获得半马氏体的最大直径。$D_0$ 越大表示钢的淬透性越好。表 3-4 为常用钢的临界淬火直径 $D_0$。

**表 3-4　常用钢的临界淬火直径 $D_0$**

| 钢号 | 半马氏体区硬度/HRC | $D_0$(水，20℃)/mm | $D_0$(油)/mm | 钢号 | 半马氏体区硬度/HRC | $D_0$(水，20℃)/mm | $D_0$(油)/mm |
|---|---|---|---|---|---|---|---|
| 35 | 38 | 8～13 | 4～8 | 38CrMoAl | 43 | 100 | 80 |
| 40 | 40 | 10～15 | 5～9.5 | 38CrMoAl | 43 | 100 | 80 |
| 45 | 42 | 13～16.5 | 6～9.5 | 65Mn | 53 | 25～30 | 17～25 |
| 60 | 47 | 11～17 | 6～12 | 60Si2Mn | 52 | 55～62 | 32～46 |
| 20Cr | 38 | 12～19 | 6～12 | 50CrVA | 48 | 55～62 | 32～40 |
| 20CrMnTi | 38 | 22～35 | 15～24 | T10 | 55 | 10～15 | ＜8 |
| 40Cr | 44 | 30～38 | 19～28 | GCr9 | 55 | 33 | 20 |
| 40MnB | 44 | 50～55 | 28～40 | GCr15 | 55 | 36～41 | 25～26 |
| 40MnVB | 44 | 60～76 | 40～58 | 9Mn2V | 55 | 52～57 | 37～38 |
| 35CrMo | 43 | 36～42 | 25～34 | 9SiCr | 55 | 47～51 | 34～36 |
| 40CrMnMo | 44 | ＞150 | ＞110 | CrWMn | 55 | 52～57 | 37～38 |

**4．钢的淬透性的应用**

淬透性是机械零件设计时选材和制定热处理工艺的重要依据。淬透性不同的钢，淬火后得到的淬透层深度就不同，所以沿截面的组织和力学性能差别很大。图 3-34 为淬透性不同的钢制成直径相同的轴，经调质处理后力学性能的对比。其中，图 3-34(a) 表示全部淬透，整个截面为回火索氏体，力学性能沿截面是均匀一致的；图 3-34(b) 表示仅部分淬透，心部为片状索氏体，强度较低、冲击韧性更低。由此可见，淬透性越低，钢的综合力学性能越差。

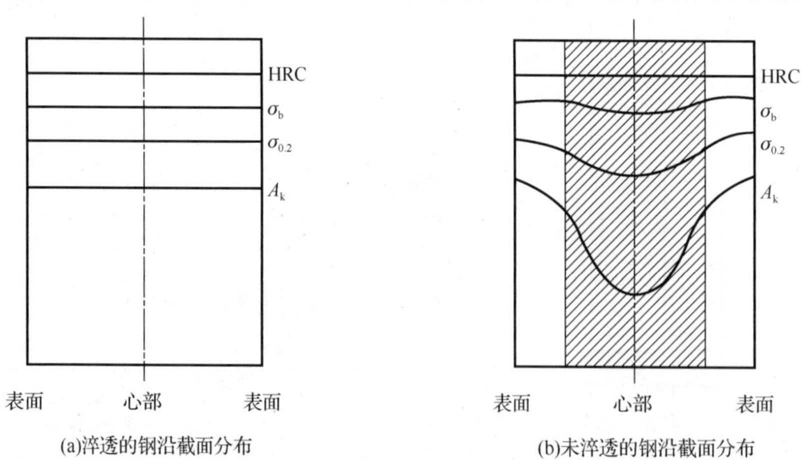


图 3-34　淬透性不同的钢调质处理后的力学性能

因此，对于截面尺寸较大或形状复杂的重要零件，以及应力状态较复杂的螺栓、连杆等零件，要求截面力学性能均匀，应选用淬透性较好的钢。对于承受弯曲和扭转力的轴类零件，在截面上的应力分布是不均匀的，其外层受力较大，心部受力较小，可考虑选用淬透性较低、淬透层浅(如为半径的 1/3～1/2)的钢。

另外需要注意的是，工件淬火时，由于心部的热量要从表面散出，心部和表面的冷却速度不同，而且截面尺寸越大，其冷却速度越低。这表明，截面尺寸不同的工件，实际淬透层深度是不同的。这种随工件尺寸增大而热处理强化效果逐渐减弱的现象称为尺寸效应。在机械设计中引用手册中的数据时，必须对此加以注意。

# 3.5　钢 的 回 火

工件淬火后，淬火马氏体和残余奥氏体都是亚稳定组织。在一定条件下，经过一定时间，它们有可能分解，向平衡组织转变。淬火钢的回火正是促使这种转变易于进行。回火就是将淬火钢加热到 $A_{c1}$ 以下某一温度，经适当保温后冷却到室温的一种热处理工艺。

## 3.5.1　回火的目的

(1) 降低脆性，消除或减少应力。零件淬火后存在很大的内应力和脆性。如果不及时回火，往往会使零件变形、开裂。

(2) 获得所要求的力学性能。淬火钢硬度高、脆性大，为了满足各类零件及工具的使用要求，可以通过适当回火的配合来调整硬度，减小脆性，得到所需的力学性能。

(3) 稳定工件尺寸。淬火马氏体和残余奥氏体是极不稳定的组织，回火处理可以促使其充分转变到一定程度并使组织结构稳定化，保证零件在以后的使用过程中不再发生尺寸和形状的改变。

(4) 对于退火难以软化的某些合金钢，在淬火(或正火)后常采用高温回火，使钢中碳化物适当聚集，将硬度降低，以利于切削加工。

## 3.5.2　淬火钢在回火时的组织和性能变化

淬火钢在回火过程中，随着加热温度的提高，其组织和力学性能都发生变化，根据转变的过程和形成的组织，一般把回火转变分为四个阶段。

**1．马氏体的分解(＜200℃)**

在 200℃以下加热时，马氏体中的碳以ε碳化物的形式析出，马氏体开始分解，其过饱和度减小，晶格的正方度降低，钢的体积收缩。ε碳化物是一个非平衡的过渡相，分子式为 $Fe_{2.4}C$，它以极细的片状分布在马氏体片内，并与母体保持共格关系。这种过饱和度有所降低的α固溶体和与其共格弥散分布的ε碳化物组成的组织，称为回火马氏体，用 $M_{回}$表示。在这个阶段，内应力有所减小，淬火钢的力学性能变化不大。

**2．残余奥氏体的分解(200～300℃)**

马氏体分解为回火马氏体后因体积收缩，减小了对残余奥氏体的压力，此温度下残余奥氏体可以转变成下贝氏体。残余奥氏体分解从 200℃开始，到 300℃基本完成。在这个阶段，虽然马氏体已分解为回火马氏体，降低了钢的硬度，但由于原来比较软的残余奥氏体已转变为硬的下贝氏体，钢的硬度下降并不显著，屈服强度反而略有上升。

**3．回火屈氏体的形成(250～400℃)**

在此温度内，由于碳原子扩散能力的增大，过饱和的固溶体很快转变为铁素体，ε碳化物也逐渐转变为稳定的渗碳体，由最初的薄片状变成细粒状。这种针状的铁素体和细粒状的渗碳体组成的机械混合物，称为回火屈氏体，用 T回表示。在这个阶段，淬火应力大部分消除，钢的硬度、强度下降，塑性、韧性提高。

**4．碳化物的聚集长大(400℃以上)**

回火屈氏体中的铁素体已达到平衡浓度，但此时铁素体仍保留着原马氏体的针状外形，其内部的位错密度也很高，因此具备回复和再结晶的条件，所以在回火时针状的铁素体也会发生回复和再结晶过程。当温度超过 400℃时，回复已很明显。随着温度的升高，逐渐发生再结晶过程，最后形成等轴晶粒的铁素体。与此同时，渗碳体粒子也不断聚集长大，在 500℃以上呈颗粒状或球状。这种由多边形的铁素体和粒状渗碳体组成的回火组织称为回火索氏体，用 S回表示。在这个阶段，钢的强度、硬度进一步下降，塑性、韧性进一步上升。

回火过程中马氏体的含碳量、残余奥氏体量、内应力和碳化物尺寸的变化如图 3-35 所示。40 钢的力学性能随回火温度的变化规律如图 3-36 所示。

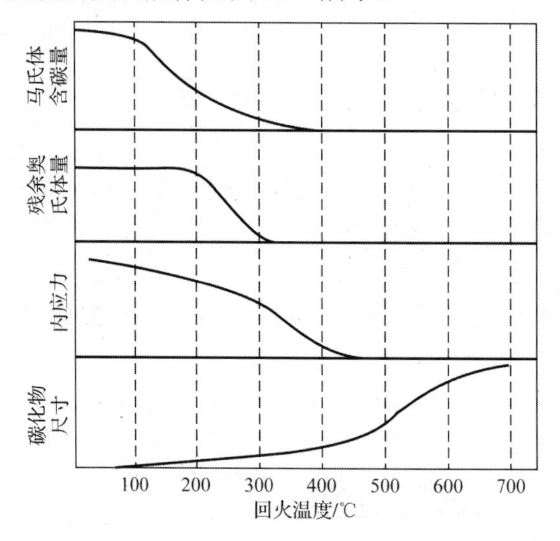


图 3-35　回火过程中马氏体含碳量、残余奥氏体量、内应力和碳化物尺寸的变化

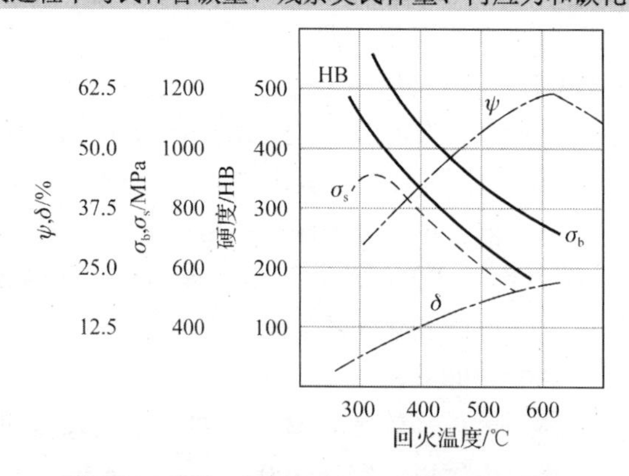


图 3-36　40 钢力学性能与回火温度的关系

## 3.5.3　回火的分类和应用

根据回火温度和对淬火钢的力学性能的要求，一般将回火分为三类。

**1．低温回火(150～250℃)**

低温回火的目的是在保证淬火后工件的高硬度和耐磨性的基础上，降低淬火应力，提高工件韧性。低温回火得到的组织是马氏体，硬度可达58～64HRC。低温回火常用于处理高碳工具钢、模具钢、滚动轴承钢及渗碳钢等零件。

**2．中温回火(350～500℃)**

中温回火得到的组织为回火屈氏体，它具有高的弹性极限、屈服极限及屈强比，同时具有一定的塑性和韧性，硬度一般为35～45HRC。中温回火常作为各种弹簧钢的热处理。

**3．高温回火(500～650℃)**

通常把淬火后再进行高温回火处理称为调质处理。调质处理得到的组织是回火索氏体，具有良好的综合力学性能。在许多重要的机械结构件中，如受力比较复杂的连杆，重要的螺栓、齿轮及轴类零件，调质处理得到了广泛应用。中碳钢调质处理后的硬度一般为200～350HBW。

钢调质处理后的力学性能与正火相比，不仅强度高，而且塑性和韧性较好。这是因为调质处理得到的回火索氏体中的渗碳体呈颗粒状，而正火得到的索氏体中的渗碳体则呈片状，颗粒状渗碳体对阻止断裂过程中裂纹的发展比片状渗碳体更有利。

### 3.5.4 钢的回火脆性

淬火钢随着回火温度的升高，在某些温度范围内有冲击韧性下降的现象，称为钢的回火脆性。按出现回火脆性的温度范围，可分为低温回火脆性和高温回火脆性，又分别称为第一类回火脆性和第二类回火脆性。

**1．低温回火脆性**

淬火钢在250～400℃回火时出现的回火脆性，称为低温回火脆性。几乎所有的钢都存在这类脆性，这是一种不可逆的回火脆性。其产生的原因目前还不清楚，一般采取不在此温度范围内回火的措施，以避免低温回火脆性的产生。

**2．高温回火脆性**

一些合金钢，尤其是含Ni、Cr、Mn等合金元素的合金钢，淬火后在400～550℃回火时出现的脆性现象，称为高温回火脆性。关于高温回火脆性的原因，一般认为是Sb、Sn、P等杂质元素在原奥氏体偏聚，钢中的Ni、Cr、Mn等合金元素促进杂质的偏聚，而且这些元素向晶界偏聚，从而加大了高温回火脆性的倾向。对有高温回火脆性的钢，高温回火后宜快冷来抑制回火脆性。在钢中加入W、Mo等合金元素也可以有效地抑制高温回火脆性的产生。

### 3.5.5 热处理常见的工艺缺陷

淬火和回火是两种最重要的最终热处理工艺，在淬火和回火过程中常见的几种缺陷如下。

**1．氧化和脱碳**

氧化是工件表面与加热介质中的氧或氧化性气体(如$CO_2$和$H_2O$等)作用，在金属表面生成氧化皮的现象，结果使工件尺寸减小，表面粗糙，甚至成为废品。

脱碳是指钢表层中的碳被氧化，使钢的表面含碳量减少。钢的脱碳将使钢的表面硬度、耐磨性和疲劳强度下降，对工件的使用寿命影响很大。

保温时间过长或加热温度过高也能引起氧化和脱碳。防止氧化和脱碳最有效的方法是使工件脱离氧化性介质，如采用保护气氛或真空热处理。

**2．变形与开裂**

热处理变形与开裂是由淬火应力引起的，淬火应力包括热应力和组织应力。热应力是在淬火冷却时，工件表面和心部形成温差，产生不同步的收缩引起的应力；组织应力是在淬火过程中，工件各部分转变马氏体时，因体积膨胀不均匀引起的内应力。当淬火应力超过钢的屈服极限时，引起工件变形；当淬火应力超过钢的强度极限时，引起工件开裂。

变形不大的零件可在淬火和回火后进行校直；变形较大或出现裂纹时，零件只能报废。

减少零件变形、防止开裂的主要措施是：淬火前的组织应细小均匀；合理设计零件的形状和结构；采用适当的冷却方法(如采用双液淬火、分级淬火或等温淬火等)；淬火后应及时回火等。

**3．软点与硬度不足**

淬火后零件硬度不足一般是由淬火温度偏低、表面脱碳、钢的淬透性不高或冷却速度过低等因素造成的。

淬火后工件表面局部未被淬硬的区域称为软点。造成软点的原因可能是原始组织粗大不均、冷却水中混有油、零件表面有氧化皮或不清洁、零件在冷却介质中未能适当运动等致使局部区域冷却速度过低，出现了非马氏体组织。

产生软点或硬度不足的零件应重新淬火，但重新淬火前要进行退火或正火处理。

**4．过热与过烧**

若加热温度过高或保温时间过长，将引起零件过热或过烧现象。过热是指晶粒过分长大，致使零件力学性能明显降低的现象。过烧是指组织中沿晶界产生了氧化或熔化的现象。零件一旦产生过烧即成为废品。

## 3.6　钢的表面淬火

一些零件既要表面硬度高、耐磨性好，又要心部韧性好，如齿轮、轴等，若仅从选材方面去考虑，是难以解决的。例如，高碳钢的硬度高，但韧性不足；低碳钢的韧性好，但表面的硬度和耐磨性低。表面淬火是强化钢件表面的重要手段，由于它具有工艺简单、热处理变形小和生产效率高等优点，在生产上应用极为广泛。

表面淬火是将工件的表面层淬硬到一定深度，而心部仍保持未淬火状态的一种局部淬火法。它利用快速加热使工件表面奥氏体化，然后迅速予以冷却，这样工件的表层组织为马氏体，而心部仍保持原来的退火、正火或调质状态的组织。

表面淬火一般适用于中碳钢和中碳合金钢，也可用于高碳工具钢、低合金工具钢以及球墨铸铁等。

根据加热方法，表面淬火法主要有火焰加热表面淬火、感应加热表面淬火、激光表面淬火、电解液表面淬火等。生产中应用最多的是火焰加热表面淬火和感应加热表面淬火。

### 3.6.1　火焰加热表面淬火

火焰加热表面淬火是用氧-乙炔高温火焰(约3000℃)喷射到工件表面，使其快速升温，达到淬火温度后立即喷水冷却，从而获得预期的硬度和淬透层深度的一种表面淬火方法。如图3-37所示，调节喷嘴到工件表面的距离和移动速度，可获得不同的淬透层深度。

火焰加热表面淬火零件的材料常用中碳钢(如 35、45 钢)以及中碳合金钢(如 40Cr、65Mn)。如果含碳量太低，则淬火后硬度较低；如果碳和合金元素含量过高，则易淬裂。火焰加热表面淬火法还可用于铸铁(如灰铸铁、合金铸铁)。

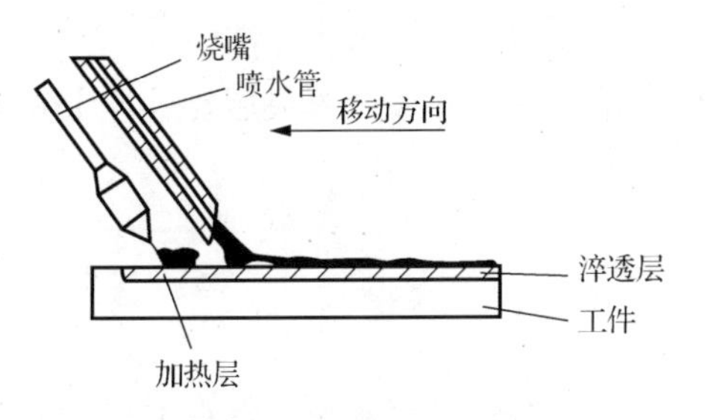


图 3-37　火焰加热表面淬火示意图

火焰加热表面淬火的淬透层深度一般为 2～6mm。它具有工艺及设备简单、成本低等优点，但生产率低，工件表面易过热，淬火质量不稳定，主要用于单件、小批量生产及大型零件(如大型的轴、齿轮、轧辊)的表面淬火。

## 3.6.2　感应加热表面淬火

图 3-38 是感应加热表面淬火示意图。在感应线圈中通以高频率的交流电，线圈内、外即产生高频交变磁场。若把钢制工件置于通电线圈内，在高频磁场的作用下，钢的内部将产生感应电流(涡流)，在本身电阻的作用下工件被加热。感应电流密度在工件的横截面上是不均匀分布的，即在工件表面电流密度极大，而心部电流密度几乎为零，这种现象称为集肤效应。频率越高，电流密度极大的表面层越薄。感应加热的速度很快，在几秒内即可使温度上升至 800～1000℃，而心部仍接近室温。当表面温度达到淬火温度时，立即喷水冷却，使工件表面淬硬。

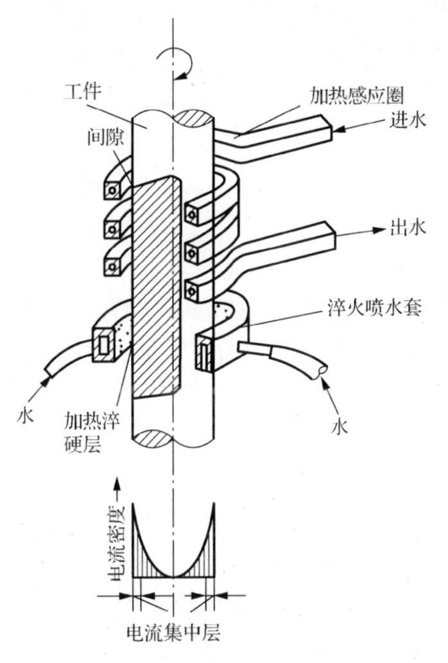


图 3-38　感应加热表面淬火示意图

感应加热表面淬火的淬透层深度除与加热功率、加热时间有关外，还取决于电流的频率。频率越高，淬透层越浅。因此，可选用不同的电流频率得到不同的淬透层深度。根据电流频率，感应加热可分为高频加热、中频加热和工频加热。工业上常用的高频感应加热表面淬火电源的频率为 200～300kHz，适用于淬透层小于 2mm 的工件；中频感应加热表面淬火电源的频率为 2500～8000Hz，适用于淬透层 2～5mm 的工件；工频感应加热表面淬火电源的频率为 50Hz，可直接采用工业电源，适用于淬透层 10～15mm 的工件。

感应加热表面淬火时相变的速度极快，一般只有几秒或几十秒。与一般淬火相比，感应加热表面淬火后的组织和性能有以下特点。

(1) 由于加热速度快，过热度大，形成的奥氏体晶粒细小，淬火后得到的组织是细小隐晶马氏体，因而表面硬度高，比一般淬火高 2～3HRC，而且脆性较低。

(2) 表面淬火后，工件的表层残余压应力较高，可提高工件的疲劳强度。小工件的疲劳强度可提高 2～3 倍，大工件的疲劳强度也可提高 20%～30%。

(3) 工件表面氧化和脱碳少，而且由于心部未被加热，淬火变形小。

(4) 加热温度和淬透层深度易于控制，便于实现机械化和自动化。

感应加热表面淬火的缺点是设备较贵，当零件形状复杂时，感应圈的设计和制造难度较大，所以生产成本比较高。

感应加热表面淬火后要进行 180～200℃的低温回火，以降低淬火应力，保持高硬度和耐磨性。

# 3.7 钢的化学热处理

化学热处理是将工件置于一定的介质中加热和保温，使介质中的活性原子渗入工件表层，改变其表面层的化学成分、组织，从而使工件表面具有某些特殊的力学或物理化学性能的一种热处理工艺。化学热处理的主要目的是提高工件的表面硬度、耐磨性以及疲劳强度，有时也用于提高零件的抗腐蚀性、抗氧化性，以替代昂贵的合金钢。

与表面淬火相比，化学热处理的特点是：不仅使工件的表面层有组织变化，而且有成分变化。根据渗入元素，化学热处理可分为渗碳、氮化、碳氮共渗、渗硼、渗铝等。目前在生产中，最常用的化学热处理工艺是渗碳、氮化和碳氮共渗。

## 3.7.1 钢的渗碳

渗碳是将工件置于渗碳介质中，在一定的温度下使其表面层渗入碳原子的化学热处理工艺。渗碳可以使工件的表面具有高硬度和高耐磨性，并具有较高的疲劳极限，而心部仍保持良好的塑性和韧性。渗碳主要用于表面受严重磨损，并在较大冲击载荷、交变载荷，较大的接触应力条件下工作的零件，如齿轮、活塞销、套筒等。

渗碳件一般采用低碳钢或低碳合金钢，如 20 钢、20Cr、20CrMnTi 等。渗碳层厚度一般在 0.5～2.5mm，渗碳层的含碳量一般控制在 1%左右。

**1．渗碳方法**

根据渗碳介质，可分为固体渗碳、气体渗碳和液体渗碳，常用的是气体渗碳和固体渗碳。

(1)气体渗碳：将工件装在密封的渗碳炉中(图 3-39)，加热到 900～950℃，向炉内滴入易分解的有机液体(如煤油、丙酮、甲醇)，或直接通入渗碳气体(如煤气、石油液化气)。在炉内发生下列反应，产生活性碳原子，使工件表面渗碳：

$$2CO \longrightarrow CO_2+[C]$$

$$CO+H_2 \longrightarrow H_2O+[C]$$

$$C_nH_{2n} \longrightarrow nH_2+n[C]$$

气体渗碳的优点是生产率高，劳动条件较好，渗碳气氛容易控制，渗碳层比较均匀，还可实现渗碳后直接淬火，是目前应用最多的渗碳方法。

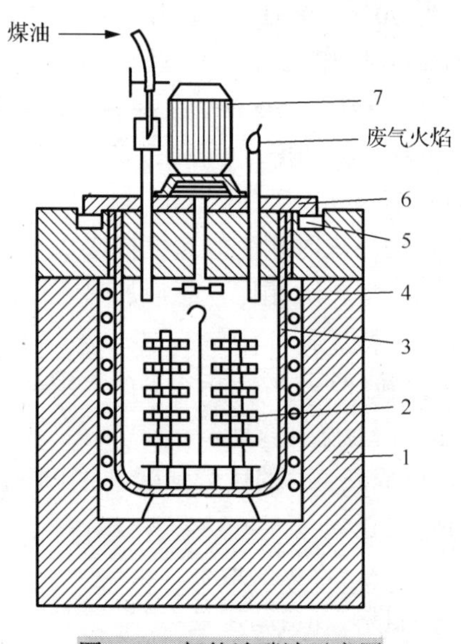


图 3-39 气体渗碳法示意图

1-炉体；2-工件；3-耐热罐；4-电阻丝；5-砂封；6-炉盖；7-风扇电动机

(2)固体渗碳：将工件埋入填满固体渗碳剂的渗碳箱中，加盖并用耐火泥密封，然后放入热处理炉中加热至 900～950℃，保温渗碳。固体渗碳剂一般由一定粒度(3～8mm)的木炭和 15%～20%的碳酸盐（$BaCO_3$ 或 $Na_2CO_3$）组成；木炭提供活性碳原子，碳酸盐则起到催化的作用，反应如下：

$$C+O_2 \longrightarrow CO_2$$

$$BaCO_3 \longrightarrow BaO+CO_2$$

$$CO_2+C \longrightarrow 2CO$$

在高温下 CO 是不稳定的，在与钢表面接触时，分解出活性碳原子（$2CO \longrightarrow CO_2+[C]$），并被工件表面吸收。

固体渗碳的优点是设备简单，尤其是在小批量生产的情况下具有一定的优越性；但生产效率低，劳动条件差，质量不易控制，目前用得不多。

**2．渗碳后的热处理**

渗碳后的零件要进行淬火和低温回火处理，常用的淬火方法有三种，如图 3-40 所示。

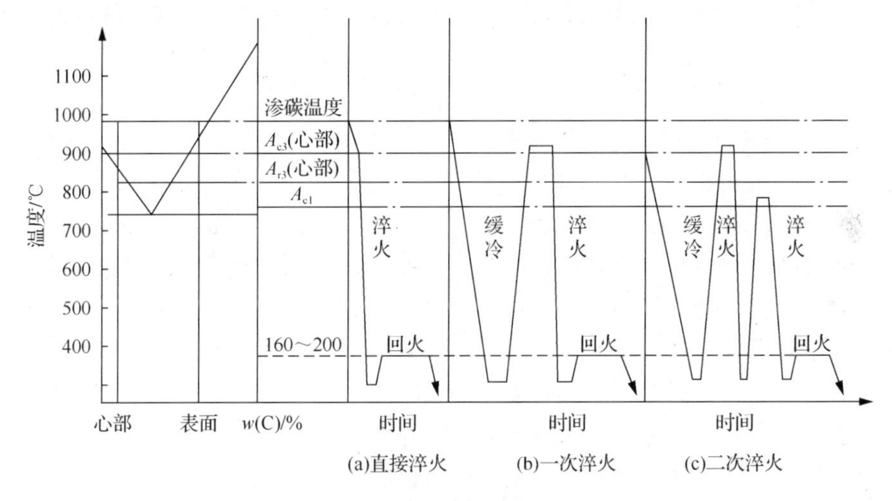


图 3-40　渗碳后的热处理

(1) 直接淬火：直接淬火法是将工件自渗碳温度预冷到略高于 $A_{r3}$ 的温度后立即淬火。这种方法工艺简单、经济、脱碳倾向小，生产率高。但由于渗碳温度高，奥氏体晶粒粗大，淬火后马氏体粗大，残余奥氏体较多，所以工件表面耐磨性较低，变形较大。一般只用于合金渗碳钢或耐磨性要求比较低和承载能力低的工件。为了减少变形，渗碳后常将工件预冷至 830～850℃后再淬火。

(2) 一次淬火：一次淬火法是将工件渗碳后缓冷到室温，再重新加热到临界点以上保温淬火。对心部组织性能要求较高的工件，一次淬火温度为 $A_{c3}$ 以上，主要是使心部晶粒细化。对于承载不大而表面性能要求较高的工件，一次淬火温度为 $A_{c1}$ 以上 30～50℃，使表面晶粒细化，而心部组织变化不大。

(3) 二次淬火：二次淬火法适用于本质粗晶粒钢或要求表面耐磨性高、心部韧性好的重负荷零件。第一次淬火温度为 $A_{c3}$ 以上 30～50℃，目的是细化心部组织并消除表面的网状渗碳体。第二次淬火温度为 $A_{c1}$ 以上 30～50℃，目的是细化表面层组织，获得细马氏体和均匀分布的粒状渗碳体。二次淬火法工艺复杂，生产周期长，成本高，变形大，一般只用于少数要求表面耐磨性高和心部韧性高的零件。

渗碳淬火后要进行低温回火（150～200℃），以消除淬火应力，提高韧性。

**3．渗碳钢淬火、回火后的性能**

(1) 表面硬度高，达 58～64HRC，耐磨性高。心部塑性、韧性好，未淬硬时，心部硬度为 138～185HBW；淬硬后的心部为低碳马氏体，硬度可达 30～45HRC。

(2) 渗碳钢的表面层为高碳马氏体，体积膨胀大；心部为低碳马氏体(淬透时)或铁素体加屈氏体(未淬透时)，体积膨胀小。结果在表面层造成残余压应力，提高了工件的疲劳强度。

### 3.7.2　钢的氮化

向工件表面渗入氮，形成含氮硬化层的化学热处理工艺称为氮化，其目的是提高工件表面的硬度、耐磨性、耐蚀性及疲劳强度。常用的氮化方法有气体氮化和离子氮化。

**1．气体氮化**

气体氮化是把工件放入密封的井式炉内加热保温，并通入氨气，其分解反应如下：

$$2NH_3 \longrightarrow 2[N]+3H_2$$

分解出的活性氮原子被工件表面吸收并向内扩散，形成一定厚度的氮化层。由于氨在200℃以上才开始分解，同时铁素体对氮也有一定的溶解能力，所以一般气体氮化都在 500～570℃进行。

氮化后的工件表面具有很高的硬度(850～1100HV)，而且在 600℃以下硬度保持不降，所以氮化层具有很高的耐磨性和热硬性。显微分析发现，气体氮化后的工件表面最外层为白色的ε氮化物薄层，硬而脆但很耐蚀；紧靠最外层的是极薄的(ε+γ′)两相区；其次是(α+γ′)共析层；心部为原始的组织。对于碳钢工件，上述固溶体和化合物中都溶有碳。

氮化表面形成的致密的氮化层具有较高的耐蚀性。同时因为氮化后工件表面体积膨胀，形成较大的残余压应力，氮化件具有较高的疲劳强度。

为了保证氮化后的工件表面具有高硬度和高耐磨性，同时保证心部也具有强而韧的组织，氮化钢一般都采用能形成稳定氮化物的中碳合金钢，如 38CrMoAlA、38CrWVAlA 等。Cr、Mo、W、V、Al 等合金元素与 N 结合形成的氮化物能起到弥散强化作用，使氮化层达到很高的硬度。

与渗碳相比，气体氮化有以下特点。

(1) 氮化温度低，工件变形很小，氮化后也不需要再进行其他热处理。

(2) 生产周期长，一般需要 20～50h，氮化层厚度为 0.3～0.5mm。生产周期长是气体氮化的主要缺点。

(3) 氮化前零件需经调质处理，获得均匀的回火索氏体组织，以保证氮化后的工件具有较高的强度和韧性。

气体氮化工艺复杂，周期长，成本高，一般常用于耐磨性和精度都要求较高的零件，如发动机的汽缸、排气阀、精密机床丝杠、镗床主轴等。

**2．离子氮化**

离子氮化是利用直流辉光放电的物理现象来实现氮化的，所以又称为辉光离子氮化。离子氮化的基本原理是：将工件放入密封的真空炉内，并抽至真空度为 1～10Pa，然后向炉内通入少量的氨气，使炉内的气压保持在 133～1330Pa。工件接直流电源的负极(阴极)，炉体接直流电源的正极(阳极)，并在阴、阳极之间接通 500～900V 的高压电。在高压电场的作用下，氨气部分被电离成氮和氢的阳离子及电子，并在靠近阴极(工件)的表面形成一层紫红色的辉光。高能量的氮离子轰击工件的表面，将离子的动能转化为热能使工件表面温度升至氮化的温度(500～650℃)。在氮离子轰击工件表面的同时，还能产生阴极溅射效应，溅射出铁离子。被溅射出来的铁离子在等离子区与氮离子化合形成氮化铁(FeN)，在高温和离子轰击的作用下，FeN 迅速分解为 $Fe_2N$、$Fe_3N$，并放出氮原子向工件内部扩散，于是在工件表面形成氮化层。随着时间的延长，氮化层逐渐加深。

离子氮化的特点如下。

(1)生产周期短。以 38CrMoAl 为例，氮化层厚度要求 0.6mm 时，气体氮化周期为 50h 以上，而离子氮化只需 15～20h；同时节省能源及减少气体的消耗。

(2)氮化质量好。由于离子氮化的阴极溅射有抑制脆性层的作用，明显提高了氮化层的韧性和疲劳强度。

(3)工件变形小，特别适用于处理精密零件和复杂零件。

(4)氮化前不需去钝处理。一些含 Cr 的钢(如不锈钢)表面有一层稳定致密的钝化膜，阻止氮的深入。但离子氮化的阴极溅射能有效地除去钝化膜，克服了气体氮化不能处理这类钢的不足。

### 3.7.3　钢的碳氮共渗

碳氮共渗是同时向工件表面渗入碳和氮的化学热处理工艺，也称为氰化处理。常用的碳氮共渗工艺有液体碳氮共渗和气体碳氮共渗。液体碳氮共渗的介质有毒，污染环境，劳动条件差，很少应用。气体碳氮共渗有中温碳氮共渗和低温碳氮共渗，应用较为广泛。

**1．中温碳氮共渗**

与气体渗碳一样，碳氮共渗是将工件放入密封炉内，加热到共渗温度，向炉内滴入煤油，同时通入氨气，保温一段时间后，工件的表面就获得一定深度的共渗层。

中温碳氮共渗温度对渗层的碳/氮比和厚度的影响很大。提高共渗温度，渗层的碳/氮比大，渗层也比较厚；降低共渗温度，碳/氮比小，渗层也比较薄。生产中常用的中温碳氮共渗温度一般在 820～880℃，保温时间在 1～2h，共渗层厚 0.2～0.5mm。渗层的含氮量在 0.2%～0.3%，含碳量在 0.85%～1.0%。

中温碳氮共渗后可直接淬火，并低温回火。这是由于共渗温度低，晶粒较细，工件经淬火和回火后，共渗层的组织由细片状回火马氏体、适量的粒状碳氮化物以及少量的残余奥氏体组成。

中温碳氮共渗与渗碳相比具有以下优点。

(1)渗入速度快，生产周期短，生产效率高。

(2)加热温度低，工件变形小。

(3)在渗层表面含碳量相同的情况下，共渗层的硬度高于渗碳层，因而耐磨性更好。

(4)共渗层比渗碳层具有更高的压应力，因而有更高的疲劳强度，耐蚀性也比较好。

中温气体碳氮共渗主要应用于形状复杂、要求变形小的耐磨零件。

**2．低温碳氮共渗**

低温碳氮共渗以氮化为主，又称为软氮化，在普通气体氮化设备中即可进行处理。软氮化的温度在 520～570℃，生产周期一般为 1～6h，常用介质为尿素。尿素在 500℃以上发生分解，反应如下：

$$(NH_2)_2CO \longrightarrow CO+2H_2+2[N]$$

$$2CO \longrightarrow CO_2+[C]$$

由于处理温度比较低，在上述反应中，活性氮原子多于活性碳原子，加上碳在铁素体中的溶解度小，因此软氮化以氮化为主。

软氮化的特点如下。

(1) 处理速度快，生产周期短。

(2) 处理温度低，零件变形小，处理前后零件精度没有显著变化。

(3) 共渗层具有一定韧性，不易发生剥落。

与气体氮化相比，软氮化硬度比较低(一般为 400～800HV)，但能赋予零件表面耐磨、耐疲劳、抗咬合和抗擦伤等性能；缺点是渗层较薄，仅为 0.01～0.02mm。软氮化一般用于机床、汽车的小型轴类和齿轮等零件，也可用于工具、模具的最终热处理。

# 第4章　常用金属材料

## 4.1　工 业 用 钢

### 4.1.1　钢的分类和牌号

**1．钢的分类**

钢的分类方法很多，如图4-1所示，按化学成分分为非合金钢(碳素钢)和合金钢；按质量分为普通钢、优质钢和高级优质钢；按用途分为结构钢、工具钢和特殊性能钢等。除此之外，还可以按冶炼方法分为平炉钢、转炉钢、电炉钢；按钢的脱氧程度分为沸腾钢、镇静钢、半镇静钢等。

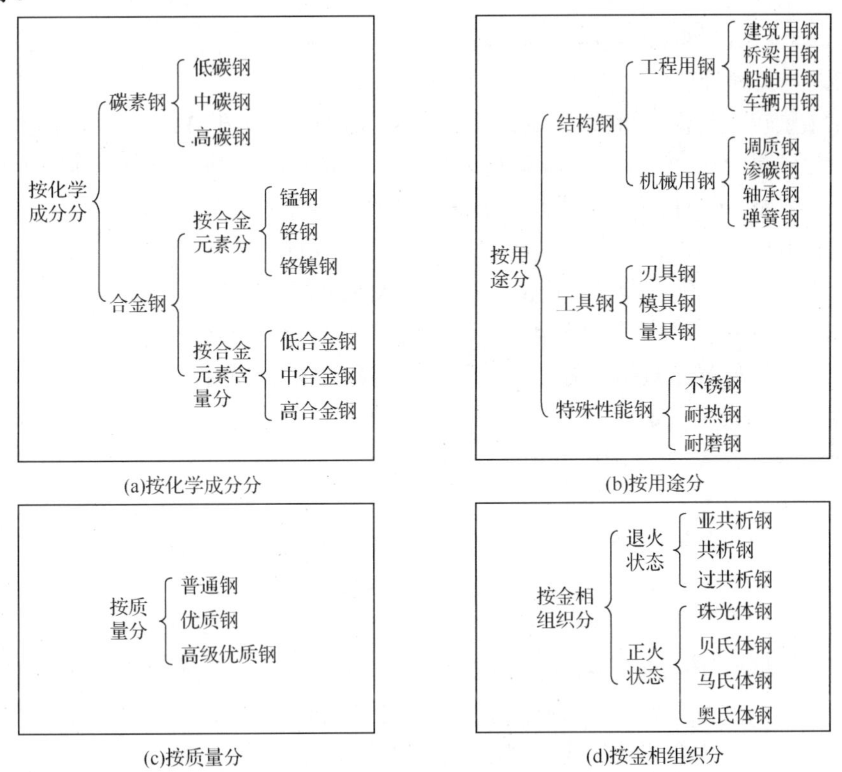


图4-1　钢的常用分类方法

**2．钢的牌号**

我国钢材是按含碳量(碳的质量分数)、合金元素的种类和数量，以及质量级别来编号的。依据国家标准规定，钢号中的化学元素采用国际化学元素符号表示，如Mn、S、P等。稀土元素用“RE”表示。产品名称、用途、冶炼和浇注方法等则采用汉语拼音字母表示，见表4-1。

表 4-1　部分钢的名称、用途、冶炼方法及浇注方法代号(GB/T 221—2008)

| 名称 | 牌号表示 | | | 名称 | 牌号表示 | | |
|---|---|---|---|---|---|---|---|
| | 汉字 | 采用字母 | 位置 | | 汉字 | 采用字母 | 位置 |
| 沸腾钢 | 沸 | F | 牌号尾 | 锅炉和压力容器用钢 | 容 | R | 牌号尾 |
| 半镇静钢 | 半 | b | 牌号尾 | 锅炉用钢(管) | 锅 | G | 牌号尾 |
| 碳素工具钢 | 碳 | T | 牌号头 | 低温压力容器用钢 | 低容 | DR | 牌号头 |
| 滚动轴承钢 | 滚 | G | 牌号头 | 桥梁用钢 | 桥 | Q | 牌号头 |
| 高级优质钢 | 高 | A | 牌号尾 | 耐候钢 | 耐候 | NH | 牌号尾 |
| 易切削钢 | 易 | Y | 牌号头 | 汽车大梁用钢 | 梁 | L | 牌号头 |
| 铸钢 | | ZG | 牌号头 | 矿用钢 | 矿 | K | 牌号头 |

(1)普通碳素结构钢：该类钢的牌号由代表屈服强度的字母“Q”、屈服强度值、质量等级符号和脱氧方法符号等四部分组成。质量等级分为 A、B、C、D 四级，表示钢中硫、磷含量不同，质量依次提高。例如，Q235—A · F，表示屈服强度为 235MPa 的 A 级沸腾钢。

(2)优质碳素结构钢：该类钢的牌号用钢中平均含碳量的万分数表示。例如，平均含碳量为 0.45%的钢，其牌号表示为“45”。

对于含锰量较高的钢，要将锰元素标出。对于平均含碳量小于 0.6%、含锰量为 0.7%～1.0%的钢和平均含碳量大于 0.6%、含锰量为 0.9%～1.2%的钢，其牌号数字后面需附加化学元素符号“Mn”。例如，65Mn，表示平均含碳量为 0.65%、含锰量为 0.9%～1.2%的钢。

沸腾钢和专门用途的优质碳素结构钢，应在牌号后特别标出相应的符号。例如，08F 为平均含碳量为 0.08%的优质碳素结构钢；15G 表示平均含碳量为 0.15%的锅炉专用钢。

(3)碳素工具钢：该类钢的牌号以字母“T+数字”表示，数字表示钢中平均含碳量的千分数。若为高级优质碳素工具钢，则在其牌号后加字母“A”。例如，T10A 表示平均含碳量为 1.0%的高级优质碳素工具钢。

(4)合金结构钢：该类钢的牌号由“数字+合金元素+数字”三部分组成。前两位数字表示钢中平均含碳量的万分数，合金元素用化学元素符号表示，其后的数字表示该元素平均含量的百分数。当其平均含量＜1.5%时，则只需写出元素符号；当其含量为 1.5%～2.5%、2.5%～3.5%、3.5%～4.5%……时，则在元素符号后相应地标出整数 2、3、4……。高级优质钢在钢号后应加字母“A”。

(5)合金工具钢：该类钢的编号方法与合金结构钢类似，合金元素和含量的表示方法也与合金结构钢相同，平均含碳量表示方法不同。若平均含碳量＜1%，则用一位数字表示平均含碳量的千分数；若平均含碳量≥1%，则不标出其含碳量。例如，9CrSi 钢，表示平均含碳量为 0.9%，合金元素 Cr、Si 的平均含量都小于 1.5%的合金工具钢；Cr12MoV 钢，表示平均含碳量＞1%，Cr 含量约为 12%，Mo、V 含量都小于 1.5%的合金工具钢。

高速钢牌号中一般不标出含碳量，仅标出合金元素平均含量的百分数，如 W18Cr4V。

(6)滚动轴承钢：该类钢应用最广的是高碳铬钢，其牌号用“G+Cr+数字”表示，数字表示含铬量的千分数。例如，GCr15 钢，表示平均含铬量为 1.5%的滚动轴承钢。

(7)特殊性能钢：该类钢的表示方法与合金工具钢基本相同。但当钢的平均含碳量≤0.03%或≤0.08%时，钢号前应分别冠以“00”或“0”，如 00Cr18Ni10、0Cr19Ni9 等。

(8)铸钢：该类钢的牌号由字母“ZG”加两组数字组成，第一组数字表示屈服强度值，第二组数字表示抗拉强度值。例如，ZG200—400 表示屈服强度为 200MPa、抗拉强度为 400MPa 的铸钢。

## 4.1.2　合金元素在钢中的作用

合金元素在钢中的作用是极为复杂的，钢中存在多种合金元素时更是如此。合金元素对钢的最基本的作用如下。

**1．强化铁素体**

多数合金元素都能溶于铁素体，产生固溶强化作用，使铁素体的强度、硬度升高，而塑性和韧性下降。图 4-2 和图 4-3 为几种合金元素含量对铁素体硬度和韧性的影响。由图可见，锰、硅等元素能显著提高铁素体的硬度和韧性。但当含锰量高于 1.5%、含硅量高于 0.6%时，反而会降低铁素体的韧性。只有铬和镍比较特殊，在含铬量低于 2%、含镍量低于 5%时，铁素体的硬度和韧性可以同时得到显著提高。

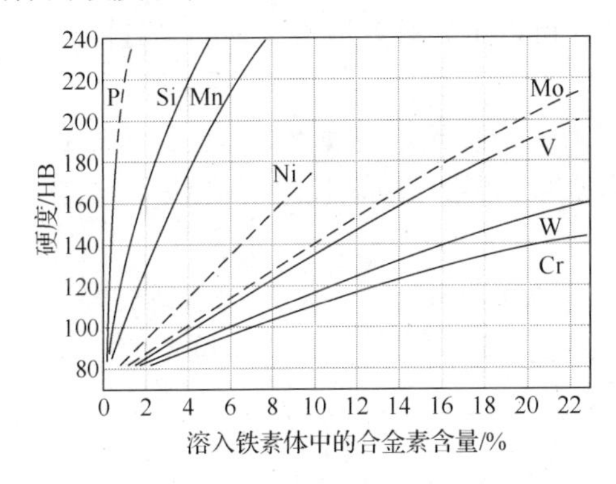


图 4-2　合金元素含量对铁素体硬度的影响

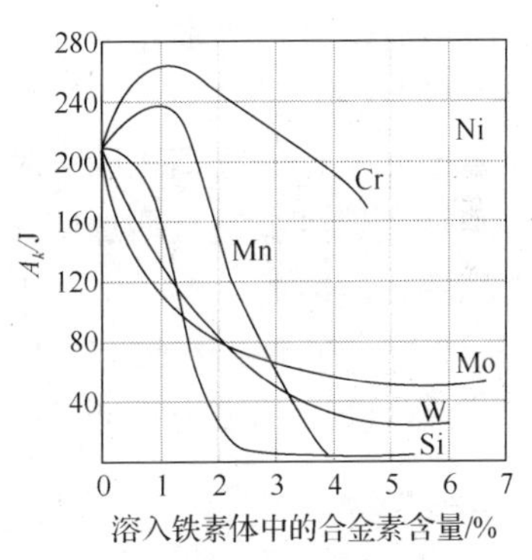


图 4-3　合金元素含量对铁素体韧性的影响

**2．形成合金碳化物**

很多合金元素可以和钢中的碳形成碳化物，按照它们与碳的亲和力由弱到强为铁、锰、铬、钼、钨、钒、铌、锆、钛，这类元素称为碳化物形成元素；而镍、钴、铜、硅、铝、氮、硼等元素不形成碳化物，称为非碳化物形成元素。

锰是弱碳化物形成元素，但与碳的亲和力比铁强，溶于渗碳体形成合金渗碳体$(Fe,Mn)_3C$。铬、钼、钨是中强碳化物形成元素，既能形成合金渗碳体(如$(Fe,Cr)_3C$)，还能形成特殊碳化物(如 $Cr_7C_3$、$Cr_{23}C_6$、$Mo_2C$、WC)。这类碳化物熔点、硬度、耐磨性都较高。钒、铌、锆、钛是强碳化物形成元素，优先形成特殊碳化物，如 VC、TiC、NbC 等。这类碳化物很稳定，熔点、硬度和耐磨性也很高，不易分解。

**3．阻碍奥氏体晶粒长大**

几乎所有的合金元素(除锰外)都能阻碍钢在加热时奥氏体晶粒长大，从而达到细化晶粒的目的。特别是强碳化物形成元素所形成的特殊碳化物(如 VC、TiC、NbC)难于全部溶于奥氏体，可以有效地阻碍奥氏体晶粒长大。V、Nb、Ti 等强碳化物形成元素也是细化晶粒的主要合金元素。

**4．提高钢的淬透性**

合金元素(除钴外)溶入奥氏体后，都能使 C 曲线向右移动(图 4-4)，降低马氏体临界冷却速度，提高钢的淬透性。因此，通常合金钢可以在油等冷却能力较低的淬火介质中淬火，以减少零件的变形和开裂倾向。

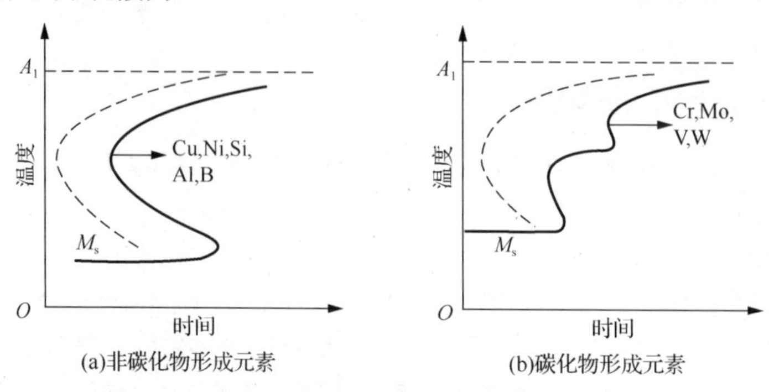


(a)非碳化物形成元素 (b)碳化物形成元素

图 4-4 合金元素对 C 曲线的影响

钼、锰、铬、硅、镍是提高钢淬透性的主要合金元素。多种元素同时加入要比各元素单独加入效果更好，通过“多元少量”的合金化原则，可以更为有效地提高钢的淬透性。

**5．提高回火稳定性**

回火稳定性是指淬火钢在回火时抵抗软化的能力。合金元素能使淬火钢在回火过程中的组织分解和转变速度减缓，增加回火抗力，提高回火稳定性，从而使钢的强度随回火温度的升高而下降的程度减弱。

高的回火稳定性使钢在较高温度下仍能保持高的硬度和耐磨性。钢在高温（>550℃）下保持高硬度（≥60HRC）的能力称为热硬性。较高的热硬性对切削工具钢具有十分重要的意义。

## 4.1.3 结构钢

**1．普通碳素结构钢**

普通碳素结构钢中的含碳量一般在 0.06%～0.38%，钢中的杂质元素含量较高，强度、硬度较低，但价格低，性能能够满足要求不高的机械零件和一般工程构件，应用普遍，通常轧制成钢板或各种型材供应。普通碳素结构钢的牌号、主要成分、力学性能及用途如表 4-2 所示。

**表 4-2 普通碳素结构钢的牌号、主要成分、力学性能及用途**

| 牌号 | 等级 | 化学成分 | | | 力学性能 | | | 用途 |
|---|---|---|---|---|---|---|---|---|
| | | $w$(C)/% | $w$(S)/%≤ | $w$(P)/%≤ | $\sigma_s$ / MPa | $\sigma_b$ / MPa | $\delta_5$/%≥ | |
| Q195 | — | 0.06～0.12 | 0.050 | 0.045 | 195 | 315～390 | 33 | 塑性好，有一定的强度，用于制造受力不大的零件，如螺钉、螺母、垫圈等，焊接件、冲压件及桥梁建设等金属结构件 |
| Q215 | A | 0.09～0.15 | 0.050 | 0.045 | 215 | 335～410 | 31 | |
| | B | | 0.045 | | | | | |
| Q235 | A | 0.14～0.22 | 0.050 | 0.045 | 235 | 375～460 | 26 | |
| | B | 0.12～0.20 | 0.045 | | | | | |
| | C | ≤0.18 | 0.040 | 0.040 | | | | |
| | D | ≤0.17 | 0.035 | 0.035 | | | | |
| Q255 | A | 0.18～0.28 | 0.050 | 0.045 | 255 | 410～510 | 24 | 强度较高，用于制造承受中等载荷的零件，如小轴、销子、连杆等 |
| | B | | 0.045 | | | | | |
| Q275 | — | 0.28～0.38 | 0.050 | 0.045 | 275 | 490～610 | 20 | |

**2. 优质碳素结构钢**

优质碳素结构钢中的有害杂质元素磷、硫含量受到严格控制，非金属夹杂极少，塑性、韧性较好，主要用于制作较重要的机械零件。该类钢一般都要经过热处理，以提高其力学性能。表 4-3 为常用优质碳素结构钢的牌号、主要成分、力学性能及用途。

**表 4-3　常用优质碳素结构钢的牌号、主要成分、力学性能及用途**

<table>
<tr><th rowspan="3">牌号</th><th colspan="3">主要成分</th><th colspan="3">力学性能</th><th rowspan="3">用　途</th></tr>
<tr><th rowspan="2">w(C)/%</th><th rowspan="2">w(Si)/%</th><th rowspan="2">w(Mn)/%</th><th>$\sigma_b$/MPa</th><th>$\sigma_s$/MPa</th><th>$\delta_5$/%</th></tr>
<tr><th colspan="3">不小于</th></tr>
<tr><td>08F</td><td>0.05～0.11</td><td>≤0.03</td><td>0.25～0.50</td><td>295</td><td>175</td><td>35</td><td rowspan="5">受力不大但要求高韧性的冲压件、焊接件、紧固件等，渗碳淬火后可制造强度要求不高的耐磨零件，如凸轮、滑块、活塞销等</td></tr>
<tr><td>08</td><td>0.05～0.12</td><td>0.17～0.37</td><td>0.35～0.65</td><td>325</td><td>195</td><td>33</td></tr>
<tr><td>10</td><td>0.07～0.14</td><td>0.17～0.37</td><td>0.35～0.65</td><td>335</td><td>205</td><td>31</td></tr>
<tr><td>15</td><td>0.12～0.19</td><td>0.17～0.37</td><td>0.35～0.65</td><td>375</td><td>225</td><td>27</td></tr>
<tr><td>20</td><td>0.17～0.24</td><td>0.17～0.37</td><td>0.35～0.65</td><td>410</td><td>245</td><td>25</td></tr>
<tr><td>30</td><td>0.27～0.35</td><td>0.17～0.37</td><td>0.50～0.80</td><td>490</td><td>295</td><td>21</td><td rowspan="6">负荷较大的零件，如连杆、曲轴、主轴、活塞销、表面淬火齿轮、凸轮等</td></tr>
<tr><td>35</td><td>0.32～0.40</td><td>0.17～0.37</td><td>0.50～0.80</td><td>530</td><td>315</td><td>20</td></tr>
<tr><td>40</td><td>0.37～0.45</td><td>0.17～0.37</td><td>0.50～0.80</td><td>570</td><td>335</td><td>19</td></tr>
<tr><td>45</td><td>0.42～0.50</td><td>0.17～0.37</td><td>0.50～0.80</td><td>600</td><td>355</td><td>16</td></tr>
<tr><td>50</td><td>0.47～0.55</td><td>0.17～0.37</td><td>0.50～0.80</td><td>630</td><td>375</td><td>14</td></tr>
<tr><td>55</td><td>0.52～0.60</td><td>0.17～0.37</td><td>0.50～0.80</td><td>645</td><td>380</td><td>13</td></tr>
<tr><td>65</td><td>0.62～0.70</td><td>0.17～0.37</td><td>0.50～0.80</td><td>695</td><td>410</td><td>10</td><td rowspan="4">要求弹性极限或强度较高的零件，如轧辊、弹簧、钢丝绳、偏心轮等</td></tr>
<tr><td>65Mn</td><td>0.62～0.70</td><td>0.17～0.37</td><td>0.90～0.12</td><td>735</td><td>430</td><td>9</td></tr>
<tr><td>70</td><td>0.67～0.75</td><td>0.17～0.37</td><td>0.50～0.80</td><td>715</td><td>420</td><td>9</td></tr>
<tr><td>75</td><td>0.72～0.80</td><td>0.17～0.37</td><td>0.50～0.80</td><td>1080</td><td>880</td><td>7</td></tr>
</table>

**3．低合金高强度结构钢**

低合金高强度结构钢的成分特点是低碳($w$(C)＜0.20%)、低合金(一般合金元素总量$w$(Me)＜3%)，以 Mn 为主加元素。Si、Mn 的主要作用是强化铁素体；Ti、V、Nb 等的主要作用是细化晶粒和弥散强化；少量的 Cu 和 P 的主要作用是提高钢对大气的抗蚀能力；加入少量稀土元素主要是脱硫除气，进一步改善钢的性能。

该类钢的强度明显高于含碳量相同的碳素钢，同时具有较好的韧性、塑性以及良好的焊接性和耐蚀性，一般在热轧退火(或正火)状态下使用，其组织为铁素体和珠光体，广泛用于桥梁、船舶、车辆、高压容器、输油输气管道等诸多行业。

表 4-4 为我国生产的几种常用低合金高强度结构钢的成分、性能及用途。

**表 4-4　常用低合金高强度结构钢的成分、性能及用途**

<table>
<tr><th rowspan="2">牌号</th><th rowspan="2">等级</th><th colspan="6">化学成分</th><th rowspan="2">厚度(直径)/mm</th><th colspan="3">力学性能</th><th rowspan="2">用途</th></tr>
<tr><th>w(C)/%≤</th><th>w(Si)/%≤</th><th>w(Mn)/%</th><th>w(V)/%</th><th>w(Nb)/%</th><th>w(Ti)/%</th><th>$\sigma_s$/MPa</th><th>$\sigma_b$/MPa</th><th>$\delta_5$/%≥</th></tr>
<tr><td rowspan="2">Q295</td><td>A</td><td rowspan="2">0.16</td><td rowspan="7">0.55</td><td rowspan="2">0.08～1.50</td><td rowspan="7">0.02～0.15</td><td rowspan="7">0.015～0.060</td><td rowspan="7">0.020～0.060</td><td rowspan="7">≤16</td><td rowspan="2">295</td><td rowspan="2">390～570</td><td rowspan="2">23</td><td rowspan="2">桥梁、铁道车辆、油罐等</td></tr>
<tr><td>B</td></tr>
<tr><td rowspan="5">Q345</td><td>A</td><td rowspan="3">0.20</td><td rowspan="5">1.00～1.60</td><td rowspan="5">345</td><td rowspan="5">470～630</td><td rowspan="2">21</td><td rowspan="5">桥梁、船舶、车辆、压力容器、建筑结构等</td></tr>
<tr><td>B</td></tr>
<tr><td>C</td><td rowspan="3">22</td></tr>
<tr><td>D</td><td rowspan="2">0.18</td></tr>
<tr><td>E</td></tr>
</table>

续表

| 牌号 | 等级 | 化学成分 | | | | | | 厚度（直径）/mm | 力学性能 | | | 用途 |
|---|---|---|---|---|---|---|---|---|---|---|---|---|
| | | w(C)/%≤ | w(Si)/%≤ | w(Mn)/% | w(V)/% | w(Nb)/% | w(Ti)/% | | $\sigma_s$/MPa | $\sigma_b$/MPa | $\delta_5$/%≥ | |
| Q390 | A | 0.20 | 0.55 | 1.00～1.60 | 0.02～0.15 | 0.015～0.060 | 0.020～0.060 | ≤16 | 390 | 480～650 | 19 | 桥梁、高压容器、大型船舶、电站设备等 |
| | B | | | | | | | | | | | |
| | C | | | | | | | | | | 20 | |
| | D | | | | | | | | | | | |
| | E | | | | | | | | | | | |
| Q420 | A | | | | | | | | 420 | 520～580 | 18 | 大型焊接结构、船舶、大桥、管道等 |
| | B | | | | | | | | | | | |
| | C | | | 1.00～1.70 | 0.02～0.20 | | | | | | 19 | |
| | D | | | | | | | | | | | |
| | E | | | | | | | | | | | |
| Q460 | C | | | | | | | | 460 | 550～720 | 17 | 中温高压容器（400～500℃） |
| | D | | | | | | | | | | | |
| | E | | | | | | | | | | | |

**4．渗碳钢**

渗碳钢通常是指用来制造渗碳零件的钢，主要用于制造机器设备上许多重要的机械零件(如齿轮、轴、活塞销和凸轮等)。该类零件在使用过程中表面承受强烈摩擦和磨损，同时承受较高的冲击载荷。这类零件都要求经过热处理后表面具有高的硬度、耐磨性和接触疲劳强度，而心部具有足够的强度和韧性。

渗碳钢可分为碳素渗碳钢和合金渗碳钢。碳素渗碳钢的平均含碳量在0.10%～0.20%；合金渗碳钢的含碳量一般在0.10%～0.25%。碳素渗碳钢的淬透性低，热处理后心部得不到强化，只适用截面比较小的零件。合金渗碳钢中加入的主要合金元素有铬、镍、锰、硼等，其主要作用是提高钢的淬透性，使零件在渗碳淬火后表面和心部都能得到强化。合金渗碳钢中还加入少量的钒、钨、钼、钛等碳化物形成元素，可起到细化晶粒、防止高温渗碳时晶粒长大的作用。

合金渗碳钢的热处理工艺一般是渗碳后淬火和低温回火，零件表面的组织为高碳回火马氏体、粒状合金碳化物和少量残余奥氏体，表面硬度一般为58～64HRC，保证表面具有高的硬度和耐磨性。心部组织与钢的淬透性及工件截面尺寸有关，完全淬透时为低碳回火马氏体，硬度为40～48HRC；未完全淬透情况下由索氏体、回火马氏体和少量铁素体组成，硬度为25～40HRC。

表4-5为常用渗碳钢的牌号、热处理、性能及用途。

**表4-5　常用渗碳钢的牌号、热处理、性能及用途**

| 牌号 | 试样尺寸/mm | 热处理/℃ | | | | 力学性能(不小于) | | | | | 用途 |
|---|---|---|---|---|---|---|---|---|---|---|---|
| | | 渗碳 | 第一次淬火 | 第二次淬火 | 回火 | $\sigma_b$/MPa | $\sigma_s$/MPa | $\delta_5$/% | $\psi$/% | $\alpha_k$/(J/cm$^2$) | |
| 15 | 25 | 930 | ～900（空气） | — | — | 380 | 230 | 27 | 55 | — | 小齿轮、小销、活塞销 |
| 20Cr | 15 | 930 | 880（水、油） | 800（水、油） | 200 | 835 | 540 | 10 | 40 | 60 | 30mm以下受力不大的渗碳件 |

续表

| 牌号 | 试样尺寸/mm | 热处理/℃ | | | | 力学性能(不小于) | | | | | 用途 |
|---|---|---|---|---|---|---|---|---|---|---|---|
| | | 渗碳 | 第一次淬火 | 第二次淬火 | 回火 | $\sigma_b$ /MPa | $\sigma_s$ /MPa | $\delta_5$ /% | $\psi$ /% | $\alpha_k$ /(J/cm$^2$) | |
| 20CrMnTi | 15 | 930 | 880（油） | 870（油） | 200 | 1080 | 853 | 10 | 45 | 70 | 30mm 以下承受高速中载荷的渗碳件 |
| 18Cr2Ni4WA | 15 | 930 | 950（空气） | 850（空气） | 200 | 1175 | 850 | 10 | 45 | 100 | 大型、高强度的重要渗碳件，如大型齿轮 |

**5．调质钢**

调质钢是指经过调质处理(淬火+高温回火)后使用的碳素结构钢和合金结构钢。大多数调质钢属于中碳钢，调质处理后的组织为回火索氏体。调质钢经热处理后拥有良好的综合力学性能，即具有高的强度和良好的塑性与韧性。因此，调质钢广泛用于制造一些要求具有良好的综合力学性能的重要零件，如汽车、拖拉机、机床和其他机器设备上的重要轴类、连杆类零件和高强螺栓等。

常用调质钢的含碳量为 0.27%～0.50%。含碳量过低时不易淬硬，回火后不能达到所需要的强度；含碳量过高会造成钢韧性不足。合金调质钢中主要添加的合金元素有 Cr、Mn、Ni、Si 等，主要作用是提高钢的淬透性。加入一定量的 Mo 和 W 可以有效防止第二类回火脆性的产生。

表 4-6 为常用合金调质钢的牌号、热处理、性能及用途。

**表 4-6　常用合金调质钢的牌号、热处理、性能及用途**

| 牌号 | 试样尺寸/mm | 热处理/℃ | | 力学性能(不小于) | | | | | 用途 |
|---|---|---|---|---|---|---|---|---|---|
| | | 淬火 | 回火 | $\sigma_b$ /MPa | $\sigma_s$ /MPa | $\delta_5$ /% | $\psi$ /% | $\alpha_k$ /(J/cm$^2$) | |
| 40Cr | 25 | 850（油） | 520（水、油） | 980 | 785 | 9 | 45 | 60 | 重要调质件，如轴类、连杆螺栓、汽车转向节、齿轮等 |
| 40MnB | 25 | 850（油） | 500（水、油） | 930 | 785 | 10 | 45 | 60 | 代替 40Cr |
| 35CrMo | 25 | 850（油） | 550（水、油） | 980 | 835 | 12 | 45 | 80 | 重要的调质件，如锤杆、轧钢曲轴，是 40CrNi 的代用钢 |
| 38CrMoAlA | 25 | 940（水、油） | 640（水、油） | 980 | 835 | 14 | 50 | 90 | 需氮化的零件，如镗杆、磨床主轴、精密丝杠、量规等 |
| 40CrMnMo | 25 | 850（油） | 600（水、油） | 1000 | 800 | 10 | 45 | 80 | 受冲击载荷的高强度件，是 40CrNiMo 的代用钢 |
| 40CrNiMoA | 25 | 850（油） | 600（水、油） | 980 | 835 | 12 | 55 | 78 | 重型机械中高负荷的轴类、直升机的旋翼轴、汽轮机轴等 |

连杆螺栓是发动机中重要的连接零件，工作时要承受周期性的冲击载荷，如果断裂会引起严重事故。因此要求其具有足够的强度、冲击韧性和疲劳强度。为了满足良好的综合性能

的要求，连杆螺栓一般用 40Cr 制作，其生产和热处理工艺路线如下：

下料→锻造→退火(或正火)→粗机加工→调质→精机加工→装配

调质热处理工艺如图 4-5 所示。退火(或正火)作为预先热处理，主要作用是改善锻造组织，细化晶粒，调整硬度以利于切削加工，同时为调质处理做好组织准备。热处理后获得的组织为回火索氏体，硬度为 30～38HRC。

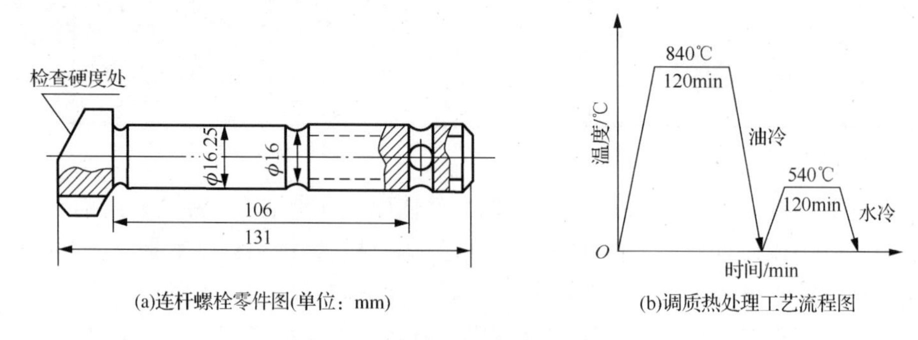


(a)连杆螺栓零件图(单位：mm)　　(b)调质热处理工艺流程图

图 4-5　连杆螺栓及其调质热处理工艺

**6．弹簧钢**

弹簧钢是用来制造各种弹簧和弹性元件的钢。弹簧一般在动载荷条件下使用，因此要求弹簧钢必须具有高的抗拉强度、高的屈强比($\sigma_s/\sigma_b$)、高的疲劳强度，以及足够的塑性和韧性，同时要求有较好的淬透性和低的脱碳敏感性，在冷态或热态下容易卷绕成型。

弹簧钢的含碳量比调质钢高，碳素弹簧钢含碳量一般为 0.6%～0.9%，合金弹簧钢一般为 0.45%～0.75%。碳素弹簧钢(65 钢、75 钢等)的淬透性比较差，截面尺寸较大，承受较重负荷的弹簧都是用合金弹簧钢制造的。合金弹簧钢中加入 Si、Mn，主要用于提高钢的淬透性和弹性极限。加入 Cr、W、V 等不仅可以提高钢的淬透性，不易过热，而且可以提高钢的高温强度和韧性。

按照加工方法，弹簧可以分为热成型弹簧和冷成型弹簧两类。

(1)热成型弹簧：一般用于制作直径大于 10mm 的大型弹簧。弹簧在加热状态下成型后，利用余热立即淬火。然后进行中温回火获得回火屈氏体组织，以获得高的弹性极限和疲劳强度。热处理后的弹簧一般还要进行喷丸处理。

(2)冷成型弹簧：小型弹簧一般采用冷拔弹簧钢丝(片)冷绕成型。由于冷成型过程会产生加工硬化，冷成型弹簧屈服强度和弹性极限都很高，因此冷成型后需进行一次 200～300℃的去应力回火使弹簧定型。

表 4-7 为常用弹簧钢的牌号、热处理、性能和用途。

**表 4-7　常用弹簧钢的牌号、热处理、性能和用途**

| 牌号 | 热处理/℃ | | 力学性能(不小于) | | | | 用途 |
|---|---|---|---|---|---|---|---|
| | 淬火 | 回火 | $\sigma_b$/MPa | $\sigma_s$/MPa | $\delta_{10}$/% | $\psi$/% | |
| 65 | 840(油) | 500 | 1000 | 800 | 9 | 35 | 小于$\phi$12mm 的一般机械上的弹簧或拉成钢丝制作小型机械弹簧 |
| 65Mn | 830(油) | 540 | 1000 | 800 | 8 | 30 | |

续表

| 牌号 | 热处理/℃ | | 力学性能(不小于) | | | | 用途 |
|---|---|---|---|---|---|---|---|
| | 淬火 | 回火 | $\sigma_b$/MPa | $\sigma_s$/MPa | $\delta_{10}$/% | $\psi$/% | |
| 60Si2Mn | 870(油) | 480 | 1300 | 1200 | 5 | 25 | 工作温度低于230℃，$\phi$20～30mm的减振弹簧、螺旋弹簧 |
| 50CrVA | 850(油) | 500 | 1300 | 1150 | $\delta_5$ 10 | 40 | $\phi$30～50mm，工作温度低于400℃的板簧、弹簧 |
| 60Si2CrVA | 850(油) | 410 | 1900 | 1700 | $\delta_5$ 6 | 20 | $\phi$<50mm的弹簧，工作温度低于250℃的重型板簧与螺旋弹簧 |
| 55SiMnMoVNb | 880(油) | 550 | 1400 | 1300 | 7 | 35 | $\phi$<75mm的弹簧或重型汽车板簧 |

**7．滚动轴承钢**

滚动轴承钢主要用来制造滚动轴承的滚动体(滚珠、滚柱、滚针)、内外套圈等零件，要求有高的硬度、耐磨性、接触疲劳强度，还要有足够的韧性、淬透性和耐蚀性。

滚动轴承钢应用最广的是高碳铬钢，其含碳量为0.95%～1.10%，含铬量为0.40%～1.65%，尺寸较大的轴承可采用铬锰硅钢。高碳是为了保证轴承钢的高强度、高硬度和高耐磨性。加入铬的主要作用是提高淬透性，并在热处理时形成细小而均匀的合金渗碳体以提高钢的耐磨性和疲劳强度。

滚动轴承钢的热处理工艺主要为球化退火、淬火和低温回火。球化退火是为了获得球状珠光体组织，降低锻造后钢的硬度，便于切削加工，为淬火做好组织上的准备。淬火加低温回火可获得极细的回火马氏体和细小均匀分布的碳化物组织，以提高轴承的硬度和耐磨性。

表4-8为常用滚动轴承钢的牌号、成分、热处理工艺及用途。

**表4-8　常用滚动轴承钢的牌号、成分、热处理工艺及用途**

| 牌号 | 化学成分 | | | | 热处理/℃ | | 硬度/HRC | 用途 |
|---|---|---|---|---|---|---|---|---|
| | $w$(C)/% | $w$(Cr)/% | $w$(Si)/% | $w$(Mn)/% | 淬火 | 回火 | | |
| GCr6 | 1.05～1.15 | 0.40～0.70 | 0.15～0.35 | 0.25～0.45 | 800～820(水、油) | 150～170 | 62～66 | 直径小于10mm的滚针、滚柱和滚珠 |
| GCr9 | 1.00～1.10 | 0.90～1.20 | 0.15～0.35 | 0.25～0.45 | 800～820(水、油) | 150～170 | 62～66 | 直径小于20mm的滚动体及轴承内、外圈 |
| GCr9SiMn | 1.00～1.10 | 0.90～1.25 | 0.45～0.75 | 0.95～1.25 | 810～830(水、油) | 150～160 | 6～264 | 直径25～50mm的滚珠，壁厚小于14mm、外径小于250mm的套圈 |
| GCr15 | 0.95～1.05 | 1.40～1.65 | 0.15～0.35 | 0.25～0.45 | 820～840(油) | 150～160 | 62～64 | |
| GSiMnMoV | 0.95～1.1 | — | 0.45～0.65 | 0.75～1.05 | 780～820(油) | 175～200 | ≥62 | 代替GCr15用于军工和民用方面的轴承 |

## 4.1.4　工具钢

工具钢是指用于制作各种切削刀具、模具、量具和其他工具的钢。各类工具都是在很大的局部压力和磨损条件下工作的，因此要求有高的硬度、耐磨性以及足够的强度和韧性。

工具钢的含碳量多约为0.77%或高于0.77%，合金元素的主要作用是提高淬透性，增加耐磨性。为了获得高的硬度，工具钢最终热处理均采用淬火和低温回火。

## 1．碳素工具钢

碳素工具钢是含碳量为0.65%～1.35%的高碳钢，硫、磷杂质含量比较少。碳素工具钢经淬火、低温回火后具有高硬度、耐磨性；但塑性较低，淬透性低，易变形，主要用于制造截面较小、形状简单的各种低速切削刀具、量具和模具。

表4-9为常用碳素工具钢的牌号、主要成分、力学性能及用途。

表4-9　碳素工具钢的牌号、主要成分、力学性能及用途

| 牌号 | 化学成分 | | | 硬度 | | 用途 |
|---|---|---|---|---|---|---|
| | *w*(C)/% | *w*(Si)/% | *w*(Mn)/% | 退火后/HBS≤ | 淬火后/HRC≥ | |
| T7<br>T7A | 0.65～0.74 | ≤0.40 | ≤0.35 | 187 | 62 | 受冲击的工具，如凿子、冲头、手锤、螺丝刀等 |
| T8<br>T8A | 0.75～0.84 | ≤0.40 | ≤0.35 | 187 | 62 | 木工用铣刀、钻头、圆锯片、钳工工具、铆钉冲模等 |
| T9<br>T9A | 0.85～0.90 | ≤0.40 | ≤0.35 | 192 | 62 | 切削软金属的刀具，一定硬度、韧性的冲模、冲头等 |
| T10<br>T10A | 0.95～1.04 | ≤0.40 | ≤0.35 | 197 | 62 | 低速切削刀具、小型冷冲模、形状简单的量具 |
| T12<br>T12A | 1.15～1.24 | ≤0.40 | ≤0.35 | 207 | 62 | 不受冲击，但要求硬、耐磨的工具，如锉刀、丝攻、板牙等 |

## 2．合金刃具钢

合金刃具钢是在碳素工具钢的基础上添加总量小于5%的合金元素，用于制造各种刃具的钢种。和碳素工具钢相比，合金刃具钢具有更高的硬度、耐磨性、淬透性和热硬性，可以用于制造截面大、形状复杂、性能要求高的工具。

### 1）低合金刃具钢

低合金刃具钢主要用于300℃以下、截面尺寸较大、形状复杂的低速切削刃具和冷作模具、量具等。该类钢的含碳量为0.80%～1.50%，以保证刃具有高的硬度和耐磨性。钢中合金元素总量一般小于5%。主要添加元素有Cr、Mn、Si，主要作用是提高钢的淬透性，Si还能提高钢的回火稳定性；此外，还加入W、V，可以提高钢的硬度和耐磨性，并防止淬火加热时过热，保持晶粒细小。

低合金刃具钢的预先热处理为球化退火，最终热处理为淬火和低温回火，所获得组织为回火马氏体、合金碳化物和少量残余奥氏体。

表4-10为常用低合金刃具钢的牌号、成分、热处理及用途。

表4-10　常用低合金刃具钢的牌号、成分、热处理及用途

| 牌号 | 化学成分 | | | | | 热处理 | | | | 用途 |
|---|---|---|---|---|---|---|---|---|---|---|
| | | | | | | 淬火 | | 回火 | | |
| | *w*(C)/% | *w*(Si)/% | *w*(Mn)/% | *w*(Cr)/% | *w*(其他)/% | 温度/℃ | 硬度/HRC≥ | 温度/℃ | 硬度/HRC> | |
| 9SiCr | 0.85～0.95 | 1.20～1.60 | 0.30～0.60 | 0.95～1.25 | — | 820～860(油) | 62 | 180～200 | 60～63 | 耐磨性高、切削不剧烈的刀具，如板牙、齿轮铣刀等 |

续表

| 牌号 | 化学成分 | | | | | 热处理 | | | | 用途 |
|---|---|---|---|---|---|---|---|---|---|---|
| | | | | | | 淬火 | | 回火 | | |
| | w(C)/% | w(Si)/% | w(Mn)/% | w(Cr)/% | w(其他)/% | 温度/℃ | 硬度/HRC≥ | 温度/℃ | 硬度/HRC> | |
| Cr2 | 0.95～1.10 | ≤0.40 | ≤0.40 | 1.30～1.65 | — | 830～860(油) | 62 | 150～170 | 60～62 | 低速、切削量小、加工材料不很硬的刀具、测量工具，如样板 |
| CrWMn | 0.90～1.05 | ≤0.40 | 0.80～1.10 | 0.90～1.20 | W1.20～1.60 | 800～830(油) | 62 | 140～160 | 62～65 | 淬火变形小的刀具，如拉刀、长丝锥、量规等 |
| 9Cr2 | 0.85～0.95 | ≤0.40 | ≤0.40 | 1.30～1.70 | — | 820～850(油) | 62 | — | — | 冷轧辊、钢印冲孔凿、尺寸较大的铰刀 |
| CrW5 | 1.25～1.50 | ≤0.30 | ≤0.30 | 0.40～0.70 | W4.50～5.50 | 800～820(水) | 65 | 150～160 | 64～65 | 低速切削硬金属用的刀具，如车刀、铣刀、刨刀 |
| 9Mn2V | 0.85～0.95 | ≤0.40 | 1.70～2.00 | | V0.10～0.25 | 780～810(油) | 62 | 150～200 | 60～62 | 丝锥、板牙、铰刀、量规、块规、精密丝杠 |

**2) 高速钢**

高速钢是具有高热硬性、高耐磨性和足够强度的高合金工具钢，在高速切削条件(如50～80m/min)下刃部温度达到500～600℃时仍能保持很高的硬度，常用于制造切削速度较高的刀具和形状复杂、载荷较大的成型刀具，如车刀、铣刀、钻头、拉刀等。

高速钢的含碳量很高，在0.70%～1.60%，同时添加大量的碳化物形成元素，如W、Cr、Mo、V等。高含碳量一方面是为了能与合金元素形成足够数量的碳化物；另一方面要有一定数量的碳溶于奥氏体中，以保证马氏体的高硬度。合金元素W、Mo的主要作用是提高钢的热硬性；Cr用于提高淬透性；V的碳化物十分稳定，且硬度很高，回火时弥散析出，提高钢的耐磨性并细化晶粒。

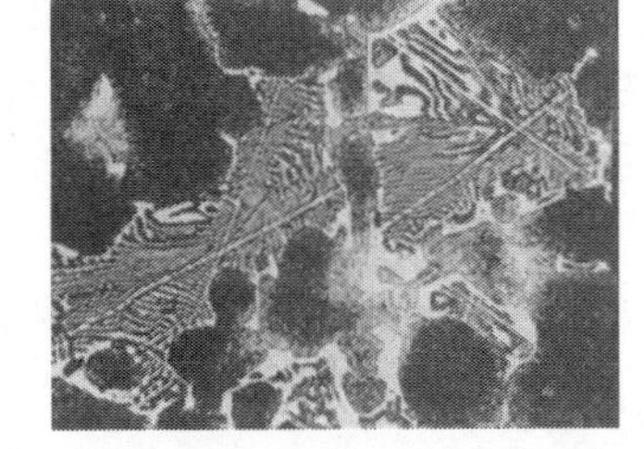
图4-6　高速工具钢的铸态组织(300×)

高速钢的铸态组织中存在鱼骨状粗大的共晶碳化物(图4-6)，使钢强度和韧性下降。这些粗大的碳化物相当稳定，无法用热处理的方法消除，只能通过锻造的方法将其击碎，并使它分布均匀。

高速钢锻造后应进行球化退火处理，以降低硬度，消除应力，便于机加工，并为随后的淬火、回火做好组织准备。由于高速钢合金元素含量高，导热性比较差，所以淬火加热时必须进行一次或两次预热(图4-7)。钢中含有大量W、Mo、Cr、V的难溶碳化物，它们只有在1200℃以上才能大量地溶于奥氏体中，因此高速钢的淬火温度一般在1220～1280℃。高速钢空冷速度过慢，会自奥氏体中析出碳化物，降低钢的热硬性，所以淬火介质通常为油。高速钢淬火后需在550～570℃进行多次回火(一般为二次或三次)，此时从马氏体中析出极细碳化物，并使残余奥氏体基本全部转变为回火马氏体，进一步提高了钢的硬度和耐磨性，所获得最终组织为回火马氏体、碳化物和少量残余奥氏体。

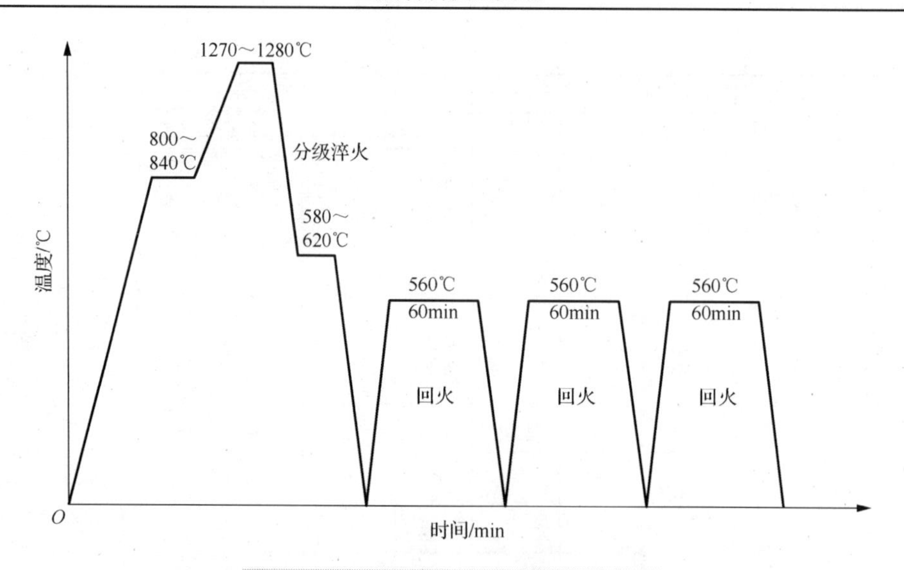


图 4-7　W18Cr4V 淬火、回火工艺曲线图

我国常用的高速钢有钨系 W18Cr4V 和钨钼系 W6Mo5Cr4V2。W18Cr4V 是发展最早、应用最广泛的高速钢，工艺成熟、通用性强，适合制造一般高速切削车刀、刨刀、铣刀、插齿刀等。W6Mo5Cr4V2 可作为 W18Cr4V 的代用品，其热塑性、韧性和耐磨性均优于 W18Cr4V，热硬性也与 W18Cr4V 相当，但磨削加工性不如 W18Cr4V，脱碳敏感性也较大，可用于制造要求耐磨性和韧性很好配合的高速切削刀具，如丝锥、钻头等，尤其适合用轧制和扭制热变形成型的钻头等刀具。

**3．模具钢**

模具钢分为冷作模具钢和热作模具钢两类。

**1）冷作模具钢**

冷作模具钢用于制造各种冷冲模、冷挤压模和拉丝模等，工作温度不超过 200～300℃。工作时冷作模具钢要承受很大的压力、冲击载荷和摩擦，主要损坏形式是磨损，所以冷作模具钢应具有高的硬度、耐磨性、抗疲劳性和一定的韧性。

工作载荷较轻、形状简单的小型冷作模具可选用 T8A、T10A、T12A 等碳素工具钢制造；形状复杂或尺寸较大的冷作模具可选用 9SiCr、CrWMn 等低合金刃具钢制造；重载荷，要求高耐磨性、高淬透性、小变形量的形状复杂的冷作模具选用 Cr12 和 Cr12MoV 高碳高铬钢制造。

**2）热作模具钢**

热作模具钢用于制造各种热锻模、压铸模、高速锻模等，工作时型腔表面温度可达 600℃以上。工作时热作模具钢承受较大的冲击载荷和塑变摩擦，强烈的冷热循环所引起的不均匀热应力以及高温氧化，使模具常出现龟裂、塌陷、磨损等失效现象。因此要求热作模具钢具有高的热强性和热硬性、高温耐磨性和高的抗氧化性，以及较高的抗热疲劳性和导热性。

该类钢含碳量在 0.30%～0.60%，加入 Cr、Ni、Mn 等元素的目的是提高钢的淬透性和强度等性能；加入 Mo、W、V 等元素可细化晶粒，提高热稳定性及热硬性。同时适当提高 Cr、Mo、W 在钢中的含量还可以提高钢的抗热疲劳性。

热锻造模具一般采用 5CrMnMo 和 5CrNiMo 制造；热压铸模和热挤压模常采用 3Cr2W8V 制造。热作模具钢的最终热处理一般为淬火后中温（或高温）回火，以保证有较高的韧性。

表 4-11 为各类常用模具钢的牌号、成分、热处理、性能及用途。

**表 4-11　常用模具钢的牌号、成分、热处理、性能及用途**

| 类别 | 牌号 | 化学成分 | | | | | | | 热处理 | | | 应用举例 |
|---|---|---|---|---|---|---|---|---|---|---|---|---|
| | | w(C)/% | w(Mn)/% | w(Si)/% | w(Cr)/% | w(其他)/% | w(V)/% | w(Mo)/% | 淬火/℃ | 回火/℃ | 硬度 | |
| 冷作模具钢 | Cr12 | 2.00～2.30 | ≤0.35 | ≤0.40 | 11.5～13.00 | — | — | — | 980(油) | 180～220 | 60～62HRC | 冷冲模、冲头、切边模 |
| | | | | | | | | | 1080(油) | 520(三次) | 59～60HRC | |
| | Cr12MoV | 1.45～1.70 | ≤0.35 | ≤0.40 | 11.0～12.5 | — | 0.15～0.30 | 0.40～0.60 | 1030(油) | 160～180 | 61～62HRC | 大型冷切剪刀、拉丝模 |
| | | | | | | | | | 1120(油) | 510(三次) | 60～61HRC | |
| 热作模具钢 | 5CrNiMo | 0.50～0.60 | 0.50～0.80 | ≤0.35 | 0.50～0.80 | Ni1.40～1.80 | — | 0.15～0.30 | 830～860(油) | 530～550 | 364～402HB | 形状复杂的大中型锻模 |
| | 5CrMnMo | 0.50～0.60 | 1.20～1.60 | 0.25～0.60 | 0.60～0.90 | — | — | 0.15～0.30 | 820～850(油) | 560～580 | 324～364HB | 中型锻模 |
| | 3Cr2W8V | 0.30～0.40 | 0.20～0.40 | ≤0.35 | 2.20～2.70 | W 7.50～9.00 | 0.20～0.50 | — | 1050～1100(油) | 560～580(三次) | 44～48HRC | 热压铸模、热挤压模 |

### 4．量具钢

量具钢是指用于制造游标卡尺、千分尺、量规等测量工具的钢。量具工作时受摩擦、磨损，因此要求量具钢具有高硬度、高耐磨性及良好的尺寸稳定性。

制造量具常用的钢有碳素工具钢、合金工具钢和滚动轴承钢。精度要求较高的量具可以采用 GCr15、CrWMn、CrMn 等微变形合金钢制造。

量具钢热处理的关键在于减少热处理变形和提高尺寸稳定性。对于精密模具，为了保证使用过程中的尺寸稳定性，淬火后立即进行约-80℃的冷处理，使残余奥氏体尽可能地转变为马氏体，再进行长时间低温回火。在精磨后或研磨前，还要进行时效处理以进一步消除内应力。图 4-8 为用 CrWMn 制造高精度块规的热处理工艺曲线。

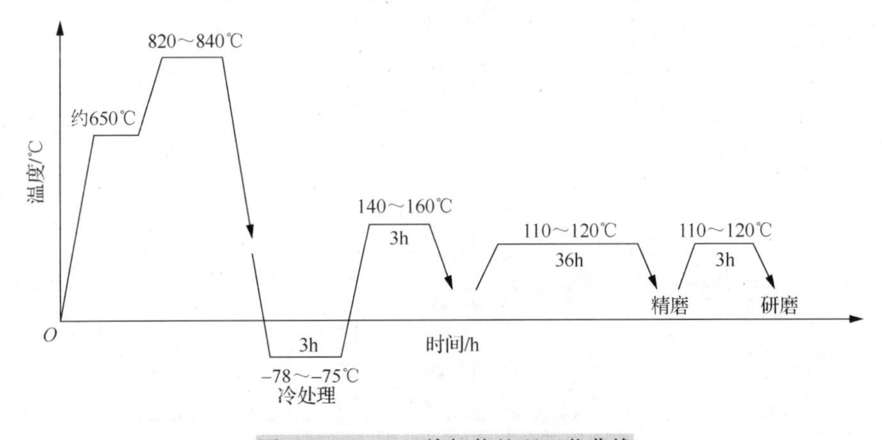


图 4-8　CrWMn 块规热处理工艺曲线

表 4-12 为常用的量具用钢的选用举例。

**表 4-12　量具用钢的选用举例**

| 量具 | 选用钢号举例 | |
|---|---|---|
| | 钢的类别 | 钢号 |
| 精度不高的卡板、样板、直尺等 | 渗碳钢 | 10、20、15Cr |
| 精度不高、形状简单的量规、塞规、样板等 | 碳素工具钢 | T10A、T11A、T12A |
| 块规、螺纹塞规、环规、样校、样套等 | 低合金工具钢或滚动轴承钢 | 9CrSi、CrWMn、GCr15 |
| 各种要求精度的量具 | 冷作模具钢 | Cr12、9Mn2V |
| 抗蚀量具 | 不锈钢 | 4Cr13、9Cr13 |

## 4.1.5　特殊性能钢

特殊性能钢是指在特殊工作条件或腐蚀、高温等特殊工作环境下具有特殊物理和化学性能的钢。机械行业常用的特殊性能钢包括不锈钢、耐热钢、耐磨钢等。

**1. 不锈钢**

不锈钢是指在腐蚀介质中具有抗腐蚀性能的钢。按照成分与组织可分为奥氏体不锈钢、铁素体不锈钢和马氏体不锈钢三种类型。表 4-13 为常用不锈钢的牌号、成分、热处理、力学性能及用途。

**表 4-13　常用不锈钢的牌号、成分、热处理、力学性能及用途**

| 类别 | 牌号 | 主要化学成分 | | | | 热处理/℃ | 力学性能 | | | | | 用途 |
|---|---|---|---|---|---|---|---|---|---|---|---|---|
| | | $w$(C)/% | $w$(Cr)/% | $w$(Ni)/% | $w$(Ti)/% | | $\sigma_b$/MPa | $\sigma_s$/MPa | $\delta$/% | $\psi$/% | 硬度/HRC | |
| 奥氏体型 | 0Cr18Ni9 | ≤0.08 | 17～19 | 8～12 | — | 1050～1100（水淬） | ≥490 | ≥180 | ≥40 | ≥60 | — | 具有良好的耐蚀及耐晶间腐蚀性能，是化工行业良好的耐蚀材料 |
| | 1Cr18Ni9 | ≤0.12 | 17～19 | 8～12 | — | 1100～1150（水淬） | ≥550 | ≥200 | ≥45 | ≥55 | — | 耐硝酸、冷磷酸、有机酸及盐、碱溶液腐蚀的设备零件 |
| | 1Cr18Ni9Ti | ≤0.12 | 17～19 | 8～11 | ≤0.8 | 1100～1150（水淬） | ≥550 | ≥200 | ≥40 | ≥50 | — | 耐酸容器及设备衬里，输送管道等设备和零件，抗磁仪表、医疗器械 |
| 马氏体型 | 1Cr13 | 0.08～0.15 | 12～14 | — | — | 1000～1050（油或水淬）700～790（回火） | ≥600 | ≥420 | ≥20 | ≥60 | — | 能抗弱腐蚀性介质、能承受冲击负荷的零件，如汽轮机叶片、水压机阀、结构架、螺栓、螺帽等 |
| | 2Cr13 | 0.16～0.24 | 12～14 | — | — | 1000～1050（油或水淬）700～790（回火） | ≥660 | ≥450 | ≥16 | ≥55 | — | |

续表

| 类别 | 牌号 | 主要化学成分 | | | | 热处理/℃ | 力学性能 | | | | | 用途 |
|---|---|---|---|---|---|---|---|---|---|---|---|---|
| | | $w$(C)/% | $w$(Cr)/% | $w$(Ni)/% | $w$(Ti)/% | | $\sigma_b$/MPa | $\sigma_s$/MPa | $\delta$/% | $\psi$/% | 硬度/HRC | |
| 马氏体型 | 3Cr13 | 0.25～0.34 | 12～14 | — | — | 1000～1050(油淬) 200～300(回火) | — | — | — | — | 48 | 具有较高硬度和耐磨性的医疗工具、量具、滚珠轴承等 |
| | 4Cr13 | 0.35～0.45 | 12～14 | — | — | 1000～1050(油淬) 200～300(回火) | — | — | — | — | 50 | |
| 铁素体型 | 1Cr17 | ≤0.12 | 16～18 | — | — | 750～800(空冷) | ≥400 | ≥250 | ≥20 | ≥50 | — | 硝酸工厂设备(如吸收塔、热交换器、酸槽、输送管道)及食品工厂设备等 |
| | Cr25Ti | ≤0.12 | 25～27 | — | 0.6～0.8 | 700～800(空冷) | 450 | 300 | 20 | 45 | — | 生产硝酸及磷酸设备等工业中 |

**1) 奥氏体不锈钢**

奥氏体不锈钢属于铬镍钢，是工业应用最为广泛的不锈钢，通常含有18%左右的Cr和8%以上的Ni，也称为18-8型不锈钢。该类钢经热处理后呈单相奥氏体组织，具有很高的耐蚀性，同时具有优良的塑性、韧性和焊接性能，可通过冷塑性变形强化来提高其强度和硬度。但奥氏体不锈钢成本较高，切削加工性能较差，对应力腐蚀也较为敏感。

**2) 马氏体不锈钢**

马氏体不锈钢属于铬不锈钢，含铬量为12%～18%，正火组织为马氏体。该类钢具有良好的力学性能、热加工性能和切削加工性能，通过热处理方法强化。马氏体不锈钢只在大气、水蒸气、淡水、海水、食品介质及浓度不高的有机酸等氧化性介质中有良好的耐腐蚀性，在硫酸、盐酸、热磷酸、热硝酸溶液及熔融碱等非氧化性介质中耐腐蚀性很低，而且随着钢中含碳量的增加，其强度、硬度、耐磨性提高，而耐蚀性下降。

**3) 铁素体不锈钢**

铁素体不锈钢的含碳量低于0.12%，含铬量为17%～30%，也属于铬不锈钢。这类钢在退火或正火状态下使用，呈单相铁素体组织，加热到1100℃组织也无明显变化，因此不能通过热处理的方法强化。铁素体不锈钢抗大气腐蚀和耐酸性强，具有良好的抗高温氧化性。其塑性、焊接性均优于马氏体不锈钢，主要用于制造耐蚀性要求很高而强度要求不高的构件。

**2．耐热钢**

许多机械零部件需要在高温下工作，在高温下具有高的抗氧化性能和足够高温强度的钢称为耐热钢。耐热钢包括抗氧化钢和热强钢。

**1) 抗氧化钢**

在高温下具有较好的抗氧化性，并且有一定强度的钢称为抗氧化钢，又称不起皮钢。该类钢中添加合金元素Cr、Si、Al等，高温下在钢表面能迅速氧化形成一层致密、高熔点、稳定的氧化膜，覆盖在金属表面，使钢不再继续氧化。这类钢多用于制造长期在高温下工作但强度要求不高的零件，如加热炉底板、燃气轮机燃烧室、锅炉吊挂等。多数抗氧化钢是在铬钢、铬镍钢、铬锰钢的基础上加入 Si、Al 制成的。随着含碳量的增多，钢的抗氧化性能下降，故一般抗氧化钢为低碳钢，如 Cr13Si3、2Cr25Ni20、3Cr18Ni25Si2 等。

**2) 热强钢**

在高温下有一定抗氧化能力和较高强度以及良好组织稳定性的钢称为热强钢。该种钢中添加合金元素 Cr、W、Mo、V、Ti 等，以提高钢的再结晶温度和高温下析出弥散相达到强化目的。

热强钢按正火状态组织可以分为珠光体钢、马氏体钢和奥氏体钢三类。

(1) 珠光体钢：该类热强钢含碳量较低，含合金元素也较少，工作温度一般在 600℃以下，广泛用于动力、石油等工业部门作为锅炉及管道用钢。常用钢种有 15CrMo、12Cr1MoV 等。

(2) 马氏体钢：该类热强钢工作温度一般在 620℃以下。Cr13 型马氏体钢除具有较高的抗蚀性外，还具有一定的耐热性，所以 1Cr13 及 2Cr13 也可以作为热强钢用于制造汽轮机叶片。1Cr13 工作温度为 450～475℃，2Cr13 工作温度为 400～450℃。常用的马氏体钢还有 1Cr11MoV、1Cr12WMoV、4Cr9Si2、4Cr10Si2Mo 等。

(3) 奥氏体钢：该类热强钢含大量合金元素，工作温度为 600～700℃，广泛应用于动力、航空、汽轮机、燃气轮机、电炉、石油化工等工业部门等。常用的奥氏体钢有 1Cr18Ni9Ti、4Cr14Ni14W2Mo 等。

**3. 耐磨钢**

耐磨钢是指在强烈冲击载荷作用下产生冲击硬化的钢，主要用于承受严重摩擦和强烈冲击的零件，如车辆带、破碎机颚板、挖掘机铲斗等。该类钢的主要成分如下：含碳量为 1.0%～1.3%，含锰量为 11%～14%，所以又称为高锰钢。由于这类钢的机械加工比较困难，基本都是铸造成型，其钢号为 ZGMn13。

高锰钢的铸件硬而脆，耐磨性也差。这主要是因为铸态组织中含有沿晶界析出的碳化物。实践证明，高锰钢只有在全部获得奥氏体组织时才能呈现出最为良好的韧性和耐磨性。为了获得全部奥氏体组织，需要对高锰钢进行水韧处理，即将钢加热到 1000～1100℃，保温一定时间，使钢中的碳化物全部溶解到奥氏体中，然后迅速水淬以获得单一奥氏体组织。水韧处理后的高锰钢硬度并不高，但是当它在受到剧烈冲击或较大压力作用时，表面的奥氏体迅速产生加工硬化，并沿滑移面形成马氏体及碳化物，从而提高了表面的硬度，使表面获得高的耐磨性。需要注意的是，耐磨钢在使用时必须伴随压力和冲击作用，否则耐磨钢表面不会引起硬化，其耐磨性甚至不及碳钢。

## 4.2 铸　铁

铸铁是含碳量大于 2.11%的铁碳合金，并含有较多的硅、锰、硫、磷等多种元素。铸铁成本低廉，生产工艺简单，并具有优良的铸造性、切削加工性、减摩性、吸振性和低的缺口敏感性，可以满足生产各方面的需要。因此，铸铁在化学工业、冶金工业和各种机械制造工业中得到广泛应用。

铸铁的分类方法较多，根据碳在铸铁中存在形式，铸铁可以分为以下三类。

(1) 白口铸铁：碳除少量溶于铁素体外，其余全部以渗碳体的形式存在于铸铁中，其断口呈银白色。该类铸铁硬而脆，难以加工，很少直接用于制造机械零件，主要作为炼钢原料和生产可锻铸铁毛坯。

(2) 灰铸铁：碳全部或大部分以片状石墨形式存在于铸铁中，其断口呈暗灰色。该类铸铁是目前工业生产中使用最广泛的一类铸铁。

(3) 麻口铸铁：碳一部分以渗碳体存在，另一部分以石墨的形式存在于铸铁中，其断口呈黑白相间的麻点。该类铸铁有较大的硬脆性，工业生产中很少使用。

根据铸铁中石墨形态，铸铁又可分为以下三类。

(1) 灰铸铁：铸铁中石墨呈片状。

(2) 可锻铸铁：铸铁中石墨呈团絮状。它由白口铸铁通过石墨化或氧化脱碳的可锻化处理后获得。虽然可锻铸铁有较高的韧性，但是不能锻造。

(3) 球墨铸铁：铸铁中石墨呈球状。它由铁液经过球化处理后获得。该类铸铁力学性能比灰铸铁和可锻铸铁高，生产工艺比可锻铸铁简单，还可以通过热处理来提高力学性能，在生产中应用较为广泛。

### 4.2.1　铸铁的石墨化

在铸铁中，碳可以以渗碳体的形式存在，也可以以石墨的形式存在。其中渗碳体是亚稳定相，而石墨是稳定相。铸铁中碳以石墨的形态析出的过程称为石墨化。石墨既可以从铁碳合金液体和奥氏体中析出，也可以通过渗碳体分解获得。灰铸铁和球墨铸铁中的石墨主要从液相中析出；可锻铸铁中的石墨则通过使白口铸铁长时间退火，由渗碳体分解得到。影响铸铁石墨化的因素很多，化学成分和冷却速度是两个主要影响因素。

铸铁中的 C 和 Si 是强烈促进石墨化元素。含碳量越高，石墨化越容易。Si 能够减弱 C 和 Fe 的亲和力，不利于形成渗碳体，从而促进石墨化。通常用碳当量 CE 综合考虑碳、硅的影响，$CE=w(C)+0.3w(Si)$。P 也是促进石墨化元素，但作用较弱。S、Mn 是阻碍石墨化元素。

在同一化学成分的铸铁中，铸铁结晶时的冷却速度对其石墨化影响也很大。冷却速度越慢，在高温下保温时间越长，越有利于碳原子扩散和石墨化的充分进行，析出稳定石墨相的可能性就越大。相反，如果冷却速度较快，过冷度较大，原子扩散能力减弱，不利于石墨化的进行。铸铁的冷却速度还与铸件的壁厚有关，铸件越厚，冷却速度越慢，越有利于铸铁的石墨化。

### 4.2.2　常用铸铁

**1．灰铸铁**

灰铸铁是石墨呈片状分布的铸铁，具备铸造性能优良、减振和耐磨性好、缺口敏感性小、容易切削等诸多优点，得到较为广泛的应用。

***1) 灰铸铁的牌号及应用***

灰铸铁的牌号由“HT+三位数字”表示。数字表示灰铸铁的最低抗拉强度。如 HT150 表示最低抗拉强度为 150MPa 的灰铸铁。表 4-14 为常用灰铸铁的牌号和用途。

表 4-14　常用灰铸铁牌号和用途

| 牌号 | 铸件壁厚/mm | 最低抗拉强度/MPa | 用途 |
| --- | --- | --- | --- |
| HT100 | 2.5～10 | 130 | 低载荷和不重要零件，如盖、外罩、手轮、支架等 |
| | 10～20 | 100 | |
| | 20～30 | 90 | |
| | 30～50 | 80 | |
| HT150 | 2.5～10 | 175 | 支柱、底座、齿轮箱、工作台等承受中等负荷的零件 |
| | 10～20 | 145 | |
| | 20～30 | 130 | |
| | 30～50 | 120 | |
| HT200 | 2.5～10 | 220 | 汽缸、活塞、齿轮、床身、轴承座、联轴器等承受较大负荷和较重要的零件 |
| | 10～20 | 195 | |
| | 20～30 | 170 | |
| | 30～50 | 160 | |
| HT250 | 4.0～10 | 270 | |
| | 10～20 | 240 | |
| | 20～30 | 220 | |
| | 30～50 | 200 | |
| HT300 | 10～20 | 290 | 齿轮、凸轮、车床卡盘、高压液压筒和滑阀壳体等承受高负荷的零件 |
| | 20～30 | 250 | |
| | 30～50 | 230 | |
| HT350 | 10～20 | 340 | |
| | 20～30 | 290 | |
| | 30～50 | 260 | |

**2）灰铸铁的成分、组织和性能**

灰铸铁的含碳量一般在 2.5%～4.0%，含硅量在 1.0%～2.5%，含锰量在 0.5%～1.4%，含硫量≤0.15%，含磷量≤0.3%。

普通灰铸铁的组织是由片状石墨和钢的金属基体两部分组成的。其性能取决于基体组织与片状石墨的数量、大小和分布。基体可分为铁素体、铁素体＋珠光体和珠光体三种，相应地便有三种基体的灰铸铁，它们的显微组织如图 4-9 所示。

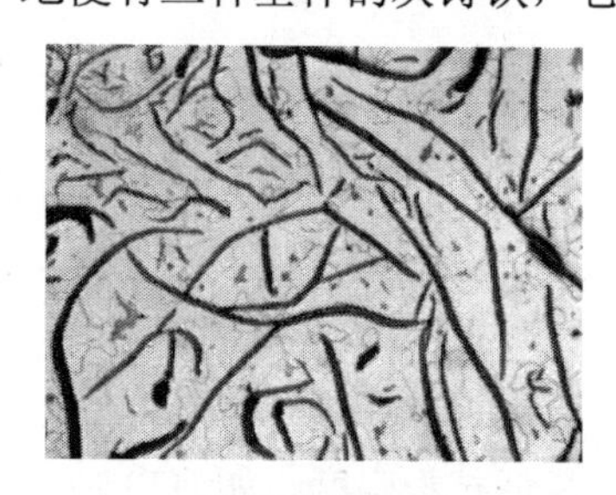
(a)铁素体基体(200×)

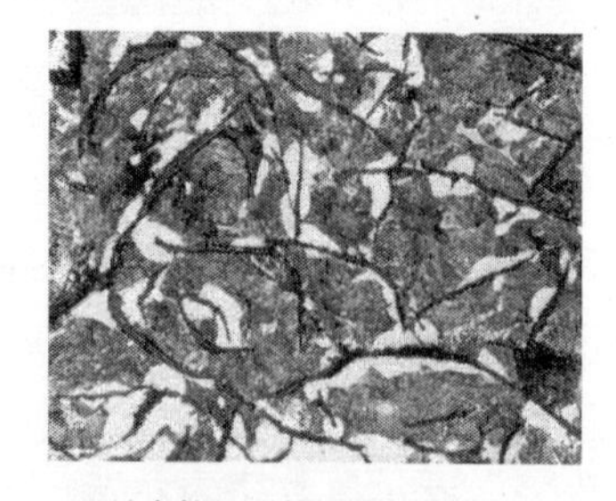
(b)铁素体珠光体混合基体(200×)

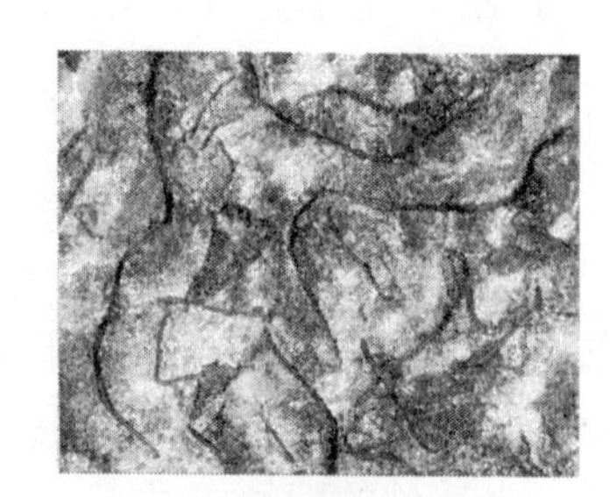
(c)珠光体基体(200×)

图 4-9　灰铸铁显微组织

铁素体的强度、硬度低，而塑性、韧性高。因此，铁素体基体灰铸铁的强度、硬度比较低，但塑性比较高，只能用于制造低负荷、不太重要的零件。珠光体具有高的强度、硬度和耐磨性，故珠光体基体灰铸铁的强度、硬度和耐磨性优于铁素体基体灰铸铁，多用于受力较大、耐磨性要求高的重要铸件，应用较为广泛。在实际生产过程中，获得基体全部为珠光体的铸态组织是非常困难的，故通常灰铸铁的基体是铁素体+珠光体组织，其性能也介于铁素体基体灰铸铁和珠光体基体灰铸铁。

片状石墨的数量、大小和分布是决定灰铸铁力学性能的重要因素。为了提高灰铸铁的力学性能，生产中常进行孕育处理。孕育处理就是在浇注前向铁水中加入少量孕育剂(如硅铁、硅钙合金等)，使铸铁在凝固过程中产生大量的人工晶核，以获得在细片状珠光体基体上均匀分布的较细小的片层状石墨。孕育处理后的铸铁称为孕育铸铁，相对普通灰铸铁，其强度、塑性和韧性都有很大提高，可以用来制造力学性能要求较高的铸件，如汽缸、曲轴、凸轮轴等。

**3) 灰铸铁的热处理**

对灰铸铁来说，热处理仅能改变其基体组织，改变不了石墨形态，对提高灰铸铁整体力学性能作用不大。因此，灰铸铁热处理的目的主要是消除铸件内应力、改善切削加工性能和提高表面耐磨性等。

(1) 去应力退火：对于一些形状复杂、各部位厚度不均或对尺寸稳定性要求较高的重要铸件，浇注时由于各部位的冷却速度和组织转变的速度不同，铸件内部存在不同程度的内应力。为了防止内应力使铸件发生变形甚至开裂，在机加工前通常要进行一次去应力退火，这种退火也称为人工时效处理。

(2) 降低硬度的高温退火：铸件冷却过程中，表层及截面较薄处冷却速度快，易出现白口组织。为了降低硬度，改善铸件的切削加工性能和力学性能，需要在共析温度以上进行高温退火。

(3) 表面淬火：对于某些需要提高表面硬度和耐磨性的铸铁制件，在机加工后可以用快速加热的方法进行表面淬火热处理。淬火后表层为淬硬层，组织为马氏体+石墨，硬度可以达到 50HRC 以上。

**2. 球墨铸铁**

球墨铸铁中石墨呈球状。它是在铁水浇注前，向其中加入少量的球化剂(镁或稀土镁)和孕育剂(硅铁等)，使石墨呈球状分布于基体中。球墨铸铁应力集中小，对金属基体的削弱少，具有较高的强度、韧性和塑性，力学性能优良，同时还保留了灰铸铁所具有的耐磨、消振、易切削、对缺口不敏感等特性，故得到了越来越广泛的应用。

**1) 球墨铸铁的牌号及应用**

球墨铸铁的牌号使用“QT+两组数字”表示，第一组数字表示最低抗拉强度，第二组数字表示最低伸长率。表 4-15 为球墨铸铁的牌号、力学性能及用途。

**表 4-15　球墨铸铁牌号、力学性能及用途**

| 牌号 | $\sigma_b$/MPa | $\sigma_s$/MPa | $\delta$/% | 金相组织 | 用途 |
|---|---|---|---|---|---|
| | 最小值 | | | | |
| QT400－18 | 400 | 250 | 18 | 铁素体 | 汽车、拖拉机的牵引框、轮毂、离合器及减速器的壳体；农机具的犁铧、犁柱；大气压阀门阀体、阀盖支架、高低压汽缸输气管；铁路垫板等 |
| QT400－15 | 400 | 250 | 15 | 铁素体 | |
| QT450－10 | 450 | 310 | 10 | 铁素体 | |

续表

| 牌号 | $\sigma_b$/MPa | $\sigma_s$/MPa | $\delta$/% | 金相组织 | 用途 |
|---|---|---|---|---|---|
| | 最小值 | | | | |
| QT500－7 | 500 | 320 | 7 | 铁素体+珠光体 | 液压泵齿轮、阀门体、轴瓦、机器底座、支架、传动轴、链轮、飞轮、电动机机架等 |
| QT600－3 | 600 | 370 | 3 | 珠光体+铁素体 | 连杆、曲轴、凸轮轴、汽缸体、进排气门座、脱粒机齿条、轻载荷齿轮、部分机床主轴、球磨机齿轮轴、矿车轮、小型水轮机主轴、缸套等 |
| QT700－2 | 700 | 420 | 2 | 珠光体 | |
| QT800－2 | 800 | 480 | 2 | 珠光体或回火组织 | |
| QT900－2 | 900 | 600 | 2 | 贝氏体或回火马氏体 | 汽车螺旋锥齿轮、减速器齿轮、凸轮轴、传动轴、转向节；犁铧、耙片等 |

**2）球墨铸铁的成分、组织和性能**

球墨铸铁的含碳量一般在 3.6%～3.9%，含硅量在 2.0%～3.2%，含锰量在 0.3%～0.8%，含硫量＜0.07%，含磷量＜0.1%，含镁量在 0.03%～0.08%。与灰铸铁相比，球墨铸碳、硅含量较高，含锰量较低，对磷、硫含量限制较严。

球墨铸铁的组织是由球状石墨和钢的金属基体两部分组成的。球墨铸铁的力学性能还与其基体组织有关。球墨铸铁基体组织常用的有珠光体、珠光体+铁素体和铁素体三种，如图 4-10 所示。经过合金化和热处理，也可以获得贝氏体、马氏体、屈氏体等组织。铁素体基体球墨铸铁的塑性最好；热处理后马氏体基体球墨铸铁的强度和硬度很高；等温淬火获得的下贝氏体基体球墨铸铁具有良好的综合力学性能，珠光体基体球墨铸铁的强度较高，应用最为广泛。

球墨铸铁中的球状石墨直径越小越分散，球墨铸铁的强度越高，塑性、韧性也越好。此外，同其他铸铁相比，球墨铸铁不仅抗拉强度高，而且屈服极限很高，疲劳强度甚至超过钢。

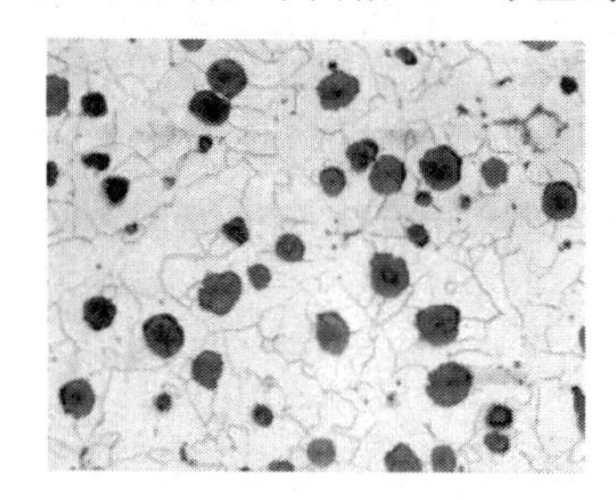
(a)铁素体基体(500×)

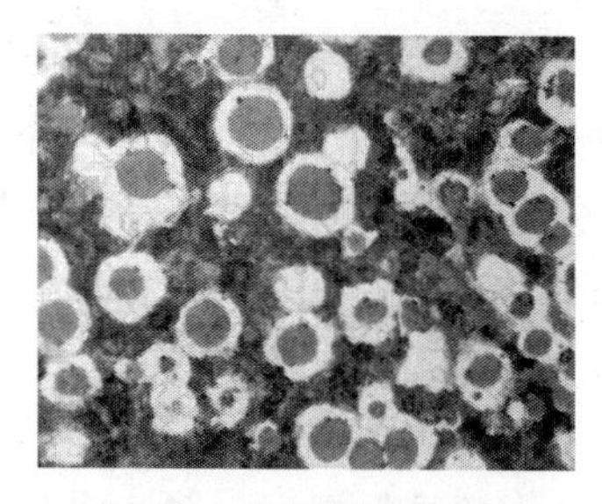
(b)铁素体珠光体混合基体(500×)

(c)珠光体基体(500×)

图 4-10　球墨铸铁显微组织

**3）球墨铸铁的热处理**

因为球状石墨对基体的割裂作用小，所以可以对球墨铸铁进行各种热处理强化，以改变球墨铸铁的基体组织，提高力学性能。球墨铸铁常用的热处理方法如下。

(1)退火的目的是获得铁素体基体。浇注后铸件组织中常会出现不同数量的珠光体和渗碳体，不仅降低了铸铁的力学性能而且难以进行切削加工。为了改善其加工性，同时消除铸造应力，需进行退火。退火工艺有两种：高温退火和低温退火。当铸态组织中不仅有珠光体，而且有自由渗碳体时，应进行高温退火，其工艺曲线如图 4-11 所示。当铸态组织仅为铁素体和珠光体，而没有自由渗碳体时，为获得铁素体基体，只需进行低温退火，其工艺曲线如图 4-12 所示。

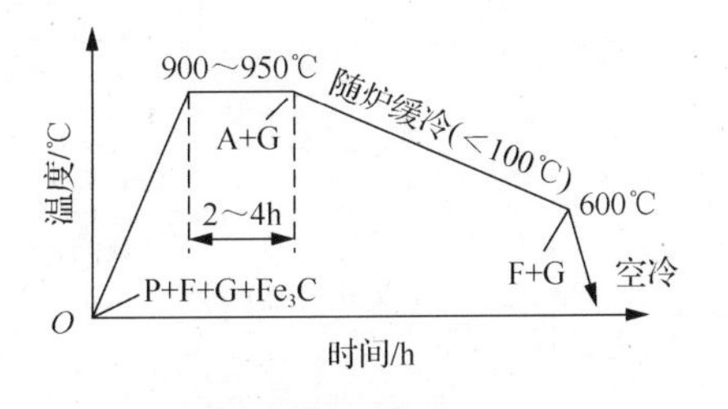


图 4-11　高温退火工艺

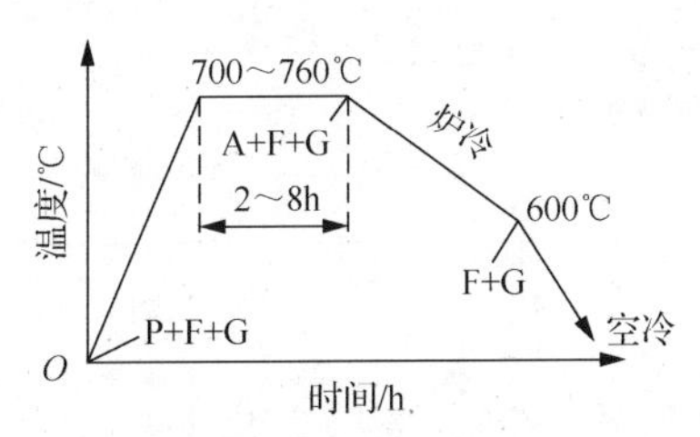


图 4-12　低温退火工艺

(2) 正火的目的是使铸态下基体的混合组织全部或大部分变为珠光体，并细化晶粒，从而提高其强度和耐磨性。铸态组织无自由渗碳体时，可采用图 4-13 所示的低温正火工艺，使其获得珠光体+铁素体基体球墨铸铁。当铸态组织中自由渗碳体含量≥3%时，应采用图 4-14 所示的高温正火工艺，得到珠光体基体球墨铸铁。正火后，为了消除内应力，可增加一次消除内应力的退火或回火。

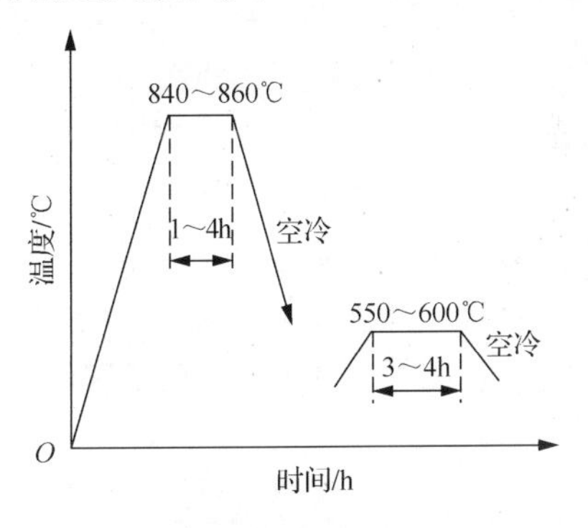


图 4-13　无渗碳体时的低温正火工艺

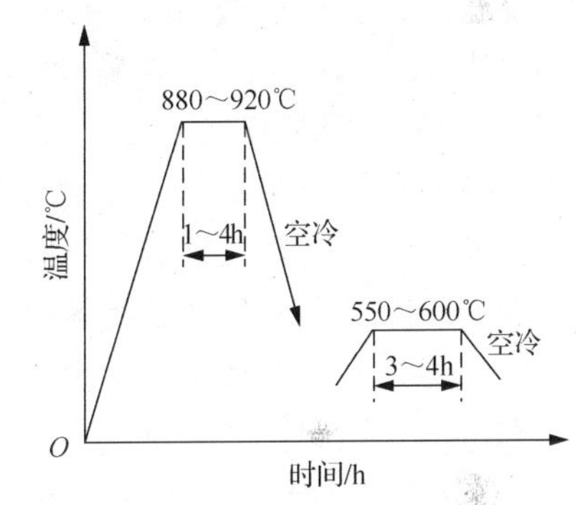


图 4-14　有渗碳体时的高温正火工艺

(3) 淬火和回火的目的是得到回火马氏体、回火屈氏体或回火索氏体等基体组织，以提高球墨铸铁的强度、硬度和耐磨性。对于综合力学性能要求较高的球墨铸铁件，可采用调质处理；而对于要求高硬度和耐磨性的球墨铸铁件，则采用淬火加低温回火处理。

**3．可锻铸铁**

可锻铸铁是由白口铸铁经长时间石墨化退火而获得的一种铸铁。白口铸铁中的渗碳体在退火过程中分解成团絮状石墨，由于团絮状石墨对铸铁金属基体的割裂和引起的应力集中作用较小，可锻铸铁的强度和韧性比灰铸铁明显提高，同时有一定的塑性和韧性，因此称为可锻铸铁(或展性铸铁，又称为马口铸铁)。但可锻铸铁不能进行锻造加工。

***1) 可锻铸铁的牌号及应用***

可锻铸铁的牌号使用“KT+H(或 Z)+两组数字”表示。第一组数字表示最低抗拉强度，第二组数字表示最低伸长率。字母 H 表示黑心可锻铸铁(铁素体基体)；Z 表示珠光体基体可锻铸铁。表 4-16 为常用可锻铸铁的牌号、力学性能及应用。

表 4-16　常用可锻铸铁牌号、力学性能及应用

| 牌号 | 试样直径/mm | 力学性能(不小于) | | | 硬度/HB | 基体 | 应用 |
|---|---|---|---|---|---|---|---|
| | | $\sigma_b$/MPa | $\sigma_{0.2}$/MPa | $\delta$/% | | | |
| KTH300－06 | 12 或 15 | 300 | 186 | 6 | 120～150 | 铁素体 | 管道、弯头、接头、三通、中压阀门 |
| KTH330－08 | | 330 | — | 8 | | | 扳手、犁刀、钢丝绳扎头 |
| KTH350－10 | | 350 | 200 | 10 | | | 汽车前后轮壳、铁道扣板、电机壳、犁刀等 |
| KTH370－12 | | 370 | 226 | 12 | | | |
| KTZ450－06 | | 450 | 270 | 6 | 150～200 | 珠光体 | 曲轴、凸轮轴、连杆、齿轮、活塞环、轴套、矿车轮、摇臂、万向接头、传动链条、矿车轮等 |
| KTZ550－04 | | 550 | 340 | 4 | 180～250 | | |
| KTZ650－02 | | 650 | 430 | 2 | 210～260 | | |
| KTZ700－02 | | 700 | 530 | 2 | 240～290 | | |

**2) 可锻铸铁的成分、组织和性能**

可锻铸铁的生产可分为两个步骤：①浇注白口铸铁的铸件毛坯；②对白口铸铁进行石墨化退火以获得可锻铸铁。根据可锻铸铁生产特点，铸铁中的化学成分既要满足形成白口铸铁的需要，又要满足石墨化的需要。综合考虑，一般可锻铸铁的含碳量为 2.4%～2.8%，含硅量＜1.4%，含锰量＜0.5%～0.7%，含硫量＜0.2%，含磷量＜0.1%，含铬量＜0.06%。

可锻铸铁按基体组织可分为铁素体可锻铸铁和珠光体可锻铸铁，如图 4-15 所示。铁素体可锻铸铁因断口中心呈暗灰色，又称为黑心可锻铸铁。珠光体可锻铸铁的断口虽呈灰色，但习惯上仍称黑心可锻铸铁。铁素体可锻铸铁基体为铁素体，塑性和韧性较高，常用作汽车、拖拉机后桥外壳、低压阀门及各种承受冲击和振动的农机具。珠光体可锻铸铁的基体为珠光体，具有高的强度、耐磨性，可用于发动机的曲轴、连杆、凸轮轴等承受较高载荷、耐磨损的重要零件。

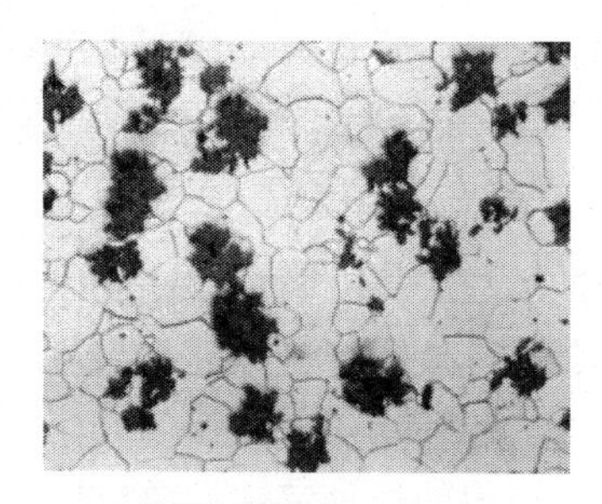

(a)铁素体+团絮状石墨(100×)

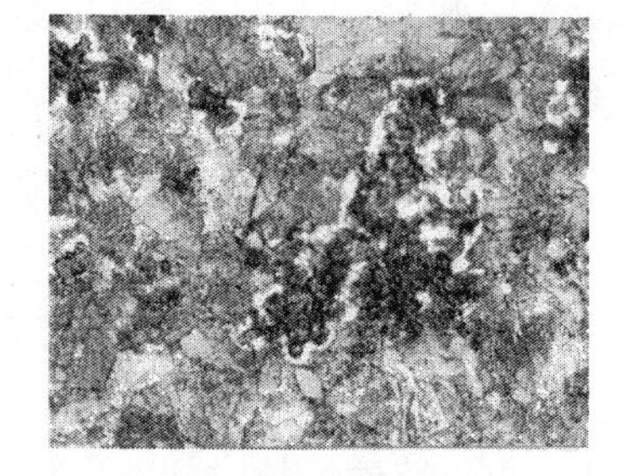

(b)片状珠光体+团絮状石墨(100×)

图 4-15　可锻铸铁显微组织

## 4.2.3　合金铸铁

合金铸铁是在普通铸铁基础上加入某些合金元素，使铸铁具有一些特殊的物理、化学和力学性能，如耐磨性、耐蚀性和耐热性等。

**1．耐磨铸铁**

耐磨铸铁按其工作条件可以分为减磨铸铁和抗磨铸铁两类。减磨铸铁用于制造在有润滑条件下工作的零件，如机床床身、导轨、发动机的汽缸套和活塞等，这些零件要求较小的摩擦系数。常用的减磨铸铁主要有磷铸铁、硼铸铁、钒钛铸铁和铬钼铜铸铁。抗磨铸铁用于制

造在干摩擦条件下工作的零件，如犁铧、轧辊、球磨机磨球等。常用的抗磨铸铁有珠光体白口铸铁、马氏体白口铸铁和中锰球墨铸铁。常用耐磨铸铁的成分、性能和使用情况如表 4-17 所示。

**表 4-17　常用耐磨铸铁的成分、性能和使用情况**

| 材料名称 | 化学成分 | | | | | | | | | | |
|---|---|---|---|---|---|---|---|---|---|---|---|
| | $w$(C)/% | $w$(Si)/% | $w$(Mn)/% | $w$(S)/% | $w$(P)/% | $w$(Re)/% | $w$(Mg)/% | $w$(Cu)/% | $w$(Ti)/% | $w$(Cr)/% | $w$(Mo)/% |
| 中锰球墨铸铁 | 3.2～3.8 | 4.0～4.8 | 8.0～9.5 | <0.05 | <0.15 | 0.015～0.05 | 0.02～0.06 | — | — | — | — |
| 磷铜钛铸铁 | 2.9～3.2 | 1.2～1.7 | 0.5～1.0 | <0.12 | 0.35～0.6 | — | — | 0.6～1.0 | 0.09～0.15 | — | — |
| 高磷铸铁 | 2.9～3.5 | 2.2～2.7 | 0.6～1.2 | <0.06 | 0.5～0.75 | — | — | — | — | — | — |
| 铬钼铜铸铁 | 2.9～3.6 | 1.5～2.5 | 0.7～1.0 | <0.12 | <0.15 | — | — | 0.7～1.2 | — | 0.1～0.25 | 0.2～0.5 |

| 材料名称 | 力学性能 | | | | 应用举例 |
|---|---|---|---|---|---|
| | $\sigma_b$/MPa | $\sigma_{bb}$/MPa | 挠度/mm（支距=300mm） | 硬度 | |
| 中锰球墨铸铁 | 400～500 | 600～800 | — | 36～45HRC | 农机具的易损零件，如犁铧、耙片、翻土板、球磨机的磨球，使用寿命接近或超过 65Mn，成本显著降低 |
| 磷铜钛铸铁 | 300 | 500 | 2～8 | — | 是制造机床床身的好材料，耐磨性比普通孕育铸铁高 1.5～2 倍 |
| 高磷铸铁 | 200 | 400 | — | 190～220HB | 汽车、拖拉机或柴油机的汽缸套 |
| 铬钼铜铸铁 | 200～400 | 400～600 | 3～3.5 | 185～260HB | 耐磨性比一般孕育铸铁高 0.5～1.5 倍，铸件组织紧密，有较高和均匀的硬度，适合各种精密机床铸件 |

**2．耐热铸铁**

普通灰铸铁在高温下除了发生表面氧化，还会发生热生长现象，即铸铁的体积产生不可逆的膨胀。铸件抗氧化与抗生长的性能称为耐热性。耐热铸铁是指具备良好耐热性的铸铁。为了提高铸铁的耐热性，可以向铸铁中加入 Si、Al、Cr 等合金元素，使铸件表面形成一层致密、稳定的合金氧化膜，从而保护内层组织不被氧化，抑制铸铁的热生长。此外，耐热铸铁多采用单相铁素体基体组织，并以球墨铸铁为最好。

耐热铸铁种类很多，可以分为硅系、铝系、低铬系及铝硅系等。常用耐热铸铁的化学成分、使用温度和用途如表 4-18 所示。

**表 4-18　常用耐热铸铁的化学成分、使用温度和用途**

| 材料名称 | 化学成分 | | | | | | 使用温度/℃ | 使用举例 |
|---|---|---|---|---|---|---|---|---|
| | w(C)/% | w(Si)/% | w(Mn)/% | w(P)/% | w(S)/% | w(其他)/% | | |
| 中硅耐热铸铁 | 2.2～3.0 | 5.0～6.0 | ＜1.0 | ＜0.20 | ＜0.12 | Cr 0.5～0.9 | ≤850 | 烟道挡板、换热器等 |
| 中硅球墨铸铁 | 2.4～3.0 | 5.0～6.0 | ＜0.7 | ＜0.1 | ＜0.03 | Mg 0.04～0.07<br>Re 0.015～0.035 | 900～950 | 加热炉底板、化铝电阻炉、坩埚等 |
| 高铝球墨铸铁 | 1.7～2.2 | 1.0～2.0 | 0.4～0.8 | ＜0.2 | ＜0.01 | Al 21～24 | 1000～1100 | 加热炉底板、渗碳罐、炉子传送链构件等 |
| 铝硅球墨铸铁 | 2.4～2.9 | 4.4～5.4 | ＜0.5 | ＜0.1 | ＜0.02 | Al 4.0～5.0 | 950～1050 | |
| 高铬球墨铸铁 | 1.5～2.2 | 1.3～1.7 | 0.5～0.8 | ≤0.1 | ≤0.1 | Cr 32～36 | 1100～1200 | 加热炉底板、炉子传送链构件等 |

### 3. 耐蚀铸铁

耐蚀铸铁是指在腐蚀性介质中工作时仍具有耐蚀能力的铸铁。为了提高铸铁的耐蚀能力，可以在铸铁中加入 Si、Cr、Al、Mo、Cu、Ni 等合金元素，使铸件表面形成连续、致密、牢固的保护膜，并使铸铁基体的电极电位提高，从而提高铸铁的耐蚀能力。此外，通过合金化还可以获得单相金属基体组织，减少铸铁中的微电池，从而提高其耐蚀能力。目前应用较多的耐蚀铸铁有高硅、高硅钼、高铝、高铬铁等耐蚀铸铁。表 4-19 为常用耐蚀铸铁的化学成分及应用范围。

**表 4-19　常用耐蚀铸铁的化学成分及应用范围**

| 材料名称 | 化学成分 | | | | | | | | | 应用范围 |
|---|---|---|---|---|---|---|---|---|---|---|
| | w(C)/% | w(Si)/% | w(Mn)/% | w(P)/% | w(Ni)/% | w(Cr)/% | w(Cu)/% | w(Al)/% | w(其他)/% | |
| 高硅铸铁(Si15) | 0.5～1.0 | 14.0～16.0 | 0.3～0.8 | ≤0.08 | — | — | 3.5～8.5 | — | Mo3.0～5.0 | 除还原性酸以外的酸，加 Cu 适用于碱，加 Mo 适用于氯 |
| 稀土中硅铸铁 | 1.0～1.2 | 10.0～12.0 | 0.3～0.6 | ≤0.045 | — | 0.6～0.8 | 1.8～2.2 | — | 稀土 0.04～0.10 | 硫酸、硝酸、苯磺酸 |
| 高镍奥氏体球墨铸铁 | 2.6～3.0 | 1.5～3.0 | 0.70～1.25 | ≤0.08 | 18.0～32.0 | 1.5～6.0 | 5.50～7.5 | — | — | 高温浓烧碱、海水(带泥沙团粒)、还原酸 |
| 高铬奥氏体白口铸铁 | 0.5～2.2 | 0.5～2.0 | 0.5～0.8 | ≤0.1 | 0～12.0 | 24.0～36.0 | 0～6.0 | — | — | 盐浆、盐卤及氧化性酸 |
| 铝铸铁 | 2.0～3.0 | 6.0 | 0.3～0.8 | ≤0.1 | — | 0 ～1.0 | — | 3.15～6.0 | — | 氨碱溶液 |
| 含铜铸铁 | 2.5～3.5 | 1.4～2.0 | 0.6～1.0 | — | — | — | 0.4～1.5 | — | Sb0.1～0.4<br>Sn0.4～1.0 | 污染的大气、海水、硫酸 |

# 4.3　有色金属及其合金

有色金属材料是指除铁、铬、锰之外的其他所有金属材料。有色金属及其合金的种类很多，它们具有许多钢铁材料没有的特殊的力学、物理和化学性能，例如，铝、镁、钛等金属及其合金密度小，比强度高；银、铜、铝等金属导电性及导热性优良。因此，有色金属及其合金在机械、交通、石油化工、电力、航空等诸多领域得到广泛的应用。本节仅介绍机械工业中常用的铝、铜及其合金和滑动轴承合金。

## 4.3.1　铝及铝合金

**1．工业纯铝**

铝约占地壳总重量的 8.2 %，是地壳中储量最多的金属元素。纯铝呈银白色，有金属光泽，固态下呈面心立方晶格结构，无同素异晶转变，熔点为 660℃。纯铝具有以下特点。

(1) 密度小，为 2.7g/cm$^3$，约为铁的 1/3，常作为各种轻质结构材料的基本组元。

(2) 具有良好的导电性和导热性，其导电性仅次于银、铜、金，可用来制造电线、电缆等各种导电材料和各种散热器等导热元件。

(3) 强度、硬度低，但塑性好($\delta$=35%～40%)，通过冷塑性变形虽可提高强度，但塑性降低。

(4) 耐大气腐蚀能力强，和空气中的氧作用，在表面生成一层牢固、致密的氧化膜，避免继续被氧化。

工业纯铝主要含有的杂质是铁和硅，杂质的含量越高，纯铝的强度越高，而塑性、导热性、导电性和耐蚀性越差。

大部分纯铝用来配制铝合金。纯铝不能热处理强化，冷加工是提高纯铝强度的唯一手段。因此，工业纯铝通常是按冷作硬化或半冷作硬化状态使用的。

工业纯铝强度很低，故不宜直接用作结构材料，主要用于代替贵重的铜合金制作导线、配制各种铝合金以及制作要求质轻、导热或耐大气腐蚀但强度要求不高的器具。

**2．铝合金的分类**

通过在纯铝中添加一定量的合金元素制成铝合金，可以有效地提高纯铝的强度。根据铝合金的成分和生产加工方法，铝合金分为变形铝合金和铸造铝合金两类。铝合金一般都具有如图 4-16 所示的相图。成分位于 *D* 点以左的合金，在室温或加热到固溶线以上时，可以获得单相固溶体，具有良好塑性变形能力，可承受各类压力加工，称为变形铝合金；成分位于 *D* 点以右的合金，由于存在共晶组织，液态流动性好，适合铸造，称为铸造铝合金。对于变形铝合金，凡成分在 *F* 点以左的合金，其固溶体成分不随温度而变化，故不能进行时效强化，称为不可热处理强化的变形铝合金；成分在 *F*、*D* 点之间的合金，其固溶体的成分将随温度而变化，可以进行时效处理强化，称为可热处理强化的变形铝合金。

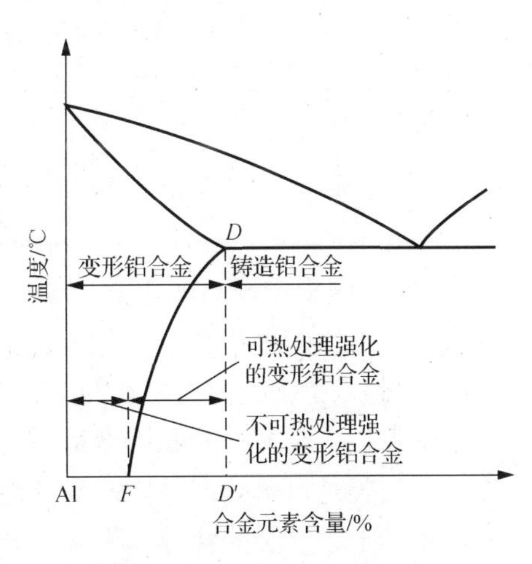


图 4-16　二元铝合金分类示意图

**3．铝合金的强化**

铝合金强化方式主要有以下几种。

(1)固溶强化：铝合金经常加入 Cu、Mg、Zn、Si、Mn 等合金元素，这些合金元素与铝都能够形成有限固溶体，并且都有较大的固溶强度，能够提高铝合金的强度。但固溶强化的效果是有限的。

(2)时效强化：铝合金加热到单相区，保温后在水中快冷结束时，其强度、硬度不会有明显的升高，但塑性有明显的改善。如果在室温下停留相当长的时间，其强度、硬度明显升高，同时塑性下降，这种现象称为时效强化。室温下的时效称为自然时效；加热条件下的时效称为人工时效。

时效处理的铝合金中的合金元素应在铝中有较高的极限溶解度，并且该溶解度能随温度降低而显著减小，使淬火后形成过饱和固溶体。在随后的时效处理过程中，从过饱和的固溶体中析出均匀、弥散的共格或半共格过渡的强化相。

(3)细化组织强化：对于不能时效强化或时效强化效果不大的铝合金，常加入微量合金元素或化合物(变质剂)，或改变合金的加工工艺及热处理工艺，使合金组织得到细化，可以提高铝合金的强度和塑性。例如，对铸造铝合金进行变质处理，对变形铝合金变形后进行再结晶退火，都可以达到细化组织的目的。

**4．变形铝合金**

根据 GB/T 16474—2011 规定，变形铝及铝合金可直接引用国际四位数字体系牌号。未命名为国际四位数字体系牌号的变形铝及铝合金，应采用四位字符牌号。两种编号方法见表 4-20。

**表 4-20　变形铝及铝合金的编号方法(GB/T 16474—2011)**

| 位数 | 国际四位数字体系牌号 | | 四位字符牌号 | |
|---|---|---|---|---|
| | 纯铝 | 铝合金 | 纯铝 | 铝合金 |
| 第一位 | 阿拉伯数字，表示铝及铝合金的组别，1 表示铝含量不小于 99.00%的纯铝；2～9 表示铝合金，组别按下列主要合金元素划分：2-Cu，3-Mn，4-Si，5-Mg，6-Mg+Si，7-Zn，8-其他元素，9-备用组 | | | |
| 第二位 | 阿拉伯数字，表示合金元素或杂质极限含量控制情况。0 表示杂质极限含量无特殊控制；2～9 表示对一项或一项以上的单个杂质或合金元素极限含量有特殊控制 | 阿拉伯数字，表示改型情况。0 表示原始合金；2～9 表示改型合金 | 英文大写字母，表示原始纯铝的改型情况。A 表示原始纯铝；B～Y(C、I、L、N、O、P、Q 和 Z 除外)表示原始纯铝的改型，其元素含量略有变化 | 英文大写字母，表示原始纯铝的改型情况。A 表示原始纯铝；B～Y(C、I、L、N、O、P、Q 和 Z 除外)表示原始纯铝的改型，其元素含量略有变化 |
| 最后两位 | 阿拉伯数字，表示最低铝百分含量中小数点后面的两位 | 阿拉伯数字，无特殊意义，仅用来识别同一组中的不同合金 | 阿拉伯数字，表示最低铝百分含量中小数点后面的两位 | 阿拉伯数字，无特殊意义，仅用来识别同一组中的不同合金 |

目前，国内市场 GB 3190—1982 中的旧牌号广泛使用，其牌号用 LF(防锈铝合金)、LY(硬铝合金)、LC(超硬铝合金)、LD(锻铝合金)加顺序号表示(L、F、Y、C、D 分别为“铝”、“防”、“硬”、“超”、“锻”汉语拼音的第一个字母)，所以本书后续牌号介绍中也一并给出。

变形铝合金按性能和用途可分为防锈铝合金、硬铝合金、超硬铝合金和锻铝合金等。其中，后三类是可热处理强化的变形铝合金；第一类是不可热处理强化的变形铝合金。表 4-21 是常用变形铝合金的牌号、化学成分、力学性能及用途。

**表 4-21　常用变形铝合金的主要牌号、化学成分、力学性能和用途**

| 组别 | 牌号（旧牌号） | 化学成分 | | | | | | 热处理状态 | 力学性能 | | | 用途 |
|---|---|---|---|---|---|---|---|---|---|---|---|---|
| | | $w$(Cu)/% | $w$(Mg)/% | $w$(Mn)/% | $w$(Zn)/% | $w$(其他)/% | $w$(Al)/% | | $\sigma_b$/MPa | $\delta$/% | 硬度/HBS | |
| 防锈铝合金 | 5A05（LF5） | — | 4.5～5.5 | 0.3～0.6 | — | — | 余量 | 退火 | 270 | 23 | 70 | 铆钉、焊接油箱、油管、中载零件 |
| | 3A21（LF21） | — | — | 1.0～1.6 | — | — | 余量 | | 130 | 23 | 30 | 焊接油箱、油管、铆钉及轻载零件 |
| 硬铝合金 | 2A01（LY1） | 2.2～3.0 | 0.2～0.5 | — | — | — | 余量 | 淬火+自然时效 | 300 | 24 | 70 | 工作温度低于100℃，常作铆钉 |
| | 2A11（LY11） | 3.8～4.8 | 0.4～0.8 | 0.4～0.8 | — | — | 余量 | | 420 | 18 | 100 | 中等强度结构件，如螺旋浆、叶片 |
| | 2A12（LY12） | 3.8～4.9 | 1.2～1.8 | 0.3～0.9 | — | — | 余量 | | 480 | 17 | 105 | 高强度构件，航空模锻件 |
| 超硬铝合金 | 7A01（LC1） | 1.4～2.0 | 1.8～2.8 | 0.2～0.6 | 5.0～7.0 | Cr0.1～0.25 | 余量 | 淬火+人工时效 | 600 | 12 | 150 | 飞机大梁、桁架等 |
| | 7A03（LC3） | 1.8～2.4 | 1.2～1.6 | 6.0～6.7 | — | Ti0.02～0.08 | 余量 | | 680 | 15 | 150 | 受力结构的铆钉 |
| 锻铝合金 | 2A50（LD5） | 1.8～2.6 | 0.4～0.8 | 0.4～0.8 | — | Si0.7～1.2 | 余量 | 淬火+人工时效 | 420 | 13 | 105 | 形状复杂、中等强度的锻件 |
| | 2A60（LD7） | 1.9～2.5 | 1.4～1.8 | — | — | Ti0.02～0.1 Ni1.0～1.5 Fe1.0～1.5 | 余量 | | 440 | 13 | 120 | 高温下工作的复杂锻件和结构件 |
| | 2A14（LD10） | 3.9～4.8 | 0.4～0.8 | 0.4～1.0 | — | Si0.5～1.2 | 余量 | | 480 | 10 | 135 | 承受重载荷的锻件 |

**1）防锈铝合金**

防锈铝合金主要有 Al-Mn 系和 Al-Mg 系。这类铝合金具有优良的抗腐蚀能力，因此称为防锈铝合金。此外，该类铝合金具有良好的塑性和焊接性能，但切削加工性能差，故适合压力加工和焊接成型。该类铝合金不能热处理强化，只能通过加工硬化方法来提高强度。

**2）硬铝合金**

硬铝合金属于 Al-Cu-Mg 系合金，由于强度和硬度高，称为硬铝合金。根据硬铝合金的特性和用途可分为低强度硬铝合金，如 2A01（LY1）、2A10（LY10）；中强度硬铝合金，如 2A11（LY11）；高强度硬铝合金，如 2A12（LY12）、2A06（LY6）；耐热硬铝合金，如 2A02（LY2）等。

硬铝合金可以热处理强化，通常采用自然时效，也可以采用人工时效，时效后强度显著提高，是航空工业中应用最广的一类变形铝合金。但是硬铝合金的耐蚀性差，特别是在海水环境中易产生晶间腐蚀，所以需要防护时通常在外面包上一层纯铝以提高耐蚀性。此外，硬铝合金固溶处理的加热温度范围很窄，一般不超过±5℃。如果加热温度过低，固溶体过饱和程度不足，不能获得良好的时效强化效果；如果加热温度过高，容易发生晶界熔化。

**3）超硬铝合金**

超硬铝合金是在硬铝合金的基础上添加锌元素制备而成的，即 Al-Zn-Mg-Cu 系合金，它的强度在变形铝合金中最高，经时效处理可达 600～700MPa，因此称为超硬铝合金。

超硬铝合金中的强化相有 θ 相($CuAl_2$)、S 相($CuMgAl_2$)、η 相($MgZn_2$)和 T 相($Al_2Mg_3Zn_3$)四种，经时效处理后强度和硬度都很高，但耐热、耐蚀性较差，一般也采用包铝的办法提高其耐蚀性。

**4）锻铝合金**

锻铝合金有 Al-Cu-Mg-Si 系和 Al-Cu-Mg-Fe-Ni 系合金。锻铝合金的强度与硬铝合金相近，但在加热状态下有良好的塑性，适于锻造，因此称为锻铝合金（简称为锻铝）。锻铝合金主要用于航空及仪表工业中形状复杂、比强度较高的锻件。

锻铝合金在锻造后再进行热处理。热处理常采用淬火后立即进行人工时效处理，以获得最佳的时效强化效果。淬火后不宜在室温停留过长时间，以防止降低人工时效强化效果。

**5．铸造铝合金**

铸造铝合金是指用来制造铝铸件的铝合金。该类合金密度小、比强度高，铸造性能、抗腐蚀性能和切削加工性能优良，适合铸造成各种形状复杂的零件。铸造铝合金牌号用“铸”“铝”二字的汉语拼音字首“ZL”和三位数字表示。第一位代表合金系（1 为 Al-Si 系；2 为 Al-Cu 系；3 为 Al-Mg 系；4 为 Al-Zn 系），后两位为顺序号。

常用铸造铝合金有 Al-Si 系、Al-Cu 系、Al-Mg 系和 Al-Zn 系四类。其中 Al-Si 系合金为航空工业中应用最广的铸造铝合金。表 4-22 为常用铸造铝合金的牌号、化学成分、性能和用途。

**表 4-22　常用铸造铝合金的牌号、化学成分、力学性能及用途**

| 组别 | 牌号 | 化学成分 | | | | | | 力学性能 | | | | 用途 |
|---|---|---|---|---|---|---|---|---|---|---|---|---|
| | | $w$(Si)/% | $w$(Cu)/% | $w$(Mg)/% | $w$(Mn)/% | $w$(Zn)/% | $w$(Ti)/% | 铸造方法与合金状态* | $\sigma_b$/MPa | $\delta$/% | 硬度/HBS | |
| Al-Si系 | ZAlSi7Mg<br>(ZL101) | 6.5～7.5 | — | 0.25～0.45 | — | — | — | J,T5<br>S,T5 | 210<br>200 | 2<br>2 | 60<br>60 | 飞机、仪器零件 |
| | ZAlSi12<br>(ZL102) | 10.0～13.0 | — | — | — | — | — | SB,JB<br>J | 150<br>160 | 4<br>2 | 50<br>50 | 形状复杂的铸件，如抽水机壳体 |
| | ZAlSi5Cu1MgA<br>(ZL105) | 4.5～5.5 | 1.0～1.5 | 0.4～0.6 | — | — | — | J,T5<br>S,T5 | 240<br>200 | 0.5<br>1 | 70<br>70 | 风冷发动机汽缸头、油泵壳体 |
| | ZAlSi12Cu2Mg1<br>(ZL108) | 11.0～13.0 | 1.0～2.0 | 0.4～1.0 | 0.3～0.9 | — | — | J,T1<br>J,T6 | 200<br>260 | —<br>— | 85<br>90 | 活塞及高温下工作的零件 |
| Al-Cu系 | ZAlCu5Mn<br>(ZL201) | — | 4.5～5.3 | — | 0.6～1.0 | — | 0.15～0.35 | S,T4<br>S,T5 | 300<br>400 | 8<br>4 | 70<br>90 | 内燃机汽缸头、活塞 |

续表

| 组别 | 牌号 | 化学成分 | | | | | | 力学性能 | | | | 用途 |
|---|---|---|---|---|---|---|---|---|---|---|---|---|
| | | $w$(Si)/% | $w$(Cu)/% | $w$(Mg)/% | $w$(Mn)/% | $w$(Zn)/% | $w$(Ti)/% | 铸造方法与合金状态* | $\sigma_b$/MPa | $\delta$/% | 硬度/HBS | |
| Al-Mg系 | ZAlMg10（ZL301） | — | — | 9.5～11.0 | — | — | — | S,T4 | 280 | 9 | 60 | 海水中工作的零件，如舰船配件 |
| Al-Zn系 | ZAlZn11Si7（ZL401） | 6.0～8.0 | — | 0.1～0.3 | — | 9.0～13.0 | — | J,T1 | 250 | 1.5 | 90 | 结构形状复杂的汽车、仪表配件 |

*J-金属模；S-砂模；B-变质处理；T1-人工时效；T4-淬火+自然时效；T5-淬火+不完全时效；T6-淬火+人工时效。

**1) Al-Si 系铸造铝合金**

Al-Si 系铸造铝合金俗称硅铝明，其中不含其他合金元素的称为简单硅铝明。硅铝明成分在共晶点附近，熔点低、流动性好、收缩率较小，具有良好的铸造性能，同时内部组织致密，耐蚀性好，并可以焊接，适于铸造在常温下工作、形状复杂的零件。

简单硅铝明铸态共晶组织由粗大针状硅晶体和α固溶体组成，所以强度和塑性差。常用钠盐混合物作为变质剂进行变质处理，以细化晶粒，提高强度和塑性。图 4-17 为 ZL102 变质处理前后的显微组织。

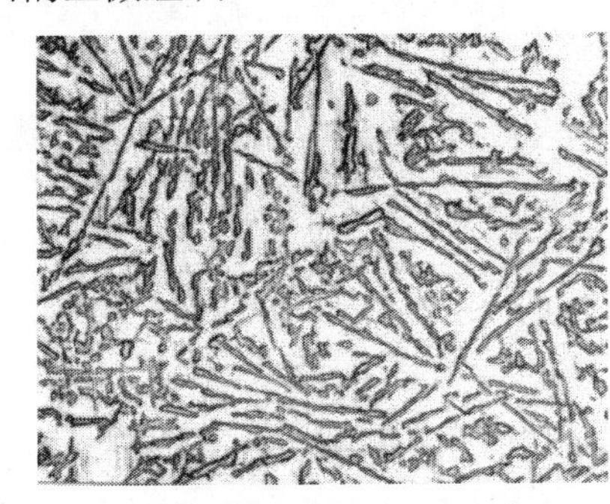
(a)变质处理前

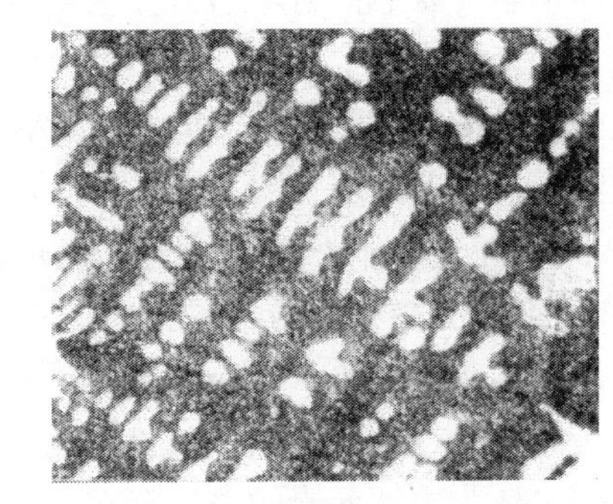
(b)变质处理后

图 4-17　ZL102 的显微组织

变质处理后的简单硅铝明的强度提高不多。为了进一步提高硅铝明的强度，常在 Al-Si 二元合金中添加合金元素 Cu、Mg、Mn 等强化相形成元素，通过进行固溶时效强化处理进一步提高强度，这类铝合金称为特殊硅铝明。

**2) Al-Cu 系铸造铝合金**

Al-Cu 系铸造铝合金的耐热性高，但由于合金中只含有少量的共晶体，所以铸造性能不佳，耐蚀性和比强度也比一般优质硅铝明低，有热裂和疏松倾向。加入 Ni、Mn 可以提高 Al-Cu 系铸造铝合金的耐热性。Al-Cu 系铸造铝合金多用来制造在 200～300℃条件下工作、强度要求比较高的零件，如内燃机汽缸头、活塞等。

**3) Al-Mg 系铸造铝合金**

Al-Mg 系铸造铝合金密度小，强度高，耐蚀性好，具有良好的切削加工性能。但是该类合金铸造性能不如 Al-Si 系铸造铝合金，流动性差，线收缩率大，铸造工艺复杂。Al-Mg 系铸造铝合金多用于制造承受冲击载荷、耐海水腐蚀、外形不太复杂、便于铸造的零件，也可用来代替某些耐酸钢及不锈钢。

**4) Al-Zn 系铸造铝合金**

Al-Zn 系铸造铝合金铸造性能很好，流动性好，易充满铸型，固溶时效强化能力强。此外，该类合金价格低廉，是最便宜的铸造铝合金。但是该类合金耐蚀性差、密度较大、热裂倾向大，需要变质处理或压力铸造。Al-Zn 系铸造铝合金可以在铸态下不经热处理直接使用，常用于制造汽车、拖拉机发动机零件，医疗器械等。

## 4.3.2　铜及铜合金

**1．纯铜**

铜是人类最早发现和使用的金属之一。纯铜是玫瑰红色的金属，表面形成的氧化亚铜呈紫色，故称为紫铜。纯铜的密度为 8.96g/cm$^3$，熔点为 1083℃。纯铜的导电性、导热性优良，仅次于银而居第二位，在电气工业及动力机械工业中获得广泛的应用。铜具有抗磁性，广泛用于制造抗磁性干扰的仪器、仪表零件。纯铜呈面心立方晶格结构，塑性极好，易于冷、热加工，可以制备成管、棒、带、板、箔等各种铜材。

工业纯铜中含有 Pb、Bi、O、S、Se、P 等杂质，使铜的导电性下降。此外，Pb、Bi 等杂质能与铜形成低熔点共晶体，在进行热加工时，这些共晶体会发生早期熔化，破坏晶界的结合，造成热脆性破坏。S、O 也能与铜形成共晶体，冷加工时易产生破裂，造成冷脆性破坏。

工业纯铜的牌号使用“铜”的汉语拼音首字母“T”和随后的一位数字表示。工业纯铜有 T1、T2、T3、T4 四个牌号，数字越大表示铜的纯度越低。

**2．铜合金的分类和牌号**

**1) 按照化学成分分类**

铜合金按照合金的化学成分可以分为三类：黄铜、青铜和白铜。

黄铜是以锌为主加元素的铜合金。只含锌的 Cu-Zn 二元合金称为普通黄铜。在普通黄铜基础上添加其他合金元素的黄铜称为特殊黄铜。普通黄铜的牌号采用“H+两位数字”表示，数字表示铜的平均百分含量。例如，H70 表示铜的平均百分含量为 70%的普通黄铜。特殊黄铜的牌号采用“H+主加元素符号+含铜量+主加元素的百分含量”表示。例如，HMn58-2 表示含铜量为 58%、含锰量为 2%、其余为锌的硅黄铜。

青铜是以除锌和镍以外的其他元素作为主加元素的铜合金。按照主要添加元素可以分为硅青铜、锡青铜、铝青铜、铍青铜等。青铜的牌号采用“Q+主加元素符号+主加元素的百分含量”表示。例如，QAl5 表示含铝量为 5%的铝青铜。

白铜是以镍为主加元素的铜合金。其牌号采用“B+数字”表示，数字为镍的平均百分含量。如果添加第三种元素，则在 B 后面增加该元素的化学符号和平均百分含量。例如，B19 表示含镍量为 19%的普通白铜；BMn3-12 表示含镍量为 3%和含锰量为 12%的锰白铜。

**2) 按照成型方法分类**

铜合金按成型方法可分为变形铜合金和铸造铜合金。化学成分分类中所介绍牌号表示方法均为变形铜合金的表示方法。铸造铜合金的牌号表示方法为“Z+Cu+主加合金元素符号及含量+其他合金元素化学符号及含量”，如 ZCuZn62 表示含铜量为 62%的铸造黄铜；ZCuSn10Pb1 表示为含锡量为 10%、含铅量为 1%的铸造锡青铜。

**3．黄铜**

黄铜是以锌作为主要合金元素的铜合金。黄铜具有优良的力学性能，易于加工成型，并对大气有相当好的耐蚀性，且色泽美观，因而在工业上应用广泛。表 4-23 为常用黄铜的牌号、成分、力学性能及用途

**表 4-23　常用黄铜的牌号、成分、力学性能及用途**

| 类别 | 牌号 | 化学成分 | | 力学性能 | | | | 用途 |
|---|---|---|---|---|---|---|---|---|
| | | $w$(Cu)/% | $w$(其他)/% | 铸造方法* | $\sigma_b$/MPa | $\delta$/% | 硬度/HBS | |
| 普通黄铜 | H70 | 69.0～72.0 | Zn 余量 | | 660 | 3 | 150 | 弹壳、机械及电气零件 |
| | H62 | 60.5～63.5 | Zn 余量 | | 500 | 3 | 164 | 螺母、垫圈、散热器 |
| | H59 | 57.0～60.0 | Zn 余量 | | 500 | 10 | 103 | 热轧及热压螺母、垫圈、散热器 |
| 特殊黄铜 | HPb59-1 | 57.0～60.0 | Pb0.8～1.90<br>Zn 余量 | | 650 | 16 | 140 | 销子、螺钉等冲压或加工件 |
| | HAl59-3-2 | 57.0～60.0 | Al2.5～3.50<br>Ni2.0～3.0<br>Zn 余量 | | 650 | 15 | 150 | 船舶、化工机械等常温下工作的高强度耐蚀零件 |
| | HMn58-2 | 57.0～60.0 | Mn1.0～1.20<br>Zn 余量 | | 700 | 10 | 175 | 船舶零件及轴承等耐磨零件 |
| 铸造黄铜 | ZCuZn38 | 60.0～63.0 | Zn 余量 | S<br>J | 295<br>295 | 30<br>30 | 590<br>685 | 机械、热轧制零件 |
| | ZCuZn33Pb2 | 63.0～67.0 | Pb1.0～3.0<br>Zn 余量 | S | 180 | 70 | 490 | 煤气和给水设备的壳体，机器制造业、电子技术、精密仪器和光学仪器的部分构件配件 |
| | ZCuZn40Pb2 | 58.0～63.0 | Pb0.50～2.50<br>Al0.20～0.80<br>Zn 余量 | S<br>J | 220<br>280 | 150<br>20 | 785<br>885 | 化学稳定的零件 |
| | ZcuZn16Si4 | 79.0～81.0 | Si2.50～4.50<br>Zn 余量 | S<br>J | 345<br>390 | 15<br>20 | 885<br>980 | 轴承、轴套 |

* J-金属模；S-砂模。

**1)普通黄铜**

工业中应用的普通黄铜按其平衡状态的组织可分为单相黄铜和双相黄铜两类。当 Cu-Zn 二元合金中含锌量小于 32%时，室温下组织为单相α固溶体，称为单相黄铜。该类黄铜塑性好，可进行冷、热加工，适合制造冷轧板材、冷拉线材以及形状复杂的深冲压零件。当含锌量为 32%～45%时，黄铜的室温下组织为α+β′两相，称为双相黄铜。该类黄铜适合高温下(＞500℃)进行塑性变形，轧成棒材、板材，再经切削加工制成各种零件。当含锌量高于 47%时，合金强度和塑性急剧降低，一般不再为工业所使用。

黄铜的抗蚀性与纯铜相近，在大气和淡水中是稳定的，在海水中抗蚀性稍差。但需注意，冷加工黄铜制品中存在残余应力，会使黄铜在潮湿的大气或海水中，特别是含有氨的环境中，

产生应力腐蚀而引起开裂，这种现象称为季裂。季裂倾向随着含锌量的增加而增大，特别是在锌含量高于 20%时非常容易出现季裂。防止季裂的方法有对黄铜零件低温去应力退火或使用电镀层(如镀锌、镀锡)加以保护。

**2)特殊黄铜**

在普通黄铜的基础上再加入 Al、Si、Pb、Sn、Fe、Ni、Mn 等合金元素即形成特殊黄铜，相应称为铝黄铜、硅黄铜、铅黄铜等，其中，Al、Sn、Ni、Mn 可以提高耐蚀性和耐磨性；Mn 还可以提高耐热性；Pb 可以改善切削加工和润滑性能；Si 可以改善铸造性能。

## 4. 青铜

按照主要添加元素，青铜可以分为锡青铜、铝青铜和铍青铜等。表 4-24 为常用青铜的牌号、成分、力学性能及用途。

**表 4-24　常用青铜牌号、成分、力学性能及用途**

| 组别 | 牌号 | 化学成分 | | 力学性能 | | | | 用途 |
|---|---|---|---|---|---|---|---|---|
| | | $w$(第一主加元素)/% | $w$(其他)/% | 加工状态 | $\sigma_b$/MPa | ??/% | 硬度/HBS | |
| 锡青铜 | QSn6.5-0.4 | Sn 6.0～7.0 | P0.1～0.5<br>Cu 余量 | 软 | 400 | 65 | 80 | 精密仪器中的耐磨零件和抗磁元件、弹簧、艺术品 |
| | | | | 硬 | 750 | 10 | 180 | |
| | QSn4-3 | Sn 3.5～4.5 | Zn2.7～3.3<br>Cu 余量 | 软 | 350 | 40 | 60 | 弹簧、化工机械耐磨零件和抗磁零件 |
| | | | | 硬 | 550 | 4 | 160 | |
| 铝青铜 | QAl10-3-1.5 | Al<br>8.5～10.0 | Fe2.0～4.0<br>Mn1.0～2.0<br>Cu 余量 | 退火 | 600～700 | 20～30 | 125～140 | 飞机、船舶用高强度、高耐磨性抗蚀零件，齿轮、轴承 |
| | | | | 冷加工 | 700～900 | 9～12 | 60～200 | |
| | QAl7 | Al<br>6.0～8.0 | Cu 余量 | 退火 | 470 | 70 | 70 | 重要的弹簧及弹性元件 |
| | | | | 冷加工 | 980 | 3 | 154 | |
| 铍青铜 | QBe2 | Be<br>1.9～2.2 | Ni0.2～0.5<br>Cu 余量 | 淬火 | 500 | 35 | 100 | 重要的弹簧及弹性元件、耐磨零件、高压高速高温轴承、钟表齿轮、罗盘零件 |
| | | | | 时效 | 1250 | 2～4 | 330 | |

**1)锡青铜**

锡青铜是以锡为主加元素的铜合金，含锡量决定了锡青铜的力学性能。含锡量小于 6%时，随着含锡量增加，强度和塑性增加。当含锡量大于 6%时，由于组织中出现了硬而脆的 δ 相，强度继续升高，而塑性急剧下降。当含锡量大于 20%时，由于出现过多的 δ 相而使强度显著下降，塑性极低，工业上无使用价值。因此，工业用锡青铜的含锡量一般为 3%～14%。含锡量小于 7%的锡青铜适用于压力加工，含锡量大于 10%的锡青铜适用于铸造。

锡青铜结晶温度区间大，铸造流动性差，易产生偏析和形成分散缩孔，致密性差，在高压下易渗漏，不适于铸造密度要求高的零件。但锡青铜是有色金属中铸造收缩率最小的合金，可用来生产形状复杂、气密性要求不太高的铸件。此外，锡青铜在大气、海水、淡水和蒸汽中的耐蚀性比黄铜高，广泛用于制造蒸汽锅炉、海船的铸件。锡青铜也是很好的耐磨材料，也常用来制造齿轮、轴承、蜗轮等耐磨零件。

可以通过添加其他合金元素来改善锡青铜工艺性能和使用性能，常加入的元素有 P、Zn、Pb 等。磷可提高锡青铜的流动性和耐磨性；锌可改善锡青铜的强度和铸造性能；铅可以提高锡青铜的耐磨性和切削加工性能。

**2) 铝青铜**

铝青铜是以铝作为主加元素的铜合金。工业上使用的铝青铜含铝量一般不超过 12%。含铝量在 5%～7%的铝青铜塑性最好，适合冷加工；含铝量在 10%左右的铝青铜塑性、强度最高，适合热加工或铸造。

铝青铜结晶温区很小，流动性好，缩孔集中，易获得致密的铸件，并且不形成枝晶偏析，具有优良的铸造性能。但铝青铜收缩率大，铸造时应在工艺上采取相应措施。

铝青铜的强度、硬度、耐磨性和耐腐蚀性能都超过锡青铜和黄铜，是应用最广的一种铜合金，主要用来制造齿轮、蜗轮、轴套、弹簧等耐磨、耐腐蚀和弹性零件。通过加入 Fe、Mn、Ni 等合金元素，可进一步提高铝青铜的强度、耐磨性及耐腐蚀性能。

**3) 铍青铜**

铍青铜是以铍作为主加元素的铜合金。工业用铍青铜的含铍量一般在 1.7%～2.5%。铍青铜是典型的时效硬化型合金，其时效硬化效果显著，经淬火时效后抗拉强度可以达到 1250～1450MPa，硬度可达 350～400HB，远远超过其他铜合金，甚至可以和高强度钢相媲美。此外，铍青铜还具有很高的弹性极限、屈服强度和疲劳强度，耐磨、耐蚀及耐低温等特性也很好，且导电、导热性能优良，还具有无磁性、受冲击时不产生火花等特殊性能。

铍青铜在工业上用来制造精密仪器、仪表的高级弹簧、膜片、膜盒等弹性元件，还可用于制作高速、高温和高压下工作的轴承、衬套、仪表齿轮等耐磨零件，也可用于制造换向开关、电接触器和防爆工具等。但铍青铜的价格高昂，使用受到限制。一般铍青铜在淬火态供应，机械制造厂使用时不再进行固溶处理而仅进行时效即可。

**5. 白铜**

白铜是以镍为主加元素的铜合金。白铜分为普通白铜和特殊白铜。普通白铜仅含铜和镍。特殊白铜是在普通白铜的基础上添加 Zn、Mn、Al 等合金元素获得的，分别称为锌白铜、锰白铜和铝白铜。

普通白铜是单相固溶体，具有较高的强度和塑性，冷、热加工性能优良，耐蚀性和抗腐蚀疲劳性能好，主要用于制造蒸汽和海水环境中工作的精密仪器仪表零件、化工机械零件和医疗器械等。锰白铜的电阻率高，电阻温度系数小，主要用于制造低温热电偶、热电偶补偿导线及电阻器。

### 4.3.3 滑动轴承合金

滑动轴承是汽车、拖拉机、机床及其他机器中的重要部件。用来制造滑动轴承中的轴瓦及内衬的合金称为滑动轴承合金。

**1. 滑动轴承对材料性能的要求**

滑动轴承支撑轴进行工作，轴在滑动轴承轴瓦内旋转，轴承内表面承受周期性的交变载荷和强烈滑动摩擦。轴是机器的重要零部件，加工复杂，成本较高，并且更换困难，在磨损不可避免的情况下，应该保护轴受到最小的磨损。根据滑动轴承的工作条件，要求滑动轴承合金摩擦系数小，有良好的导热性和耐蚀性，还要有足够的强度和硬度，但硬度过高，会加速轴的磨损。必要时，宁可磨损轴瓦也要尽可能地保护轴，这就要求轴瓦具有合适的表面性能，包括抗咬合性、亲油性、嵌藏性和顺应性等。为了兼顾硬和软的性能要求，滑动轴承合金需要具备软和硬共存的组织特点。

滑动轴承合金按照组织特征可以分为两类：在软基体上均匀分布着硬质点或硬基体上分布着软质点。当轴在轴承中转动时，软基体被磨损而凹陷，硬质点凸起，支承轴所施加的压力，减少轴与轴瓦的接触面积，凹坑可以储存润滑油，降低了摩擦系数，减小了轴和轴瓦的磨损。此外，软基体还能嵌藏外来硬质点，以避免润滑油中的杂质或金属颗粒划伤轴颈表面。图 4-18 为轴与轴瓦理想表面示意图。硬基体上分布着软质点时，基体硬度应低于轴的轴颈硬度，这类组织也具有低的摩擦系数，并能承受较高的载荷，但其磨合性较差。

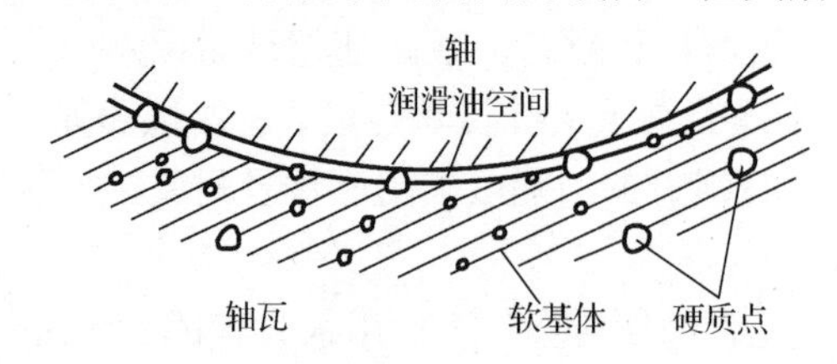


图 4-18　轴与轴瓦理想表面示意图

**2．滑动轴承合金的分类及牌号**

常用的滑动轴承合金按其主要化学成分可分为锡基、铅基、铜基和铝基轴承合金。其中，前两类应用最广，称为巴氏合金。

滑动轴承合金的牌号表示方法为：ZCh(“铸”和“承”的汉语拼音首字母)+基本元素符号+主加元素符号+主加元素含量+辅加元素含量，如 ZChSnSb11Cu6 表示含 Sb 量为 11%、含 Cu 量为 6%的锡基铸造轴承合金(简称锡基轴承合金)。

表 4-25 为常用滑动轴承合金的牌号、成分与用途。

表 4-25　常用滑动轴承合金的牌号、成分与用途

| 组别 | 牌号 | 化学成分 | | | | | 力学性能 | | | 用途 |
|---|---|---|---|---|---|---|---|---|---|---|
| | | $w$(Sn)/% | $w$(Sb)/% | $w$(Pb)/% | $w$(Cu)/% | $w$(其他)/% | $\sigma_b$/MPa | $\delta$/% | 硬度/HBS | |
| 锡基 | ZChSnSb11Cu6 | 余量 | 10～12 | — | 5.5～6.5 | — | 90 | 6 | 30 | 较硬，适用于 1500kW 以上的高速汽轮机、400kW 的涡轮机、高速内燃机轴承 |
| | ZChSnSb8Cu4 | 余量 | 7.8～8.0 | — | 3.6～4.0 | — | 80 | 10.6 | 24 | 大型机械轴承及轴套 |
| 铅基 | ZChPbSb16Sn16Cu2 | 15.0～17.0 | 15.0～17.0 | 余量 | 1.5～2.0 | — | 78 | 0.2 | 30 | 汽车、轮船、发动机等轻载荷高速轴承 |
| | ZChPbSb15Sn5Cu3 | 5.0～6.0 | 14.0～16.0 | 余量 | 2.5～3.0 | — | — | — | 32 | 机车车辆、拖拉机轴承 |
| 铜基 | ZCuPb30 | — | — | 27.0～33.0 | 余量 | — | 60 | 4 | 25 | 高速高压航空发动机、高压柴油机轴承 |
| | ZCuSn10P1 | 9.0～11.0 | — | — | 余量 | P 0.6～1.2 | 250 | 5 | 90 | 高速高载荷柴油机轴承 |

**3．锡基轴承合金**

锡基轴承合金是在锡锑合金的基础上添加铜而形成的合金，又称锡基巴氏合金。该类合金是软基体硬质点类型的轴承合金，其软基体是锑在锡中形成的α固溶体；硬质点是以化合物SnSb为基的β′固溶体和化合物$Cu_6Sn_5$。常用牌号有ZChSnSb11Cu6、ZChSnSb8Cu4等。

锡基轴承合金的膨胀系数小，嵌藏性和减磨性较好，有良好的加工性、耐蚀性、导热性，适合制作非常重要的轴承，如汽轮机、发动机等大型机器的高速轴承。该类合金的主要缺点是工作温度不能超过150℃，疲劳强度较低。由于锡较稀缺，所以价格较高。

**4．铅基轴承合金**

铅基轴承合金是在铅锑合金的基础上加入锡、铜等元素形成的合金，又称为铅基巴氏合金。该类合金也是软基体硬质点类型的轴承合金。图4-19为铅锑合金的显微组织。其软基体是(α+β)共晶体(图中暗黑色部分)，硬质点是初生的β′相(图中白色块状)和化合物$Cu_2Sb$(图中白色针状)。

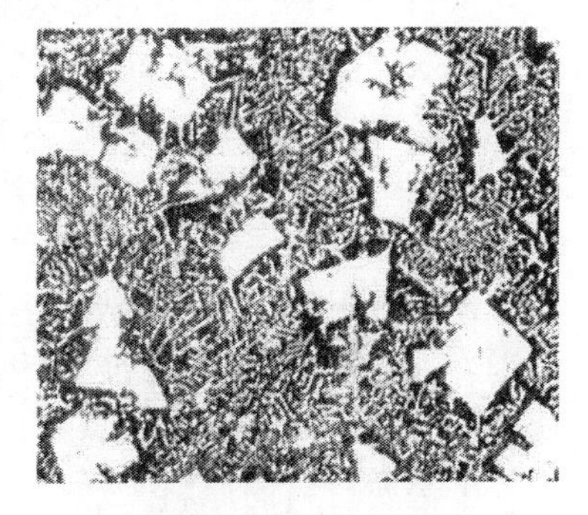

图4-19　铅锑合金的显微组织

铅基轴承合金的强度、硬度、耐磨性以及冲击韧性均比锡基轴承合金差，并且摩擦系数较大，工作温度一般不能超过120℃。但是由于其铸造性能好，价格低廉，铅基轴承合金仍然得到了广泛的使用，一般用来制作中低载荷的中速轴承，如汽车、拖拉机曲轴的轴承以及电动机的轴承等。

由于锡基轴承合金和铅基轴承合金的强度比较低，不能承受大的压力，通常采用离心浇注的办法镶铸在钢质轴瓦上，形成一层薄而均匀的内衬，制造成双金属轴承，以发挥其作用。这种双金属轴承不但能够承受较大的压力，而且可节省大量昂贵的轴承合金。

**5．铜基轴承合金**

铜基轴承合金有锡青铜、铅青铜等铸造铜合金，常用的有ZCuSn10P1和ZCuPb30。

ZCuSn10P1是一种软基体硬质点类型的轴承合金，其软基体是锡溶入铜中所形成的α固溶体，硬质点是δ相和$Cu_3P$化合物。这种合金的硬度高，承受载荷大，一般用来制作高速、重载荷下工作的汽轮机、压缩机等机械上的轴承等。ZCuSn10P1的强度高，使用时可直接制作成轴承。

ZCuPb30是一种硬基体软质点类型的轴承合金，其硬基体是铜，软质点是铅粒。这种合金具有很高的疲劳强度和承载能力，能在较高温度下正常工作，耐磨性和导热性好，摩擦系数小，广泛用于制造高速、重载荷下工作的轴承，如航空发动机、高速柴油机的轴承等。但由于ZCuPb30本身强度很低，使用时一般与钢复合制成双金属轴承。

# 第 5 章　常用非金属材料

近几十年来，现代化生产与科学技术的突飞猛进对材料的性能提出了更高的要求，传统的金属材料远远不能满足使用要求，因而促进了高分子材料、陶瓷材料和复合材料等非金属材料的广泛应用和发展。

非金属材料是由非金属元素或化合物构成的材料，在广义上是金属材料及其合金以外的一切材料的总称。自 19 世纪以来，随着生产和科学技术的进步，尤其是无机化学和有机化学工业的发展，人类以天然的矿物、植物、石油等为原料，制造和合成了许多新型非金属材料，如水泥、人造石墨、特种陶瓷、合成橡胶、合成树脂(塑料)、合成纤维等。非金属材料大都具有优异的特殊性能，如高分子材料的耐腐蚀、电绝缘和陶瓷材料的高硬度、耐高温等特殊的物理性能，这些性能都是天然的非金属材料和某些金属材料所不及的，使得非金属材料不仅广泛应用于航空、航天等许多工业部门以及高科技领域，甚至已经深入人们的日常生活中。目前，非金属材料产品的数量和品种的飞速增长正在改变人类长期以来以钢铁等金属材料为中心的时代。

非金属材料的原料来源广泛，成型工艺简单，具有一些特殊性能，应用日益广泛，已成为机械工程材料中不可缺少的重要组成部分。本章主要介绍机械工程中经常使用的三大类非金属材料(高分子材料、陶瓷材料及复合材料)的一些基础知识以及它们在实际生产中的应用。

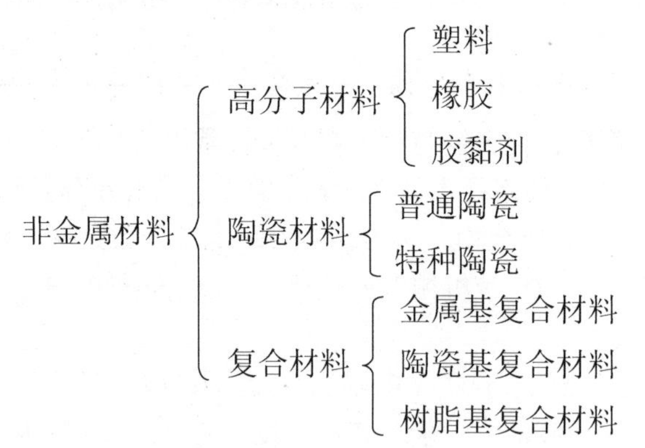


## 5.1　高分子材料

高分子材料是以高分子化合物为主要组分的材料。高分子化合物是指相对分子质量(分子量)很大的化合物，其分子量一般在 5000 以上。高分子化合物包括有机高分子化合物和无机高分子化合物两类。有机高分子化合物又分为天然的和合成的。机械工程中使用的高分子材料主要是合成的有机高分子聚合物(简称高聚物)，而高聚物是通过聚合反应以低分子化合物结合形成的高分子材料，如塑料、橡胶、合成纤维、涂料和胶黏剂等。

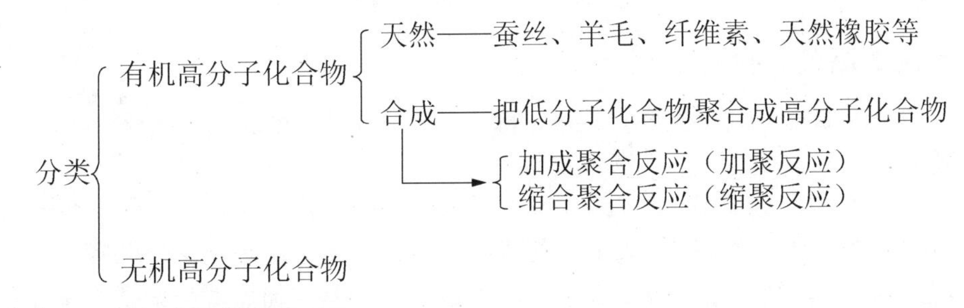


### 5.1.1　高分子材料的基本知识

**1．基本概念**

(1)单体。凡是可以聚合生成大分子键的低分子化合物称为单体。例如，应用很广的聚氯乙烯就是由氯乙烯单体聚合而成的。

(2)链节。高聚物是由特定的结构单元多次重复连接而成的，这种重复的结构单元称为链节。由链节重复连接而成的链称为高分子链。

(3)聚合度。在一个大分子中链节重复的次数(链节数)称为聚合度，以$n$表示。聚合度决定了高分子的分子量及高分子链的长度。聚合度越高，分子链越长，链节数也越多。

(4)分子量。高分子材料分子量的大小及分子量的分布情况是影响其性能的重要因素。高分子的分子量$M$与链节数(聚合度)以及链节的分子量$m$之间的关系为

$$M = n \times m$$

**2．高分子材料的合成方法**

高分子材料是由一种或几种单体化合物聚合而成的，聚合反应有两种类型，即加聚反应和缩聚反应。

**1)加聚反应**

由同一种单体或者几种单体聚合形成高聚物的反应。目前有80%的高分子材料是通过加聚反应得到的。例如，乙烯加聚成聚乙烯。单体为两种或两种以上的则为共加聚。例如，ABS工程塑料就是由丙烯腈、丁二烯和苯乙烯三种单体共聚合成的。

**2)缩聚反应**

由两个或两个以上的单体之间互相缩合聚合而成高聚物的反应，在生成高聚物的同时，还有水、氨、醇等低分子物质析出。酚醛树脂(电木)、聚酰胺(尼龙)、环氧树脂等都是缩聚反应产物。

**3．高分子材料的性能**

(1)密度小($1\times10^3$～$2\times10^3$kg/m$^3$)，有利于材料轻量化。

(2)强度低，但比强度高，能够代替部分金属材料制造多种机器零部件。

(3)弹性模量低、弹性高，这取决于大分子链的柔性。

(4)电绝缘性能优良。

(5)减摩、耐磨和自润滑性能优良。

(6)耐腐蚀性能优良。

(7)透光性优良。

(8)可加工性好。

(9)耐热性差(低于300℃)

(10)易老化。

## 5.1.2　常用的高分子材料

工程上常用的高分子材料主要有塑料、橡胶、合成纤维、胶黏剂、涂料等。

**1．塑料**

塑料是以合成树脂为原料，加入某些添加剂后，在一定温度和压力条件下经塑造或固化成型而得到固体制品的一类高分子材料。树脂的种类、性能、数量决定了塑料的性能，因此，塑料基本上都是以树脂的名称命名的，例如，聚氯乙烯塑料的树脂就是聚氯乙烯。工业中用的树脂主要是合成树脂，如聚乙烯、聚氯乙烯等。

**1）常用的添加剂**

塑料中有多种添加剂，其作用各不相同。根据材料性能要求，可加入一种或者多种添加剂。常用的添加剂有以下几种。

(1) 填料：又称填充剂，加入填料的主要目的是调整塑料的性能，提高机械强度、节约树脂的用量，降低塑料的成本。填料的用量一般为 20%～50%。例如，加入云母可以提高塑料的电绝缘性；加入磁铁粉可以制成磁性塑料。

(2) 增塑剂：在树脂内加入熔点低、分子量比较小的化合物作为增塑剂，从而降低分子间的作用力，提高塑料的可塑性，便于成型加工。

(3) 固化剂：又称硬化剂或交联剂。固化剂能使塑性线型结构变为热固性网体型结构，使固化后的塑料制品更加坚硬。

(4) 稳定剂：又称防老化剂。提高树脂在受热和光作用时的稳定性，防止过早老化，延长使用寿命。常用的稳定剂有抗氧化剂、抗紫外线吸收剂以及热稳定剂等。

(5) 润滑剂：加入少量润滑剂可改善塑料成型时的流动性和脱模性，使制品表面光滑美观。常用的润滑剂有硬脂酸等。

除上述添加剂外，还有发泡剂、抗静电剂、稀释剂、阻燃剂、着色剂等。各种添加剂除满足使用性能要求外，还必须确保不和树脂或其他组成物发生有害的物理、化学反应，并能在塑料中分散均匀、稳定存在。

**2）塑料的性能**

(1) 质轻、比强度高。塑料的密度为 0.9～2.2g/cm$^3$，只有钢铁的 1/8～1/4。塑料的强度比金属低，但比强度高。

(2) 化学稳定性好。塑料能耐大气、水、碱、有机溶剂等的腐蚀。

(3) 电绝缘性良好。塑料的电绝缘性可与陶瓷、橡胶等绝缘材料相当。

(4) 减摩、耐磨性好。塑料的硬度低于金属，但多数塑料的摩擦系数小，有些塑料(如聚四氟乙烯、尼龙等)具有自润滑性。

(5) 消声和吸振性好。塑料轴承和齿轮工作时平稳无声，大大减小了噪声污染。泡沫塑料常用作隔声材料。

(6) 成型加工性好。塑料有注射、挤压、模压、浇塑等多种成型方法，且工艺简单，生产率高。

(7) 耐热性差。多数塑料只能在 100℃左右使用，易老化，导热性差。

**3）工程塑料的分类**

塑料的品种很多，但作为机械工程使用的塑料，根据树脂的热性能，可以分为热塑性和热固性两大类。

(1)热塑性塑料：加热时可熔融，并可多次反复加热使用，加工成型简便，力学性能较高；但热硬性和刚性较差。

(2)热固性塑料：固化后重复加热不再软化和熔融，不能重复使用，热硬性高，受压不易变形，但力学性能一般不好。

**4)常用工程塑料的特点及用途**

常用热塑性塑料的特点及用途见表5-1。常用热固性塑料的特点及用途见表5-2。

**表5-1　常用热塑性塑料的特点和用途**

| 名称(代号) | 主要性能 | 用途举例 |
|---|---|---|
| 聚乙烯(PE) | 优良的耐蚀性、电绝缘性，特别是高频绝缘性。低压聚乙烯：硬度高，耐磨性、耐蚀性、绝缘性好，无毒。高压聚乙烯：化学稳定性高，柔软性、绝缘性、透明性、耐冲击性好 | 高压聚乙烯：宜吹塑成薄膜、软管、瓶等。低压聚乙烯：适用于化工设备、管道以及电缆、电线的包皮等，并可制造茶杯、奶瓶、食品袋等 |
| 聚氯乙烯(PVC) | 优良的耐蚀性和电绝缘性。硬聚氯乙烯：强度高，耐蚀性好，可在−55～−15℃使用。软聚氯乙烯：强度低，但伸长率大，绝缘性好，不易老化 | 硬聚氯乙烯：可做离心泵、水管接头、建筑材料等。软聚氯乙烯：做薄膜、电线和电缆的绝缘层、密封件 |
| 聚丙烯(PP) | 良好的耐蚀性、电绝缘性和耐热性，无毒、无味；良好的耐曲挠性 | 可做各种机械零件、医疗器械、生活用具以及包装袋等 |
| 聚苯乙烯(PS) | 良好的耐蚀性和电绝缘性，尤其是高频绝缘性；但耐冲击、耐热性差，易燃、易脆裂；无色、透明，着色性好 | 做绝缘件、食品盒、日用装饰品，仪表外壳、管架等 |
| ABS塑料 | 较佳的综合性能，表面硬度高、耐磨性好，耐冲击，尺寸稳定性好，电绝缘性好，成型加工性好 | 做凸轮、齿轮等机械零件以及化工行业中各种容器、管道和电气工业中的仪表配件等 |
| 聚酰胺(PA) | 良好的强度、韧性和耐磨性以及自润滑性，其吸振性和耐蚀性也好，尺寸稳定性低 | 可做一般机械零件、减磨传动件，如轴承、齿轮、蜗轮等；做尼龙纤维布 |
| 聚甲醛(POM) | 强度高，优良的耐磨减磨性、耐热性、电绝缘性和耐蚀性，尺寸稳定性好 | 可做各种机械零件，如轴承、衬套、垫圈、化工容器、阀、塑料弹簧等 |
| 聚碳酸酯(PC) | 优良的透明性，冲击强度高，良好的耐热性、耐寒性和阻燃性，尺寸稳定，但耐磨性差 | 可做齿轮、凸轮、蜗轮及电气仪表等零件；也可做灯罩、防护玻璃、飞机风挡等 |
| 聚甲基丙烯酸甲酯(PMMA) | 又称有机玻璃，透明性好，着色性好，耐大气老化，易加工成型，但耐热性差，表面硬度不高，易划伤，缺口敏感性高 | 做飞机、电气仪表中的透明元件，如飞机舱盖、灯罩、光学镜头、雷达屏幕等 |
| 聚四氟乙烯(PTFE) | 俗称塑料王，优良的耐腐蚀性、耐老化性以及电绝缘性，但加工成型性不好 | 做耐蚀件、耐磨件、密封件，如容器、电容、线圈架等 |

**表5-2　常用热固性塑料的特点和用途**

| 名称(代号) | 主要性能 | 用途举例 |
|---|---|---|
| 酚醛树脂(PF) | 强度高、刚度大、尺寸稳定性好，耐热性好，电绝缘性及耐蚀性良好 | 做仪表外壳、灯头、插座、齿轮、轴承等绝缘件和机械零件 |
| 氨基塑料(AF) | 电绝缘性好，硬度高，耐磨、耐油脂及溶剂，不易燃烧，着色性好。脲醛塑料：色彩鲜艳，半透明如玉，有良好的电绝缘性，又称电玉。三聚氰胺甲醛塑料：表面硬度高、耐磨、无毒、耐高温 | 脲醛塑料：可做日用装饰件和电气绝缘件，如电话机、钟表外壳、门把手、插头等。三聚氰胺甲醛塑料：可做餐具、塑料装饰板 |
| 环氧树脂(EP) | 强度高、韧性较好，化学稳定性、绝缘性、耐热性和耐寒性良好，成型工艺性好 | 可做塑料模具、船体、电子工业中的零部件等 |
| 有机硅塑料 | 电绝缘性优良，电阻高；高频绝缘性好，耐热，可在100～200℃长期使用，防潮性强，耐辐射、耐臭氧、耐低温 | 可做电气、电子元件及线圈的灌封与固定 |

**2．橡胶**

橡胶是以生胶为主要原料，加入适量配合剂制成的高分子材料。橡胶具有弹性大(最大伸长率可达 800%～1000%，外力去除后能迅速恢复原状)，吸振能力强，耐磨性、隔声性、绝缘性好，可积储能量，有一定的耐蚀性和足够的强度等优点，其主要缺点是易老化。橡胶按来源分为天然橡胶和合成橡胶；按用途分为通用橡胶和特种橡胶。特种橡胶具有特殊性能，如耐热、耐寒、耐化学腐蚀、耐油、耐溶剂、耐辐射等。

常用橡胶品种、特性和用途见表 5-3。

**表 5-3　常用橡胶品种、特性和用途**

| 类别 | 品种(代号) | 主要性能 | 用途举例 |
| --- | --- | --- | --- |
| 通用橡胶 | 天然橡胶(NR) | 弹性大，最大伸长率可达 1000%；耐低温性、耐磨性、耐曲挠性好；加工成型性能好，耐腐蚀性能好。耐氧及臭氧性能差，不耐油 | 制造轮胎、胶带、胶管等通用制品 |
|  | 丁苯橡胶(SBR) | 耐磨性突出，热硬性、耐油性、耐老化性均优于天然橡胶，但自黏性差，生胶强度低 | 制造轮胎、胶板、胶布和各种硬质橡胶制品 |
|  | 顺丁橡胶(BR) | 弹性和耐磨性突出，耐磨性优于丁苯橡胶，耐寒性较好，易与金属黏合；加工成型性能差，自黏性和抗撕裂性差 | 制造轮胎、耐寒胶带、橡胶弹簧、减振器、耐热胶管、电绝缘制品 |
|  | 丁基橡胶(IIR) | 耐热、耐老化性优于一般通用橡胶；抗振性良好；弹性差，加工成型性能较差 | 制造各种浅色制品；车轮内胎、软管、垫片、化工容器的衬里、防振制品 |
|  | 氯丁橡胶(CR) | 耐油性良好，耐氧、耐臭氧性优良，阻燃、耐热性好；电绝缘、加工成型性能较差 | 制造耐油、耐蚀胶管，运输带；各种垫圈、油封衬里、压制品、汽车等门窗嵌件 |
|  | 乙丙橡胶(EPM、EPDM) | 结构稳定，抗老化能力强，绝缘性、耐热性、耐寒性好，在酸、碱中抗蚀性好；黏着性差，硫化速度慢 | 制造轮胎、蒸汽胶管、耐热输送带、高压电线管套等 |
| 特种橡胶 | 丁腈橡胶(NBR) | 耐油性和耐老化性良好；耐酸性和电绝缘性较差，加工成型性能差 | 制造耐油制品，如输油管、耐油耐热密封圈、储油箱等 |
|  | 硅橡胶 | 高耐热性和耐寒性，在-350～-20℃保持良好的弹性，抗老化性强、绝缘性好；强度低，耐磨性、耐酸性差 | 制造各种耐高低温的制品，如管道接头，高温设备的垫圈、衬垫、密封件以及高压电线 |
|  | 氟橡胶 | 化学稳定性高，耐蚀性优良，耐热性好，最高使用温度为300℃；耐寒性差，加工成型性能不好 | 主要制造国防和高技术中的密封件，如火箭、导弹的密封垫圈及化工设备的里衬 |

**3．胶黏剂**

胶黏剂是利用化学力将两个分离的表面机械地黏合在一起的物质，主要由黏料、固化剂、促进剂、增塑剂、增韧剂、稀释剂、溶剂、填料、偶联剂、防老剂、阻燃剂、增黏剂、阻聚剂等组成。胶黏剂的分类如表 5-4 所示。

**表 5-4　胶黏剂的分类**

| 类别 |  |  |  | 典型代表 |
| --- | --- | --- | --- | --- |
| 有机胶黏剂 | 合成胶黏剂 | 树脂型 | 热固性胶黏剂 | 酚醛树脂、环氧树脂、不饱和聚酯 |
|  |  |  | 热塑性胶黏剂 | 氰基丙烯酸酯 |
|  |  | 橡胶型 | 单一橡胶 | 氯丁胶浆 |
|  |  |  | 树脂改性 | 氯丁-酚醛 |
|  |  | 混合型 | 橡胶与橡胶 | 氯丁-丁腈 |
|  |  |  | 树脂与橡胶 | 酚醛-丁腈、环氧-聚硫 |
|  |  |  | 热固性树脂与热塑性树脂 | 酚醛-缩醛、环氧-尼龙 |

续表

| 类别 | | | 典型代表 |
|---|---|---|---|
| 有机胶黏剂 | 天然胶黏剂 | 动物胶黏剂 | 骨胶、虫胶 |
| | | 植物胶黏剂 | 淀粉、松香、桃胶 |
| | | 矿物胶黏剂 | 沥青 |
| | | 天然橡胶胶黏剂 | 橡胶水 |
| 无机胶黏剂 | 磷酸盐 | | 磷酸-氧化铜 |
| | 硝酸盐 | | 水玻璃 |
| | 硫酸盐 | | 石膏 |
| | 硼酸盐 | | 硼砂 |

# 5.2 陶瓷材料

陶瓷是无机高分子材料。随着无机非金属材料的发展，陶瓷材料包括陶器、瓷器、玻璃、水泥、耐火材料和新型无机非金属材料。现代广义上的陶瓷是指使用天然的或人工合成的粉状化合物经成型和高温烧结制成的一类无机非金属固体材料，它具有硬度、熔点和抗压强度高，耐磨损，耐蚀等优点。

## 5.2.1 陶瓷材料的分类

普通陶瓷(传统陶瓷)一般是指采用天然硅酸盐原料(如黏土、长石和石英等)烧结而成的陶瓷，这类陶瓷主要包括日用器皿、建筑陶瓷、电绝缘陶瓷和化工陶瓷等。

特种陶瓷(现代陶瓷)是指采用人工合成原料和特殊工艺制成的并且具有特殊物理化学性能的新型陶瓷(包括功能陶瓷)。特种陶瓷按照功能和用途又可分为以下三类。

(1) 结构陶瓷：主要用于生产轴承、球阀、刀具、模具等要求耐高温、耐腐蚀、耐磨损的各种结构零部件。结构陶瓷材料一般都具有较好的力学性能，如强度、硬度、耐磨性及高温性能等。

(2) 功能陶瓷：是指利用无机非金属材料优异的物理和化学性能(如电磁性、热性能、光性能等)来制作的具有特殊功能器件的陶瓷材料。

(3) 生物陶瓷：是专指能够作为医学生物材料的陶瓷，主要用于人牙齿、骨骼系统的维修和替换，如人造骨、人工关节等。

## 5.2.2 陶瓷材料的性能

**1．物理性能**

**1) 热学性能**

(1) 高熔点。陶瓷材料一般都具有较高的熔点，大多在 2000℃以上，具有高耐热性。

(2) 热导率。陶瓷依靠晶格中原子的热振动来完成热传导，没有自由电子的传热作用，所以导热能力远远低于金属材料，常作为高温绝缘材料。

(3) 热膨胀。陶瓷热膨胀系数比金属低，比高聚物更低。

**2) 电学性能**

大多数陶瓷是良好的绝缘体，在低温下有高的电阻率，因此可用来制作低电压直到超高压的隔电瓷质绝缘器件。铁电陶瓷具有较高的介电常数，可用来制作体积小但电容量大的电容器；少数陶瓷材料还具有半导体性质，可制作整流器。

**3) 光学性能**

部分陶瓷材料是具有特殊光学性能的功能材料，如固体激光器材料、光导纤维材料、光储存材料等。这些材料的研究和应用促进了通信、摄影和计算机技术的发展。

**2．力学性能**

(1) 强度。由于陶瓷材料内部存在大量气孔等缺陷，陶瓷的抗拉强度较低，但它具有较高的抗压强度，可以承受较大的压缩载荷。

(2) 硬度。陶瓷材料的硬度在各类材料中最高，同时具有优良的耐磨性能。

(3) 塑性和韧性。大多数陶瓷材料在常温下受外力作用时不产生塑性变形，而是在一定弹性变形后直接发生脆性断裂。此外，由于陶瓷中存在气相，故其冲击韧性很低，脆性很大。

**3．化学性能**

陶瓷材料的化学稳定性非常好，对酸、碱和盐的耐腐蚀性强，可广泛应用于石油、化工等领域。

## 5.2.3　常用的陶瓷材料

陶瓷材料具有耐高温、抗氧化、耐腐蚀以及其他优良的物理、化学性能，一些典型陶瓷材料的性能特点和用途见表 5-5。

**表 5-5　常用陶瓷材料的性能特点及其应用**

| 类别 | 材料 | 性能特点 | 应用举例 |
| --- | --- | --- | --- |
| 普通陶瓷 | 以黏土、长石和石英为原料 | 质地坚硬、良好的抗氧化性、耐蚀性和绝缘性 | 广泛应用于日用、电气、化工、建筑、纺织等部门 |
| 结构陶瓷 | 耐热材料 | 热稳定性好 | 耐火件 |
| | | 高温强度好 | 燃气轮机叶片、喷嘴 |
| | 高强度材料 | 高韧性 | 切削工具 |
| | | 高硬度 | 研磨材料 |
| 功能陶瓷 | 介电材料 | 绝缘性 | 集成电路基板 |
| | | 热电性 | 热敏电阻 |
| | | 压电性 | 振荡器、滤波器 |
| | | 强介电性 | 电容器 |
| | 光学材料 | 荧光、发光性 | 激光 |
| | | 红外透射性 | 红外线窗口 |
| | | 高透明度 | 光导纤维 |
| | | 电发色效应 | 显示器 |
| | 磁性材料 | 软磁性 | 磁带、磁芯，记忆运算元件 |
| | | 硬磁性 | 电声器件、仪表的磁芯 |
| | 半导体材料 | 光电导效应 | 太阳电池 |
| | | 阻抗温度变化效应 | 温度传感器 |
| | | 热电子放射效应 | 热阴极 |

# 5.3 复合材料

## 5.3.1 复合材料的基本知识

复合材料是指由两种及以上在物理性质和化学性质上不同的物质组合起来而得到的一种多相固体材料。不同的材料之间均可互相复合，如不同的非金属材料、非金属材料与金属材料以及不同的金属材料之间的复合。在复合材料中，通常其中一种作为基体材料，起黏结作用；另一种作为增强材料，提高材料的承载能力。复合材料能够发挥各自的优点，克服单一材料的弱点，从而具有优良的综合力学性能。

材料的复合化是材料发展的必然趋势之一。近年来，随着人们对复合材料的研究和使用，开发出了许多质轻、力学性能优良的结构材料，也复合出了耐磨、耐蚀、导热或绝热、导电、隔声、减振、抗高能粒子辐射等一系列特殊的功能材料，这些高级复合材料已广泛应用在航空航天、建筑、交通运输、化工和通用机械等领域。例如，先进的隐形战略轰炸机的机身和机翼使用石墨与碳纤维复合材料，这种材料不仅强度大，而且具有雷达反射波小的特点。

复合材料的分类目前尚未完全统一，主要采取以下几种分类方法。

(1) 按材料的用途分为结构复合材料和功能复合材料两大类。结构复合材料利用其力学性能的优势来制造各种结构和零件；功能复合材料利用其特殊的物理性能来制造各种零件。

(2) 按复合材料的基体材料分为树脂基复合材料、金属基复合材料和陶瓷基复合材料。

(3) 按增强材料的物理形态分为颗粒增强复合材料、纤维增强复合材料和层叠复合材料。

## 5.3.2 复合材料的性能

复合材料是一种新型的工程材料，与金属和其他固体材料相比，具有以下优良的性能特点。

(1) 比强度和比模量高。比强度、比模量是指材料的强度或模量与其密度之比，是衡量材料承载能力的一个重要指标，比强度、比模量越高，构件的自重越小(或者体积越小)。复合材料的比强度和比模量远远高于金属材料。

(2) 抗疲劳性能好。一方面，纤维增强复合材料中内部缺陷少，基体材料的塑性好，有利于消除或者减少应力集中现象；另一方面，复合材料中的纤维对于裂纹的扩展起到阻止作用，因此能有效地提高复合材料的疲劳强度。

(3) 减振性好。复合材料的比模量高，其自振频率也高，因而构件在一般速度或频率下不会因共振而快速脆断。此外，基体和纤维之间的界面有吸收振动的作用，使得复合材料的减振性比钢和铝合金等金属材料好。

(4) 高温性能好。各种增强纤维具有较高的弹性模量，因而复合材料具有较高的熔点和高温强度。由于复合材料的高温强度和疲劳强度高，所以复合材料的热稳定性也较好。

(5) 化学稳定性高。复合材料通过选用耐蚀性优良的高聚物作为基体材料，可以耐酸、碱、油脂等化学介质的侵蚀。

由于复合材料的制造工艺简单，易于加工，所以除具备上述特性外，部分复合材料还有某些特殊性能，如减磨性、绝缘性、抗蠕变性等。但是，复合材料也存在一些缺点，如冲击韧性差、材料性能的各向异性以及塑性差等。

### 5.3.3 常用的复合材料

复合材料的优异性能使其得到较广泛的应用，在航空航天、交通运输、机械工业、建筑工业、化工及国防工业等领域起着重要的作用。例如，喷气机的机翼、尾翼、直升机的螺旋桨，发动机的油嘴等结构零件都可采用复合材料制造。

**1．纤维增强复合材料**

纤维增强复合材料是复合材料中最重要的一类，应用最为广泛，最初出现的是以玻璃纤维增强塑料的复合材料，即玻璃钢，后来又出现了硼纤维和碳纤维增强塑料，这使得复合材料开始大量应用于航空航天等高科技领域。它的性能主要取决于纤维的特性、含量和排布方式。常见纤维增强复合材料的种类、特性和应用如表 5-6 所示。

表 5-6　常见纤维增强复合材料的种类、特性及其应用

| 纤维种类 | 基体 | 特性 | 用途 |
| --- | --- | --- | --- |
| 玻璃纤维 | 合成树脂 | 优良的抗拉、抗弯、抗压及抗蠕变性能，耐冲击性好，绝缘性好，但弹性模量低 | 制造各种机器护罩、复杂壳体等电绝缘件，石油化工中的耐蚀耐压容器等 |
| 碳纤维 | 合成树脂 | 低密度、高强度、高弹性模量、高比强度和高比模量；优良的抗疲劳、耐冲击、自润滑、减摩耐磨和耐热等性能；但脆性大、易氧化 | 制造航空航天上的机架、壳体、天线，机械设备的齿轮、活塞、轴承密封件等 |
| 硼纤维 | 合成树脂 | 强度和弹性模量高，耐热性能好；但工艺复杂，成本高 | 制造航天航空飞行器的结构件 |
| 有机纤维 | 合成树脂 | 高强度、高弹性模量，优良的热硬性和尺寸稳定性 | 制造航空航天上的一些结构件，轮胎帘子线、皮带、电绝缘件等 |
| 碳化硅纤维 | 合成树脂 | 极高的强度，高温下化学稳定性好 | 制作涡轮叶片 |

**2．颗粒增强复合材料**

颗粒增强复合材料是由一种或多种材料的颗粒均匀分散在基体材料内所组成的。金属陶瓷就是颗粒增强复合材料，它是将金属的热稳定性好、塑性好，高温易氧化和蠕变，与陶瓷脆性大，热稳定性差，但耐高温、耐腐蚀等性能进行互补，将陶瓷颗粒分散于金属基体中，使两者复合为一体。颗粒在复合材料中的作用随粒子尺寸不同有明显的差别，直径为 0.01～0.1μm 的颗粒在材料中主要起到弥散强化的效果；直径为 1～50μm 的颗粒主要起到增强相的作用。例如，钨钴类硬质合金刀具就是一种金属陶瓷。

颗粒增强复合材料主要有三大类：一类是金属颗粒与树脂复合；一类是陶瓷颗粒与金属基复合；还有一类是弥散强化复合材料。

(1) 金属颗粒与树脂复合是指将金属颗粒加入树脂中，不同的金属颗粒具有不同的功能，金属颗粒的加入可以有效地改善复合材料的导热、导电和导磁性等。

(2) 陶瓷颗粒增强金属基复合材料具有高强度、耐热、耐磨、耐腐蚀和热膨胀系数小等特点，可以用来制造高速切削刀具、重载轴承、喷嘴以及一些高温无油润滑件等。

(3) 弥散强化复合材料主要是使一些硬质颗粒均匀分布于合金(如镍铬合金)上，起到弥散强化的效果，可以有效提高材料的强度、弹性模量等，可以使复合材料耐高温达 1100℃以上，用来制造要求耐高温的零件。

**3．层叠复合材料**

层叠复合材料是由两层或两层以上不同材料通过胶接、熔合、复合轧制、喷涂等工艺实现复合而得到的不同性能的材料。层叠复合材料可使强度、刚度、耐磨、耐蚀、绝热、隔声、

减轻自重等性能分别得到改善。常见的有双层金属复合材料、塑料-金属多层复合材料和夹层复合材料等。例如，普通钢板上涂覆一层塑料，可以提高耐蚀性能；SF 型三层塑料-金属多层复合材料可以大大提高基体的承载能力和热导率，改善尺寸稳定性，可以用来制作在高应力、高温和无润滑条件下工作的轴承、衬套、垫片等零件；以泡沫塑料和蜂窝为芯材的夹层复合材料可以绝热、绝缘、隔声，所以已大量用于天线罩、雷达罩、飞机机翼、冷却塔、保温隔热装置等。

现代高科技的发展离不开复合材料，复合材料对现代科学技术的发展有着十分重要的作用。复合材料的研究深度和应用广度及其生产发展的速度和规模已成为衡量一个国家科学技术先进水平的重要标志之一。我国的复合材料发展非常迅速，其应用范围也在不断扩大。除了聚合物基、金属基和无机非金属基复合材料等传统复合材料，又陆续出现了许多新型复合材料，如纳米复合材料、仿生复合材料等，这些材料的研究是当前复合材料新的发展方向。

# 第 6 章　机械零件失效与选材

材料的选择和加工路线的安排是机械设计与制造过程的重要环节。选材的核心问题是在技术和经济合理的前提下，保证材料的使用性能与零件的设计功能相适应。事实证明，很多机械零件的质量差、寿命短等问题是选材不当或热处理工艺不合理所造成的。因此，掌握零件材料的正确选用、加工路线的合理安排是对机械设计与制造人员的基本要求。

## 6.1　机械零件失效形式及原因

机械零件的失效是指零件在使用过程中，零件部分或完全丧失了设计功能。零件完全被破坏不能继续工作；或零件已严重损坏，若继续工作将失去安全；或零件虽能安全工作，但已失去设计精度等现象都属于失效。

为了预防零件失效，需对零件进行失效分析，即通过判断零件失效形式，确定零件失效机理和原因，以便有针对地进行选材、确定合理的加工路线，提出预防失效的措施。

**1．机械零件失效形式**

机械零件常见的失效方式可以分为三种类型：过量变形失效、断裂失效和表面损伤失效。

(1) 过量变形失效：零件因变形量过大(超过允许范围)而造成的失效，主要包括过量弹性变形、塑性变形和高温下发生的蠕变等失效形式。

(2) 断裂失效：因零件承载过大或疲劳损伤等而导致分离为互不相连的两个或两个以上部分的现象。断裂是最严重的失效形式，包括韧性断裂失效、低温脆性断裂失效、疲劳断裂失效、蠕变断裂失效和环境破断失效等形式。

(3) 表面损伤失效：零件工作时由于表面的相对摩擦或受到环境介质的腐蚀在零件表面造成损伤或尺寸变化而引起的失效，主要包括表面磨损失效、腐蚀失效、表面疲劳失效等形式。

需要指出，同一种机械零件在工作中往往不只是一种失效形式起作用。但是，一般零件失效时总是一种形式起主导作用。失效分析的核心问题就是要找出主要的失效形式。

**2．机械零件失效原因**

引起机械零件失效的因素很多且较为复杂，涉及零件的结构设计、材料的选择、材料的加工制造、产品的装配及使用保养等多个方面。

(1) 设计不合理。主要是指零件结构和形状不正确或不合理，如零件存在缺口、小圆弧转角、不同形状过渡区等。此外，还指对零件的工作条件、过载情况估计不足，造成零件实际工作能力不足，致使零件早期失效。

(2) 选材不合理。设计中对零件失效的形式判断错误，所选的材料性能不能满足工作条件需要；选材所依据的性能指标不能反映材料对实际失效形式的抗力，错误地选择材料；所选用的材料质量太差、成分或性能不合格导致不能满足设计要求等都属于选材不合理。

(3) 加工工艺不合理。零件的加工工艺不当，可能会产生各种缺陷，导致零件在使用过程中较早地失效。例如，热加工过程中出现过热、过烧和带状组织；热处理过程中出现脱碳、变形、开裂；冷加工过程出现较深的刀痕、磨削裂纹等。

(4) 安装使用不当。装配和安装过程不符合技术要求，如安装时配合过紧、过松，对中不准，固定不稳等都可能使零件不能正常工作或过早出现失效；此外，使用过程中违章操作、超载、超速，不按时维修、保养等也会使零件过早出现失效。

## 6.2　材料选择原则

零件的选材是一项十分重要的工作，尤其是机械设备中的关键零件的选材是否恰当决定了整台机械的使用性能和寿命。正确的选材应该是在全面分析零件工作条件、受力状况、失效形式后，综合各种影响因素提出满足零件工作条件的性能要求，再选择合适的材料和加工工艺路线以满足性能要求。在满足零件使用性能的前提下，兼顾良好的工艺性和经济性。

**1．使用性能原则**

材料的使用性能是机械零件在正常工作情况下应具备的力学性能、物理性能和化学性能，是依据零件的工作条件和失效分析提出的，是保证零件能够可靠工作的基础，也是零件选材的主要依据。

零件工作条件是指零件工作时的受力状态(载荷大小、性质和分布等)以及工作环境(工作温度、环境介质等)。零件的工作条件不同，对零件材料使用性能要求也不同。对于一般的机械零件，选材主要考虑其力学性能。

零件按照力学性能选材时，首先应正确分析零件的工作条件，结合该类零件出现的主要失效形式，找出使用过程的主要和次要失效指标，通过计算确定零件的材料应该达到的力学指标，再结合其他因素综合分析，选择合适的材料。需要注意的是，参考材料力学性能指标数据时，必须充分考虑材料的尺寸效应以及材料强度、塑性和韧性之间的合理配合。

**2．工艺性能原则**

材料的工艺性能是指在一定的条件下将材料加工成零件毛坯或零件的难易程度。零件的选材除了首先考虑其使用性能，还必须兼顾该材料的工艺性能。材料的工艺性能对于大批量、自动化生产格外重要，也是在一定生产条件下能够高质量、高效率、低成本地生产出合格零件的保证。因此，熟悉材料的加工工艺以及材料的工艺性能，对于正确的选材是相当重要的。

金属材料的工艺性能主要包括铸造性能、塑性加工性能、焊接性能、热处理工艺性能、切削加工性能等。不同零件对各种工艺性能的要求是不同的，如铸件要求材料有良好的铸造性能；冲压件要求材料有良好的塑性加工性能；多数的机械零件都要求材料有良好的切削加工性能和热处理工艺性能。

(1) 铸造性能：指材料在铸造生产工艺过程中所表现出的性能，包括流动性、收缩性、吸气性、熔点、偏析倾向等。一般而言，铸造铝合金和铜合金的铸造性能优于铸铁和铸钢，铸铁的铸造性能优于铸钢，而灰铸铁的铸造性能又是铸铁中最好的。

(2) 塑性加工性能：指材料进行塑性变形的难易程度。材料进行塑性加工时，变形量大，变形抗力小，则塑性加工性能好；否则，塑性加工性能差。一般而言，铜合金塑性加工性能较好，铝合金塑性加工性能较差；低碳钢塑性加工性能优于高碳钢，碳钢塑性加工性能优于合金钢。

(3) 焊接性能：指材料对焊接成型的适应性，反映材料在一定的工艺条件下获得优质焊接接头的难易程度，一般用焊缝处所出现的裂纹、气孔、焊接脆性等缺陷的倾向来衡量。通常低碳钢和低合金钢具有良好的焊接性能，碳和合金元素含量越高，焊接性能越差；铜、铝合金焊接性能较差，需采用特殊工艺才能保证焊接质量。

(4) 切削加工性能：指材料接受切削加工而成为合格工件的难易程度，通常使用切削力、刀具磨损程度、切屑排除难度以及零件表面质量来综合衡量。一般而言，材料的硬度在170～230HBS时切削加工性能最好。

(5) 热处理工艺性能：指材料对热处理工艺的适应性能，包括材料的淬透性、淬硬性、热敏感性、氧化、脱碳倾向、回火脆性、淬火变形和开裂倾向等方面性能。一般地，碳钢的淬透性差，加热时易过热，淬火时易变形开裂；而合金钢的淬透性优于碳钢，不易产生过烧，多数合金钢会产生高温回火脆性。

**3．经济性原则**

零件选材在满足使用性能和工艺性能的前提下，还需要充分考虑经济性，以获得质优、价廉、寿命长的零件，从而保证产品具有强有力的竞争性。

在满足性能要求的条件下，首先应该尽量选用价格低廉的材料。在我国目前情况下，以铁代钢、以铸代锻、以焊代锻是经济的。选材的同时，还需要估算和比较加工投入费用，如工时、工艺装备费用、材料利用率等，综合权衡以降低生产成本。

除去生产成本，还需要考虑零件的使用寿命，整机综合效益，以及零件的维修、更换等附加费用。选用价格低廉的材料，有时虽然材料费用低，但零件寿命短，维修、更换以及停机等费用较高，反而会使整体经济性降低。

综上所述，在考虑材料的经济性时，不能仅以单价比较材料的优劣，而应当以综合效益(材料单价、加工费用、使用寿命、资源稀缺程度等)来评定材料的经济性。

## 6.3　典型零件选材实例分析

金属材料、高分子材料、陶瓷材料及复合材料是目前最主要的四大类工程材料，它们特性不同，适用范围也不相同。与其他工程材料相比，金属材料尤其是钢铁材料具有优良的综合力学性能和某些物理、化学性能，广泛用于制造各种机械零件和工程构件。本节将以钢铁材料作为典型零件的主要选择材料进行介绍。

### 6.3.1　齿轮类零件选材

齿轮是各类机械中应用最为广泛的传动零件，其主要作用有传递扭矩(力或能)，改变运动速度或运动方向。

**1．齿轮的工作条件、失效形式及性能要求**

**1) 齿轮的工作条件**

(1) 由于传递扭矩，齿根承受很大的交变弯曲应力。

(2) 在换挡、启动或啮合不均时，齿部承受一定的冲击载荷。

(3) 齿面间的相互滚动或滑动接触使齿面承受很大的接触压应力和摩擦作用。

**2) 齿轮的主要失效形式**

(1) 断裂。多是由于交变弯曲应力引起的轮齿根部疲劳断裂，也可能是冲击过载导致的崩齿与开裂。

(2) 齿面剥落。齿面交变接触应力超过材料的疲劳强度而引起的接触疲劳破坏，导致齿面表层产生点状、小片剥落的破坏。

(3) 齿面磨损。齿面接触区强烈的摩擦或外部硬质颗粒的侵入，导致齿面产生磨粒磨损、黏着磨损或过度磨损。

**3) 齿轮的使用性能要求**

根据齿轮的工作条件和失效形式，齿轮用材应具备以下使用性能。

(1) 高的弯曲疲劳强度，以防止齿轮使用过程出现疲劳断裂。

(2) 齿面有高的接触疲劳抗力、高的硬度和耐磨性，以防止齿面损伤。

(3) 齿轮心部有足够的强韧性，以防冲击过载断裂。

**2．常用齿轮材料、性能及热处理**

齿轮材料以中碳结构钢、渗碳钢为主。对于工作条件较好、转速中等、载荷不大且工作平稳的机床齿轮，一般由中碳钢调质处理，进行表面淬火和低温回火后使用。对于汽车、拖拉机齿轮，因为频繁承受冲击载荷，多由渗碳钢经渗碳、淬火和低温回火处理后使用。有些情况下也可以采用粉末冶金齿轮、铸铁齿轮以及塑料齿轮。表 6-1 为常用机床、汽车和航空齿轮用钢和热处理情况。

**表 6-1　常用机床、汽车和航空齿轮用钢及热处理**

| 齿轮工作条件 | 材料牌号 | 热处理工艺 | 硬度要求 |
|---|---|---|---|
| 低载，要求耐磨、小尺寸机床齿轮 | 15 | 900～950℃渗碳<br>780～900℃淬火 | 58～63HRC |
| 低速（＜0.1m/s）、低载不重要变速器齿轮和挂轮架齿轮 | 45 | 840～860℃正火 | 156～217HBS |
| 低速（＜1m/s）、低载机床齿轮（如溜板） | 45 | 820～840℃水淬<br>500～550℃回火 | 200～250HBS |
| 中速、中载或高载机床齿轮（如车床变速器次要载荷齿轮） | 45 | 高频淬火，水冷，300～340℃回火 | 45～50HRC |
| 高速、中载、齿面要求高硬度的机床齿轮（如磨床砂箱齿轮） | 45 | 高频淬火，水冷，180～200℃回火 | 54～60HRC |
| 中速（2～4m/s）、中载高速机床走刀箱、变速器齿轮 | 40Cr、42SiMn | 调质，高频淬火，乳化液冷却，260～300℃回火 | 50～55HRC |
| 高速、高载、齿部要求高硬度机床齿轮 | 40Cr、42SiMn | 调质，高频淬火，乳化液冷却，260～300℃回火 | 54～60HRC |
| 高速、中载、受冲击的机床齿轮（如龙门铣床的电动机齿轮） | 20Cr、20Mn2B | 900～950℃渗碳，直接淬火，或 800～880℃油淬，180～200℃回火 | 58～63HRC |
| 高速、高载、受冲击的齿轮（如立式车床重要齿轮） | 20CrMnTi<br>20SiMnVB | 900～950℃渗碳，降温至 820～850℃直接淬火，180～200℃回火 | 58～63HRC |
| 汽车变速齿轮及圆锥齿轮 | 20CrMnTi,<br>20CrMnMo | 900～950℃渗碳，降温至 820～850℃直接淬火，180～200℃回火 | 58～64HRC |
| 航空发动机大尺寸、高载、高速齿轮 | 18Cr2Ni4WA<br>37Cr2Ni4A<br>40Cr2NiMoA | 调质，氮化 | ＞850HV |
| 航空高速齿轮 | 12CrNi3A<br>12Cr2Ni4A | 900～920℃渗碳，850～870℃一次淬火，油冷，780～800℃二次淬火，油冷，150～170℃回火 | 58～63HRC |

此外，直径大于 400mm 且形状复杂的齿轮毛坯难以锻造，可以选用铸钢铸造成型，常用

材料有 ZG270-500、ZG310-570、ZG40Cr 等。铸钢齿轮一般只在机械加工前进行正火处理，以消除铸造应力和硬度不均匀，改善切削加工性能，机械加工后只进行表面淬火。轻载、低速、不受冲击、精度和结构都要求不高的齿轮可以选用灰铸铁，如 HT200、HT250、HT300 等。耐磨性和疲劳强度要求较高，而冲击载荷较小的齿轮可以选用球墨铸铁，如 QT600-3、QT500-7 等。仪器、仪表工业中或某些接触腐蚀介质的轻载齿轮常用耐蚀、耐磨的有色金属材料(黄铜、铝青铜、锡青铜、硅青铜等)来制造。受力不大、无润滑条件工作的轻载小型齿轮可以选用塑料(尼龙、ABS、聚甲醛等)来制造。

**3．典型齿轮选材举例**

**1)机床齿轮**

机床中大量使用齿轮担负传递动力、改变运动速度和方向的任务。机床齿轮工作时受力不大，转速中等，运转平稳，无强烈冲击，齿轮的强度和韧性要求均不高，因此经常选用中碳钢制造，为了提高淬透性，也可用中碳的合金钢，经调质处理后心部有足够的强韧性，能承受较大的弯曲应力和冲击载荷；齿面采用高频淬火强化后，硬度可达 55HRC 左右，提高了齿面耐磨性。

举例：图 6-1 为 C6132 机床齿轮简图，工作时受力不大，转速中等，运转平稳，无强烈冲击。试选材，并确定加工工艺路线。

选材：查表 6-1，选用 45 钢。

热处理工艺如下：正火，950～970℃，空冷，硬度为 156～217HBS；高频感应加热表面淬火喷水冷却，180～200℃低温回火，表面硬度为 50～55HRC。

加工工艺路线如下：下料→锻造→正火→机械粗加工→调质→机械精加工→高频感应加热表面淬火+低温回火→精磨。

正火可消除锻造应力，均匀组织，细化晶粒，调整硬度，改善切削加工性能，组织为细片层状珠光体(索氏体)+铁素体。

调质可使齿轮心部获得具有良好的综合力学性能的回火索氏体，以承受交变弯曲应力和冲击载荷。

高频感应加热表面淬火加低温回火后，齿轮表层(约 2mm)得到回火马氏体，提高表层的硬度和耐磨性，而心部仍保持调质状态的回火索氏体，从而达到“表硬内韧”的性能要求。

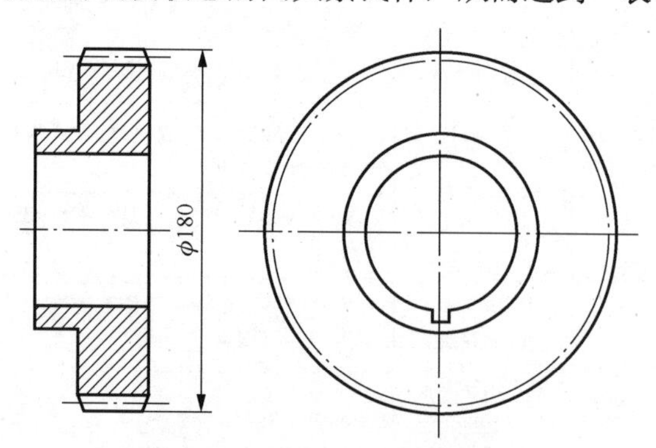


图 6-1　机床齿轮简图(单位：mm)

**2)汽车、拖拉机齿轮**

汽车和拖拉机齿轮主要安装在变速器和差速器中。变速器中齿轮用于改变发动机、曲轴和主轴齿轮的转速；差速器中齿轮用于增加扭矩，调节左、右轮的转速，并将发动机动力传给主动轮，以推动汽车、拖拉机运行。汽车和拖拉机齿轮工作条件比机床齿轮差，受力较大，频繁冲击，因此对材料耐磨性、疲劳强度、心部强度及冲击韧性都有更高的要求。实践证明，这类齿轮一般选用合金渗碳钢制造，如 20Cr、20CrMnTi 等，经渗碳、淬火、低温回火后，还可进行表面喷丸强化处理，使表层为压应力状态，提高抗疲劳能力。

举例：图 6-2 为汽车变速齿轮简图，工作条件较恶劣，受力较大，超载荷和受冲击频繁。试选材，并确定加工工艺路线。

选材：查表 6-1，选用 20CrMnTi。

热处理工艺如下：正火，950～970℃，空冷，硬度为 179～217HBS；渗碳 920～940℃，保温 4～6h，预冷 830～850℃直接油淬，低温回火 180℃±10℃保温 2h。齿面硬度为 58～62HRC，心部硬度为 33～48HRC。

加工工艺路线如下：下料→锻造→正火→切削加工→渗碳、淬火+低温回火→喷丸→磨削。

正火是为了均匀和细化组织，消除锻造应力，获得好的切削加工性能，获得的组织为细片层珠光体(索氏体)+少量铁素体。

渗碳后淬火及低温回火使齿面具有高硬度和高耐磨性，心部具有足够的强度和韧性，表层组织为高碳回火马氏体+残余奥氏体+点状碳化物；心部组织为低碳回火马氏体+铁素体+细珠光体。

喷丸处理可增大渗碳表层的压应力，提高疲劳强度，同时可以清除氧化皮。

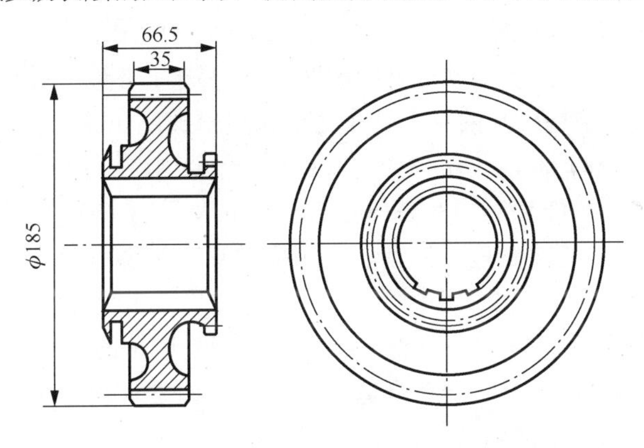


图 6-2　汽车变速齿轮简图(单位：mm)

## 6.3.2　轴类零件选材

轴是机器中关键的基础零件，主要用于支承回转体零件、传递运动和扭矩。

**1．轴的工作条件、失效形式和性能要求**

**1) 轴的工作条件**

轴在运转时传递运动和扭矩，主要承受扭转应力和交变弯曲应力复合作用或拉/压应力；轴颈处和与其他零件配合处承受较大的摩擦和磨损作用。此外，轴还承受着一定的过载或冲击载荷作用。

**2) 轴的失效形式**

根据轴工作时的受力情况和使用中故障的统计数据，轴类零件的失效形式有以下几种。

(1) 断裂。多数情况是扭转和弯曲载荷引起的疲劳断裂，也可能是冲击引起的过载断裂。

(2)过量变形。由于轴的刚度不足，产生过大的扭转或弯曲变形(弹性或塑性的)，引起碰撞而使机器损坏或不能正常运转。

(3)过度磨损。轴的花键或轴颈部位由于硬度不足、装置不当、不清洁引起磨损，使尺寸发生变化不能正常工作。

此外，轴还可能发生腐蚀失效。

**3)轴的使用性能要求**

根据轴的工作条件和失效形式，轴用材应具备以下使用性能。

(1)良好的综合力学性能，即高的强度、足够的刚度和良好的韧性，防止过度变形和过载、冲击引起断裂。

(2)高的疲劳强度，防止过早的疲劳断裂。

(3)在轴颈、花键等相对运动的摩擦部位应具有高的硬度和耐磨性。

**2．常用轴类材料、性能及热处理**

轴类零件选材时主要考虑材料的强度，同时考虑材料的冲击韧性和表面耐磨性，一般选用经锻造或轧制的低、中碳钢或合金结构钢作为毛坯。

根据承载能力选用材料。

(1)轻载、低速、不重要的轴(如心轴、联轴器、拉杆、螺栓等)可选用Q235、Q255、Q275等普通碳素结构钢，这类钢通常不进行热处理。

(2)受中等载荷且精度要求一般的轴类零件(如曲轴、连杆、机床主轴等)常选用优质碳素结构钢，如35钢、40钢、45钢、50钢等，其中以45钢应用最多。为改善其力学性能，一般要进行正火或调质处理。要求轴颈等处耐磨时，还可进行局部表面淬火及低温回火。

(3)受较大载荷或要求精度高的轴，以及处于强烈摩擦或在高、低温等恶劣条件下工作的轴(汽车、拖拉机、柴油机的轴，压力机曲轴等)应选用合金钢，常用的有20Cr、40MnB、40CrNi、40CrNiMo、20CrMnTi、12CrNi3、38CrMoA1A、9Mn2V和GCrl5等，根据合金钢的种类及轴的性能要求，采用适当的热处理，如调质、表面淬火、渗碳、氮化、淬火回火等，以充分发挥合金钢的性能潜力。

近年来，球墨铸铁和高强度铸铁已越来越多地作为制造轴的材料，如汽车发动机的曲轴、普通机床的主轴等。其热处理方法主要是退火、正火、调质及表面淬火等。

**3．典型轴类零件选材举例**

**1)机床主轴**

主轴是机床中最为重要的零件之一，工作时主要承受交变弯曲应力和扭转应力，有时也承受冲击载荷作用，轴颈和锥孔表面受摩擦。因此，主轴应该具有良好的综合力学性能，花键、轴颈和锥孔表面应有较高的硬度和耐磨性。

举例：图6-3为C616车床主轴简图，该主轴受交变弯曲应力和扭转应力的复合作用，转速和载荷不高，冲击载荷不大；大端内锥孔、花键等部位有相对摩擦。试选材，并确定加工工艺路线。

选材：根据要求，选用45钢。

热处理工艺如下：整体调质，硬度为220～250HBS；内锥孔和外锥体局部淬火，硬度为45～52HRC；花键部位高频感应加热表面淬火，硬度为48～53HRC。

加工工艺路线如下：下料→锻造→正火→机械粗加工→调质→半精加工(除花键)→内锥

孔及外锥体局部淬火+低温回火→粗磨(外圆、外锥体、内锥孔)→铣花键→花键部位高频感应加热表面淬火+低温回火→精磨(外圆、外锥体、内锥孔)。

正火的作用是改善锻造组织，细化晶粒；调整硬度，便于切削加工；为调质做好组织准备。

调质是为了使主轴得到高的综合力学性能和疲劳强度。为了更好地发挥调质效果，调质安排在粗加工之后。

外锥体和内锥孔采用局部淬火，花键部位采用高频感应加热表面淬火，低温回火后得到高的硬度、耐磨性和装配精度。

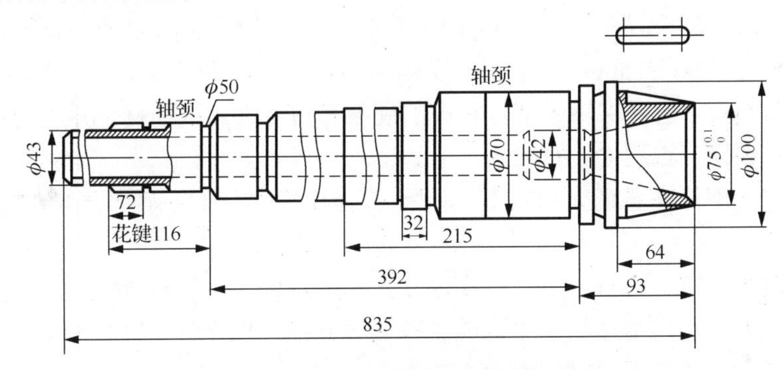


图 6-3　C616 车床主轴简图(单位：mm)

**2)汽车半轴**

汽车半轴是车轮转动的直接驱动件，是重要的传递扭矩部件。汽车行驶时，发动机输出扭矩，经变速和主动器传递给半轴，再由半轴带动车轮。半轴工作时承受冲击、弯曲疲劳和扭转应力的作用，要求材料有足够的抗弯强度、疲劳强度和较好的韧性。

半轴材料与其工作条件有关，一般中、小型载重汽车选用 40Cr，重型载重汽车选用 40CrMnMo，承受冲击、交变弯曲和扭转载荷。

举例：图 6-4 为跃进-130 汽车半轴简图，该半轴承受冲击、交变弯曲和扭转载荷。试选材，并确定加工工艺路线。

选材：根据要求，选用 40Cr。

热处理工艺如下：调质，杆部硬度为 37～44HRC；盘部外圆硬度为 24～34HRC。

加工工艺路线如下：下料→锻造→正火→机械加工→调质→盘部钻孔→磨花键。

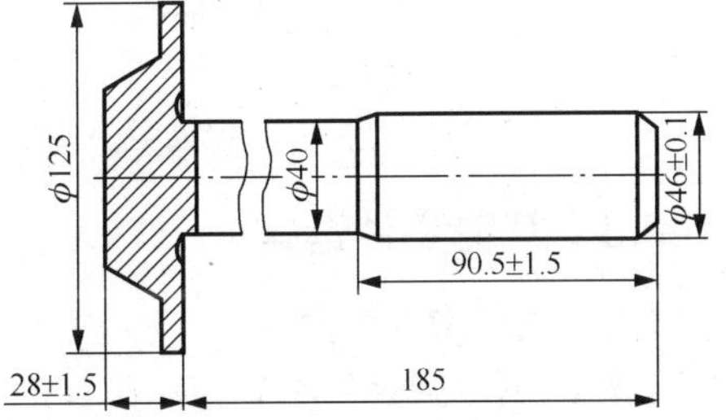


图 6-4　跃进-130 汽车半轴简图(单位：mm)

正火的目的是得到合适的硬度，以便切削加工，同时可以改善锻造组织，细化晶粒、均匀组织，为调质做准备。

调质的目的是使半轴具有高的综合力学性能。淬火后在 420℃±10℃回火，回火后在水中冷却，防止回火脆性。调质后组织为回火索氏体或回火屈氏体，心部允许存在铁素体。

**3)内燃机曲轴**

曲轴是内燃机中形状复杂而又重要的零件之一。它的作用是输出内燃机的功率，并驱动内燃机内其他运动机构运动。曲轴工作时受弯曲、扭转、剪切、拉压、冲击等复杂交变应力；

曲轴颈除担负很大载荷外，还承受严重的滑动摩擦。曲轴的失效形式主要是疲劳断裂和轴颈严重磨损。因此，曲轴材料要有高强度，一定的冲击韧性，足够的弯曲、扭转疲劳强度和刚度，轴颈表面有高硬度和耐磨性。

曲轴的选材主要根据内燃机的类型、功率、转速和相应的轴承材料等条件确定。根据制造工艺，曲轴分为锻造曲轴和铸造曲轴。锻造曲轴用材主要是优质中碳钢和合金调质钢，如35、40、45、35Mn2、40Cr、35CrMo 等。铸造曲轴用材主要是铸钢、球墨铸铁、珠光体可锻铸铁以及合金铸铁，如 ZG45、QT600-3、QT700-2、KTZ450-5、KTZ500-4 等。目前，高速大功率内燃机曲轴常用合金调质钢制造，中、小型内燃机曲轴常用球墨铸铁或 45 钢制造。

举例：图 6-5 为 175A 型农用柴油机曲轴简图。该柴油机为单缸四冲程柴油机，汽缸直径为 75mm，转速为 2200～2600r/min，功率为 4.4kW。由于功率不大，故曲轴承受的弯曲、扭转、冲击等应力不大，但要求轴颈部位有高的硬度和耐磨性。试选材，并确定加工工艺路线。

选材：根据要求，选用 QT700-2。

热处理工艺：整体高温正火 950℃，空冷，高温回火 560℃；轴颈局部 570℃进行气体氮化处理。

加工工艺路线：铸造(铸件毛坯)→高温正火→高温回火→切削加工→轴颈气体氮化。

高温正火是为了获得基体组织中足够的珠光体并细化珠光体，提高强度、硬度和耐磨性。

高温回火是为了消除正火时产生的内应力。

轴颈气体氮化是在保证不改变组织及加工精度的前提下，提高轴颈表面硬度和耐磨性。此外，对轴颈也可以采用表面淬火提高耐磨性，进行喷丸处理和滚压加工提高疲劳强度。

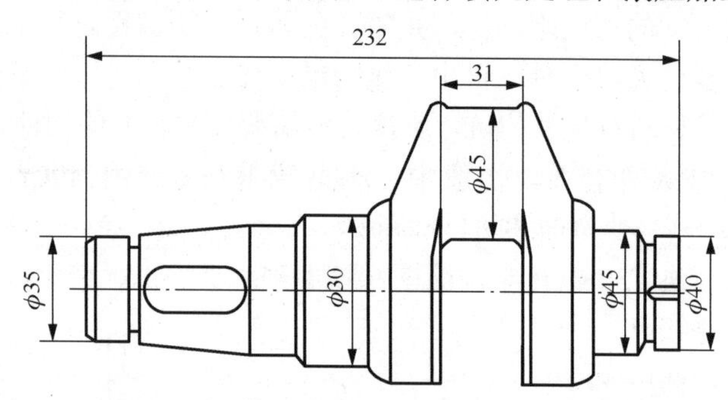


图 6-5　175A 型农用柴油机曲轴简图(单位：mm)

### 6.3.3　其他零件选材

**1. 汽车钢板弹簧**

汽车钢板弹簧用于车轮和车架的连接，承受车厢和载物的压力，同时在车辆行驶过程中起到减轻因路面不平引起的振动和冲击载荷的作用，因此，具有缓冲、消振、承重和储能的特点。汽车在运输过程中，钢板弹簧的受力方式以弯曲应力为主，与路面状况和速度有关，钢板弹簧所受应力为 9～10MPa。图 6-6 为某种型号的汽车钢板弹簧示意图。

选材：汽车钢板弹簧在工作状态下要吸收大量的弹性功，还要求本身不发生永久变形。因此，汽车钢板弹簧具有屈强比和尽可能大的弹性比功，故选用合金弹簧钢制作，如 60Si2MnA 的化学成分为 $w$(C)=0.57%～0.65%，$w$(Mn)=0.60%～0.90%，$w$(Si)=1.50%～2.00%，$w$(Cr)≤0.30%，$w$(Ni)≤0.40%。临界点 $A_{c1}$755℃，$A_{c3}$ 或 $A_{cm}$ 为 810℃，$A_{r1}$ 为 700℃，$A_{r3}$ 为 770℃，

$M_s$为 260℃。淬火温度为 860～880℃。

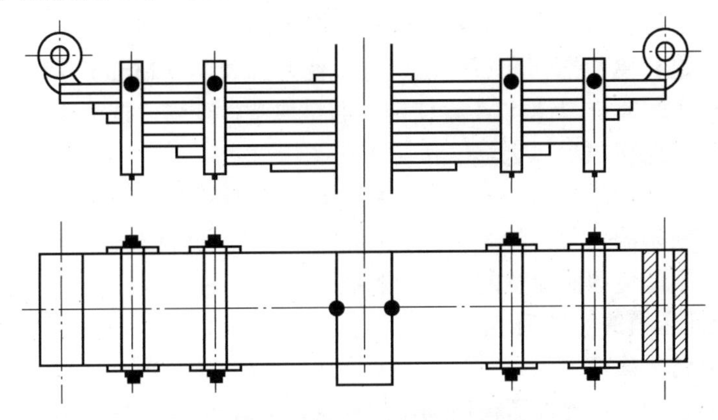

图 6-6　某种型号的汽车钢板弹簧示意图

板材加工工艺流程如下：板材下料→机械加工(钻孔、切角等)→校直→卷耳→淬火中温回火→喷丸→检查。

对原材料的要求比较严格，一般供货状态为热轧。技术要求为钢材的化学成分，表面脱碳层的深度及游离态的石墨、夹杂物等都符合规定，表面不允许有裂纹、锈蚀、折叠、斑疤、气泡及压入的氧化皮和棱边碎裂等致命缺陷。

热处理工艺如下：预热→加热→冷却→中温回火。要求硬度为 42～45HRC。

(1)加热。设备为燃油炉或燃煤反射炉。钢板在炉内时间不低于表 6-2 中规定。

表 6-2　钢板厚度与保温时间的关系

| 钢板厚度/mm | 6.5 | 8 | 8.5～10 | 12 |
| --- | --- | --- | --- | --- |
| 保温时间/min | 2 | 3 | 4 | 5 |

(2)冷却。合金弹簧钢在炉内保温结束后，从炉中取出进行热成型，即由液压成型机械按规定形状尺寸自动弯片成为要求的弯片形状。在液压淬火机内喷油冷却，冷却介质为 5 号机械油，油温在 20～80℃。淬火组织为马氏体，级别在 5 级左右，淬火硬度≥60HRC。

(3)回火。在 500～540℃进行，以获得回火索氏体或回火屈氏体组织。回火后水冷以防止第二类回火脆性的出现，使钢板弹簧表面产生残余压应力，提高疲劳强度。硬度为 42～45HRC。

推荐钢板弹簧在油炉中回火的保温时间见表 6-3。

表 6-3　钢板弹簧在油炉中回火的保温时间

| 钢板弹簧厚度/mm | <10 | 10～15 | 15～20 | 20～25 |
| --- | --- | --- | --- | --- |
| 保温时间/min | 25～30 | 30～35 | 40～45 | 45～50 |

由于汽车钢板弹簧为长条形状结构，在炉内为连续加热，自炉内取出到进入液压淬火机需要一定时间，因此其加热温度为 940～950℃，保温 12～18min，在液压淬火机内进行油冷，此时钢板弹簧的温度为 860～880℃，回火温度为 500～540℃，保温 60～90min 后水冷。60Si2MnA 的汽车钢板弹簧也可采用硝酸盐浴液冷却，其工艺为 860～880℃加热，淬入硝盐水溶液中，其介质配方为 31%$NaNO_3$+21%$NaNO_2$+48%$H_2O$，密度为 0.14～1.46g/$cm^3$。使用温

度在 20℃以上，450～470℃回火 1.5h 后出炉水冷，硬度为 43～46HRC。此种方法具有无污染、介质不老化、工件变形小或不易开裂与变形的特点。

抛丸校直后，进行磁粉探伤和石墨化检查，使抛丸表面 0.25mm 内存在压应力层，提高疲劳强度，疲劳寿命达到 50 万次以上，使钢表面呈现塑性变形。抵消工作过程中承受的弯曲压应力，使抗拉强度提高 20%以上。

从众多失效钢板弹簧的断口分析发现，棱边是疲劳断裂源，为应力最集中的部位，处于热轧和热处理出现缺陷的位置，检查发现其棱边脱碳程度和脱碳层深度比其他位置严重。因此在加热过程中必须避免钢板弹簧的氧化和脱碳现象。

**2．硅钢片冷冲压模的热处理**

**1）工作环境和材料选用**

工作条件和要求如下：冷冲压模所加工的硅钢片的厚度在 0.35～2mm，在冲裁过程中凸模和凹模的刃口要承受反复巨大的剪切力、压力冲击力和摩擦力的综合作用，因此冷冲压模的硬度要高，以保证刃口锋利来延长使用寿命。

分析硅钢片冷冲压模的工作特点，所使用的材料要具有高的硬度、强度、耐磨性，同时热处理后的变形小等，Cr12MoV 具备这些特征。

(1)钢中 Cr 可形成各种类型的碳化物，在淬火时溶入奥氏体中，回火后自马氏体中析出呈弥散分布，硬度提高，耐磨性增加，提高了钢的淬透性，同时 Cr 使马氏体相变点降低为 130℃左右，这样淬火后组织含有大量的残余奥氏体，使模具的变形减小。

(2)Mo、V 的加入使钢的晶粒细化，明显改善了材料的韧性，提高了回火稳定性和淬透性。

**2）机械加工工艺流程**

下料→锻造→球化退火→切削加工(线切割、电火花加工等)→淬火→回火→精加工→钳修→装配。

(1)Cr12MoV 化学成分及临界点。

① Cr12MoV 化学成分：$w$(C)=1.45%～1.70%，$w$(Si)≤0.40%，$w$(Mn)≤0.35%，$w$(Cr)=11.0%～12.5%，$w$(Mo)=0.40%～0.60%，$w$(V)=0.15%～0.30%。

② Cr12MoV 临界点：$A_{c1}$ 为 810℃，$A_{c3}$ 或 $A_{cm}$ 为 1200℃，$A_{r1}$ 为 1750℃。

(2)锻造。

锻造设备是燃油炉，Cr12MoV 锻造温度如下：始锻温度为 1000～1050℃，终锻温度为 850～900℃。

(3)球化退火。

硅钢片冷冲压模的球化退火工艺曲线见图 6-7。

(4)切削加工。

在切削加工过程中要注意以下几点。

① 对尖角、毛刺、划痕和压印等要清理干净，否则在淬火时会产生应力集中。

② 不允许出现磨伤和磨损现象，否则会造成表面组织的变化，影响加工质量。

(5)热处理工艺。

硅钢片冷冲压模的热处理工艺曲线见图 6-8。

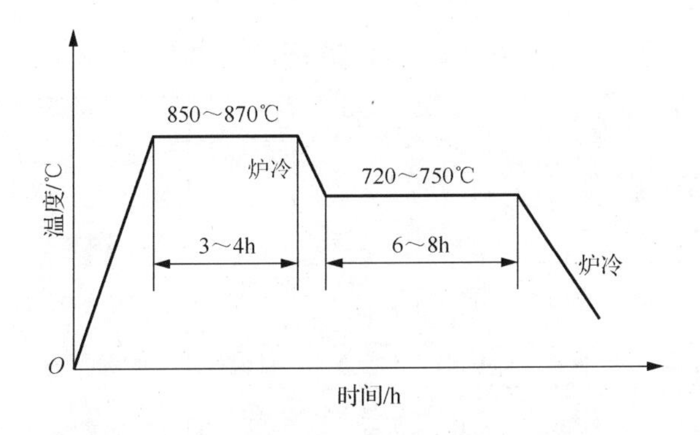


图 6-7　硅钢片冷冲压模的球化退火工艺曲线

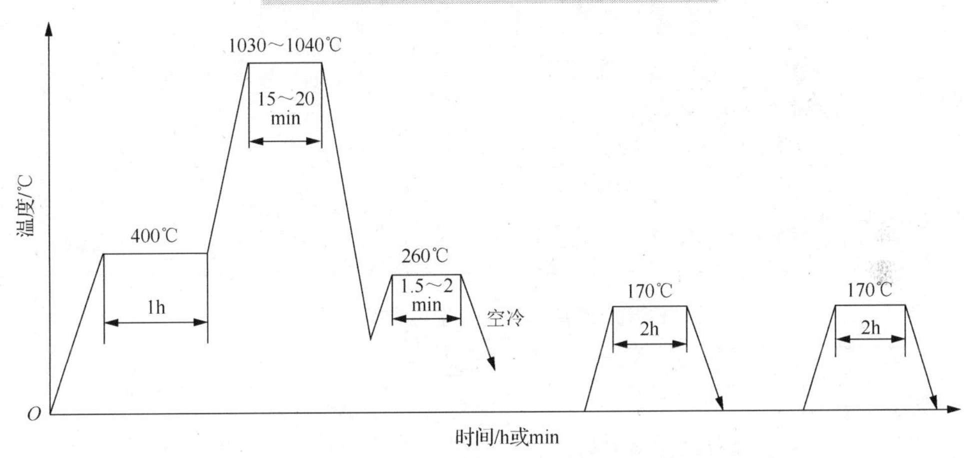


图 6-8　硅钢片冷冲压模的热处理工艺曲线

Cr12MoV 的最佳淬火温度是 1020～1050℃，说明如下。

① 该模具共由四块拼块组成，目的是减少变形，保持高的精度，也便于加工和维修。

② 预热在普通中温箱式电阻炉中进行，加热在高温盐炉中进行。

1020～1050℃为最佳淬火温度。可适当调整淬火温度，减小变形或控制变形的趋势。

③ 在硝盐中冷却，硝盐成分为 50%$KNO_3$+50%$NaNO_2$，另外加 10%$H_2O$。熔点为 137℃，使用工作温度为 150～550℃。

Cr12MoV 的相变点为 130℃左右。在硝盐冷却过程停留一定时间可使模具各截面的温度一致，减小淬火热应力，同时残余奥氏体量较多，组织为残余奥氏体+马氏体+粒状碳化物。

④ 该模具要求有高硬度及耐磨性，回火则消除淬火内应力，而并不降低基体的硬度和性能，硬度＞60HRC。

两次低温回火可防止模具在使用过程中过早开裂，对延长使用寿命有一定的作用。

**3）失效形式**

(1) 刃口磨损。原因在于硬度不足，加热温度低或时间短。

(2) 刃口剥落。硬度高或回火不充分造成模具脆性大。

(3) 镦粗和折断。同碳化物不均匀性有关，一般局部碳化物分布比较集中，此处晶粒粗大，因此减轻碳化物的不均匀性也是延长使用寿命的一条途径。

**3．其他常用机械零件**

表 6-4～表 6-6 为汽车发动机、锅炉和汽轮机、燃气轮机的主要零件的用材，可供参考。

**表 6-4　汽车发动机零件用材**

| 代表性零件 | 材料种类及牌号 | 使用性能要求 | 主要失效方式 | 热处理及其他 |
|---|---|---|---|---|
| 缸体、缸盖、飞轮、正时齿轮 | 灰铸铁 HT200 | 刚度、强度、尺寸稳定 | 裂纹、孔壁磨损、翘曲变形 | 不处理或去应力退火 |
| 缸套、排气门座等 | 合金铸铁 | 耐磨、耐热 | 过量磨损 | 铸造状态 |
| 曲轴等 | 球墨铸铁 QT600-2 | 刚度、强度、耐磨、疲劳抗力 | 过量磨损、断裂 | 表面淬火，圆角滚压、氮化，也可以用锻钢件 |
| 活塞销等 | 渗碳钢 20、2Cr、20CrMnTi | 强度、冲击、耐磨 | 磨损、变形、断裂 | 渗碳、淬火、回火 |
| 连杆、连杆螺栓、曲轴等 | 调质钢 45、40Cr、40MnB | 强度、疲劳抗力、冲击韧性 | 过量变形、断裂 | 调质、探伤 |
| 各种轴承、轴瓦 | 轴承钢和轴承合金 | 耐磨、疲劳抗力 | 磨损、剥落、烧蚀破裂 | 不热处理(外购) |
| 排气门 | 耐热气阀钢 4Cr3Si2、6Mn20Al5MoVNb | 耐热、耐磨 | 起槽、变宽、氧化烧蚀 | 淬火、回火 |
| 气门弹簧 | 弹簧钢 65Mn、5CrVA | 疲劳抗力 | 变形、断裂 | 淬火、中温回火 |
| 活塞 | 高硅铝合金 ZL108、ZL110 | 耐热强度 | 烧蚀、变形、断裂 | 淬火、时效 |
| 支架、盖、罩、挡板、油底壳等 | 钢板 Q235、08、20、16Mn | 刚度、强度 | 变形 | 不热处理 |

**表 6-5　锅炉和汽轮机主要零件的用材**

| 零件名称 | 失效方式 | 工作温度/℃ | 用材情况 |
|---|---|---|---|
| 水冷壁管或省煤器管 | 爆管(蠕变、持久断裂或过度塑性变形)、热腐蚀　疲劳 | ＜450 | 低碳钢，如 20A |
| 过热器管 |  | ＜550 | 珠光体耐热钢，如 15CrMo |
|  |  | ＞580 | 珠光体耐热钢，如 12CrMoV |
| 蒸汽导管 |  | ＜510 | 珠光体耐热钢，如 15CrMo |
|  |  | ＞540 | 珠光体耐热钢，如 12CrMoV |
| 汽包 | — | ＜380 | 20G 或 16MnG 等低合金高强钢 |
| 吹灰器 | — | 短时达 800～1000 | 马氏体耐热钢 1Cr13、奥氏体不锈钢 1Cr18Ni9Ti |
| 固定、支撑零件(吊架、定位板等) | — | 长时达 700～1000 | Cr6SiMo 或奥氏体耐热钢、Cr20Ni14Si2、Cr25Ni12 等 |
| 汽轮机后级叶片 | — | ＜480 | 1Cr13、2Cr13 |
| 汽轮机前级叶片 | 疲劳断裂、应力腐蚀开裂 | ＜540 | Cr11MoV |
|  |  | ＜580 | Cr12WMoV |
| 转子 | 断裂、疲劳或应力腐蚀开裂、叶轮变形 | ＜480 | 34CrMo |
|  |  | ＜520 | 17CrMoV(焊接转子)、27Cr2MoV(整体转子) |
|  |  | ＜400 | 34CrNi3Mo(大型整体转子)、33Cr3MoWV(大型整体转子) |
| 紧固零件(螺栓、螺母等) | 螺栓断裂、应力松弛 | ＜400 | 45 |
|  |  | ＜430 | 35SiMn |
|  |  | ＜480 | 35CrMo |
|  |  | ＜510 | 25Cr2MoV |

**表 6-6　燃气轮机主要零件的用材**

| 零件名称 | 失效方式 | 工作温度/℃ | 用材情况 |
|---|---|---|---|
| 叶片 | 蠕变变形、蠕变断裂、蠕变疲劳或热疲劳断裂 | <650 | 奥氏体耐热钢，如 1Cr17Ni13W、1Cr14Ni18W2NbBRe 等 |
| | | 750 | 铁基耐热合金，如 Cr14Ni40MoWTiAl；镍基合金，如 Nimonic90 |
| | | 850 | 镍基合金，如 Nimonic100 |
| | | 900 | 镍基合金，如 Nimonic115 |
| | | 950 | In100、Mar-M246 等 |
| 转子及涡轮盘 | — | <540 | 珠光体耐热钢，如 20Cr3MoWV |
| | | <650 | 铁基合金，如 Cr14Ni26MoTi |
| | | <680 | 铁基合金，如 Cr14Ni35MoWTiAl |
| 火焰筒及喷嘴 | — | <800 | 铁基合金，如 Cr20Ni27MoW |
| | | <900 | 镍基合金，如 Inconel718 |
| | | <680 | 镍基合金，如 Hastelloy X |

# 参考文献


常永坤，张胜来，2006．金属材料与热处理．济南：山东科学技术出版社．
陈文凤，2006．机械工程材料．北京：北京理工大学出版社．
崔占全，邱平善，2001．工程材料．哈尔滨：哈尔滨工程大学出版社．
高为国，2003．机械工程材料基础．长沙：中南大学出版社．
戈晓岚，洪琢，2006．机械工程材料．北京：中国林业大学出版社．
何庆复，2001．机械工程材料及选用．北京：中国铁道出版社．
何世禹，1995．机械工程材料．哈尔滨：哈尔滨工业大学出版社．
梁耀能，2002．机械工程材料．广州：华南理工大学出版社．
马旻，刘艳杰，高郁，2005．机械工程材料及热加工．哈尔滨：哈尔滨工业大学出版社．
齐宝森，李莉，房强汉，2005．机械工程材料．哈尔滨：哈尔滨工业大学出版社．
齐民，于永泗，2017．机械工程材料．10 版．大连：大连理工大学出版社．
沈莲，2018．机械工程材料．4 版．北京：机械工业出版社．
史美堂，1989．金属材料及热处理．上海：上海科学技术出版社．
陶岚琴，王道胤，1991．机械工程材料简明教程．北京：北京理工大学出版社．
王焕庭，李茅华，徐善国，1998．机械工程材料．3 版．大连：大连理工大学出版社．
王运炎，1992．机械工程材料．北京：机械工业出版社．
王章忠，2001．机械工程材料．北京：机械工业出版社．
王忠，2009．机械工程材料．2 版．北京：清华大学出版社．
许德珠，1992．机械工程材料．北京：高等教育出版社．
杨瑞成，刘昌明，张方，2000．机械工程材料．重庆：重庆大学出版社．
张代东，2004．机械工程材料应用基础．北京：机械工业出版社．
张继世，2000．机械工程材料基础．北京：高等教育出版社．
张文灼，赵宇辉，2017．机械工程材料与热处理．2 版．北京：机械工业出版社．
赵程，杨建民，2005．机械工程材料．北京：机械工业出版社．
邹莉，2005．机械工程材料及应用．重庆：重庆大学出版社．